虚无主义批判
译丛

刘森林 主编

Conor Cunningham
Genealogy of Nihilism

虚无主义谱系

［英］康纳·坎宁安 著

李昀 译

华东师范大学出版社
上海

华东师范大学出版社六点分社 策划

总　序

虚无主义是现代性的精神本质。

按照尼采的说法,虚无主义是一位站在现代社会门口的"最神秘的客人",也应该是"最可怕的客人"。长期以来,这位神秘客人已多次来敲门,我们或听不见她起初并不大的声响,或不知晓这位神秘客人的来意,因而听不出敲门声的寓意,判断不出它的来源,也推敲不出它在现代时空中能传到多远,能有怎么样的影响与效果。直到它以猛烈的力量推开现代性的大门,制造出忧人的声调,刺激甚至伤害着我们的身心,危及我们的各项建设,我们才不得不仔细聆听着它奇怪的声调,不得不严肃认真地开始凝视它。

她起初是一位来自现代欧洲的神秘客人。随着现代文明的世界性传播,她的幽灵游荡于世界的角角落落。时隐时见,久而久之,她俨然像个主人似的,开始招摇过市、大摇大摆,甚至开始被视为见怪不怪的存在。然而,面目似乎熟悉的她,其身世、使命、影响、结局,我们都还不甚清楚。至于其来源、发展脉络、各种类型、表现形式、在各国的不同状况,甚至在中国的独特情况等,我们了解得也明显不够。要看清她的面目,了解她的身世,明白她的使命,周遭可用的有效信息甚少。翻译外文文献,对于深入研究这一思潮应当是一项必需的基础性工作。因为随着中国现代化成就的不断取得,现代性问题的日益展现,虚无主义在当今中国受到的关注不断提升,新世纪以来更是如此。但中国学界对其研究显然不足。原因之一应该就是资料和资源的短缺。

现代虚无主义思潮是外来的,作为现代性问题伴随着现代化沿着亚欧大陆由西向东传播而来。按照我的理解,现代虚无主义尤其对于后来、因为外部原因被迫启动现代化的国家至关重要,这些国家在急迫引入的现代文明与原有传统之间感受到了明显的张力,甚至剧烈的冲突,引发了价值体系调整、重构所产生的动荡、空缺、阵痛,促使敏锐的思想家们作出艰辛的思考。这样的国家首先是以深厚思想传统与西方现代文明产生冲突的德国与俄国,随后是日本与中国。德国思想家从 1799 年雅各比致费希特的信开始(起初个别的法国思想家差不多同时),俄国思想家从 19 世纪上半叶开始,日本和中国思想家从 20 世纪初开始,英美思想家从 20 世纪特别是二战结束之后开始,哲学维度上的现代虚无主义问题的思考积累了大量的思想成果,值得我们予以规整、梳理和总结。

人们关注现代虚无主义问题,首先是因为它带来的价值紊乱、失序、低俗。它表现为尼采所谓"上帝之死",诺瓦利斯所谓"真神死后,魔鬼横行",德勒兹所谓"反对超感性价值,否定它们的存在,取消它们的一切有效性",陀思妥耶夫斯基笔下伊凡·克拉马佐夫所谓"既然没有永恒的上帝,就无所谓道德,也就根本不需要道德,因而就什么都可以做",或者艾略特的"老鼠盘踞在大厦底"、"穿着皮衣的暴发户",加缪的"荒诞",穆齐尔的"没有个性的人"。但是,现代虚无主义是诞生于自由主义的平庸和相对主义,还是源于关联着全能上帝的人的那种无限的意志创造力量?现代虚无主义是存在于平庸、无聊、僵化的制度中,还是存在于撇开既定一切的无限创造之中?现代技术、机器、制度之中蕴含着一股虚无主义力量,还是蕴含着遏制、约束虚无主义发生的力量?人们对虚无主义忧心忡忡,对如何遏制虚无、避免虚无主义结局殚思竭虑,重心该放在那里？

然而，现代虚无主义问题不仅仅是意味着价值体系的危机与重构，同时也伴随着哲学思考的转型，伴随着思维方式的调整。如果说，以前人们对世界和自身的思考是基于完满之神，人的使命及其所面对问题的解决在于模仿这种神灵，那么，在"上帝之死"的背景下，基于大地的"现实的人"的思考如何合理地展开？使"现实的人"成为"现实"，"现实"包含着哪些规定性？"存在"、"大地"、"天空"、"内在现实"如何在其中获得自己的地位？形而上学是死了，还是需要重构？什么样的"形而上学"死了，什么样的"形而上学"必须重构？甚至于，"上帝"真死了吗？能真死了吗？什么样的"上帝"会死，而且必死无疑？什么样的"上帝"并没有死，反而转化为另一种方式活得挺滋润？上帝之死肯定是一个积极事件吗？如果是，我们如何努力确保将其推进成一个积极事件？

自从现代中国遭遇虚无主义问题以来，我们已经对其进行了两次思考。这两次思考分别发生在刚经历过的两个世纪之初。20世纪初是个理想高扬的时代，在那个靠各种"主义"、理想的张扬消解苦闷的时代，现代虚无主义问题多半并不受重视，反而很容易被埋没。这"埋没"既可以采取朱谦之那样视虚无主义为最高境界的少见形式，也可以采取鲁迅兄弟隐而不露的隐晦方式，更可以采取不予理睬、以多种理想覆盖之的常见形式。在那一次思考中，陈独秀立足于经日本中介的俄国虚无党和德国形而上学，并联系中国传统的"空"、"无"对中国虚无主义的分析思考就显得较为宝贵。这种宝贵因为昙花一现更加重了其分量。如果说现代中国初遇虚无主义问题的第一次思考先天不足，那么相比之下，进入21世纪，中国再次思考在中国现代化成就突出、现代性问题凸显的时代应该是一个更好的展开时机。早已经历了道德沦陷、躲避崇高、人文精神大讨论、现代犬儒主义登台之后，经历了浪漫主义、自由主义的冲击以及对它们的反思之后，思考、求解现代虚无主义的中国时刻已经到来。现代虚无主义的中国应对方案,将在这个时刻被激活、被孕育、被发现。伴随着现代虚无主义问题的求解所发生的,应该是一种崭新文明的建构和提升。

希望本译丛的出版有助于此项事业。

作为编者、译者,我们满怀期待;

作为研究者,我们愿与同仁一起努力。

刘森林

2019 年 6 月 9 日

于泉城兴隆山

献给我的母亲,瑞秋,
她教给了我永恒的逻辑

如果你住在活龙附近，不把它考虑在内是不行的。
——比尔博·巴金斯(Bilbo Baggins)，引自托尔金(J. R. R. Tolkien)，《霍比特人》

目 录

致谢 / 1
序 / 1

上卷　无的哲学

第一章　走向无:普罗提诺、阿维森纳、根特、司各脱和奥卡姆 / 3
第二章　司各脱和奥卡姆:直观认识——认识无 / 51
第三章　斯宾诺莎:泛(无)神论无宇宙论 / 69
第四章　康德:让一切消隐 / 88
第五章　黑格尔的哲学顶点:精神的单义性 / 118
第六章　子午线上:海德格尔与策兰 / 156
第七章　德里达:斯宾诺莎式的普罗提诺主义 / 186

下卷　神学的差异

第八章　言、行、见:类比、参与、神的观念和美之理念 / 201

第九章　知识制造的差异:由爱而造 /261
第十章　无的哲学及神学的差异:萨特、拉康、德勒兹、
　　　　巴迪欧及无一(no-one)而造 /280

结　论:奇特的形式 /329

参考文献 /332

致　谢

本书得到了以下机构和个人的资助：英国国家学术院；博尼基金（神学院）；瑞切尔·坎宁安；卫理公会——贝尔法斯特中心教会；玛莎·麦克米克；已故皮特·古德牧师遗产；E. 奥尼尔；罗宾·哈顿博士；（老）路易斯·哈顿；格拉米·帕克斯顿；M. 约翰斯顿；莫瑞·贝尔。

我还要感谢以下各位，他们对本书做出了各种各样的贡献：菲利普·布朗德；安妮·博坦尼；麦克·德文；皮塔·顿斯坦（神学院的天使，她的信息总是比想象的易懂）；马克·韩比博士；珍妮特·哈顿；埃德温·米德顿—维弗；大卫·麦克莱伦教授；V. K. 米拉；约翰·蒙塔格牧师；娜塔莎·皮尔斯；丹尼斯·特纳教授；詹姆斯·威廉斯博士；罗万·威廉斯主教；约翰·杨。

我尤为要感谢的是：克里斯托·坎宁安；萨拉·坎宁安-贝尔；约翰·弥尔班教授；凯瑟琳·匹克斯托克博士；麦克·罗伯森牧师博士；葛莱姆·沃德牧师教授。他们给予我无尽的慷慨和信任、知识与帮助，令我万分感激。

序

本书尽管有一个松散的发展顺序指引着章节的进展,但并不打算呈现一幅完整的虚无主义历史谱系图。相反,本书所提供的谱系,首先努力辨析出虚无主义历史中的某些关键环节,不时清晰地揭示先前影响的间断发展。其次,我想从所有这些环节中,析出一种一直在起作用的特殊逻辑。

> 我要做什么,我需做什么,我该做什么,我这个状况,如何进行?通过纯粹而简单的疑问(aporia)。[①]
> ——贝克特,《不可名状》

在本书中,我将指出,有限性涉及一个疑问。我们如何知道思很重要?或者说,我们如何知道思在思?似乎我们需要一种"关于思想的思想"。然而,如果思想需要自己的思想,那它要么是另一个思想,要么是思想以外的东西。前者会引发无限回退,因为增补的思想也需要自己的思想,以此类推,而后者会把思想建立在那不是思想的东西上。这意味着,所有的思想都将建立在自己的缺失之上:

---

① · Beckett(1955), p. 291.

无思。这似乎会把我们送回先前的位置。在那里，思想已经假定了自己的意义，那就是根本不思想。

在整个哲学史中，都可以看到上述困境。在为应对这一矛盾而产生的各种二元论中，就可以见到它。比如，拉康和德勒兹将意义建立在非意义上；德里达将文本建立在据说是外于它的"无物（the Nothing）"的基础上；海德格尔将"大有（Being）"建立在"大无（das Nicht）"的基础上；黑格尔将有限性建立在无限性上；费希特将"我"建立在"非我"上；叔本华将表象建立在意志上；康德将现象建立在本体上；斯宾诺莎将自然建立在神上，将神建立在自然上。这些无处不在的二元论显示了这一疑问的重要性。我想说的则是，这些哲学二元论全都停留在一种一元论中，后者支配着前者的发展。下卷认为，神学能够通过有关创造的三一论解释，来避免上述二元论及其背后隐藏的一元论，这种解释更有益于解决那个有关思的疑问。我认为，就哲学而言，尽管有了上述的多样化，但对这一疑问的解决还是发展出了两个基本"传统"。

第一种传统只是用另一个思想来补充思想：我想思想在思想。我把它等同于本体神学（ontotheology）。本体神学启动了一种无限回退，所以它的所有问题都是由一个答案提出的：那个有物（the something）。（柏拉图在《美诺篇》中谈到了类似的问题。）第二种传统解决此疑问的方法是，用思想以外的东西来补充思想。我称之为超本体神学（meontotheology）。这个命名很恰当，因为它源于所谓的超本体论（meontology）。我们在普罗提诺（Plotinus）的著作中见到了 meontology，他将"太一（the One）"置于有之外，这意味着把有建立在非有（non-being; *meon*）的基础上。德勒兹将思建立在他所谓的"非思"中，似乎将自己的哲学置于一种超本体神学的遗产中。海德格尔亦如此，通过讨论大无来谈论大有。因此，这一传统并未调用本体神学采用的那个终极有物的概念。相反，支配其逻辑的是那个终极无物的逻辑。与本体神学相反，问题不是由一个终极答案提出的：那个有物。相反，只有一个问题被那个无物问了无数次。有人认为，这两种传统都是虚无主义的，但我认为，前者通向了虚无主义，后者则是实现了的虚无主义逻辑。①

无为有

> 有从本质上讲是不是的东西（das Nichtseyende）。②
> ——谢林
> 实存的一切只活在有的缺失中（manque-à-être）。③
> ——拉康

虚无主义逻辑可谓是体现在一个古老的形而上学（本体神学）问题中：为什么是有，而不是无？虚无主义逻辑以一种独特的腔调来解读此问题。即，为什么是有物？为什么不是无物？为什么那个无物不能完成那个有物的工作？这就使得我把虚无主义逻辑定义为：割裂有物，将其变为无物，再让这个无物最终是为有物。④ 事实上，上文提及的每种二元论哲学都表现出这种逻辑。例如，上卷第三章所讨论的斯宾诺莎，提出的是实体（substance）一元论中的二元论，那个单一的实体即神或自然。有人认为，这就是虚无主义逻辑的缩影，因为一者只能显现在另一者中：神在自然中显现，自然在神中显现。这就使得斯宾诺莎可以在彼此的缺席中拥有两者。而这就是把无物解构为有物。另一

---

① 最早使用"虚无主义"一词的是雅各比，见 Gillespie 9(1995), pp. 275—276, fn. 5。
② Schelling(1997), p. 141.
③ Lacan(1992), p. 294. 见下卷第十章有关拉康的讨论。
④ 尽管我使用的这种表达方式不是来自谢林，但他也谈到了无物为有物。无为有中的"为"字表示意义近似，是为了表明无实际上不是有，而是仿佛是有，见 Schelling (1994), pp. 114—118。

个例子是黑格尔,上卷第五章将考察他的著作。黑格尔提出的是精神(Geist)一元论中的二元论,精神既是无限中的有限,又是有限中的无限。如果用格式塔(Gestalt)效应的方面知觉(aspect perception)来进行类比,就更容易理解。以贾斯特罗(Jastraw)的鸭兔为例。[①] 我们要么看到鸭子,要么看到兔子——却不可能同时看见两者。心智在两者之间摇摆。但必须记住的是,两者(神或自然,鸭子或兔子)的显现掩盖了呈现它们的那一幅画。这样一来,画永远只有一幅,但这一幅画能够给予(provide)两者的显现,尽管它们实际上是交替缺席的:无为有;那作为鸭子的完全缺席的兔子,但同样也是作为兔子的完全缺席的鸭子。同样,有限世界或无限世界都只是精神(Geist),神和自然都只是实体(Substance)。然而,精神只是常驻的无限世界的无物,同时也是常驻的有限世界的无物;实体只作为常驻的神的无物,同时也是常驻的自然的无物。

  本书的一个关键词是"provide"。"provide"的词源来自"videre",意为"看",而"pro",意为"之前"。把这个词与虚无主义联系起来,是为了带出无为有(nothing *as* something)逻辑。我们可以用它来表明虚无主义"给予"了它本身没有的东西——即有。这样,对于斯宾诺莎而言,神"给予"了自然,反之亦然。我们认为这种给予(provision)是虚无主义的源头(provenance)。

  因此,虚无主义努力让无物成为有物;它凭空给予了有物。这类观点听起来很深奥,在现代知识领域中却有许多典型的例证。比如,心智哲学,一些人几乎狂热地想将意识还原为无物(至少是无意义的东西),却坚持认为是意识的前意识本质给予了意识。某些形式的进化生物学也是如此,纯粹从基因构成、自然选择等方面来关联(articulate)什么是人。基因组这样的概念可以构成一种机

---

① Jastrow(1900).

制,把现象还原为其部分,让整体只是一种附带现象。因此,从这个角度看,基因组是看不见的抽象的"无物",从那个角度看,生物体这一附带现象本身就是那个无物;我们又见到了两个相互排斥的方面:基因上的鸭或实际的兔子。一位评论家称之为单义的分子世界语。① 即便是外太空寻找生命的研究,也体现了无为有的逻辑。在某种意义上,指导它们的是一种把生命相对化的愿望:如果我们在外太空找到生命,生命就不再那么重要。宇宙学也常常以各种形式重复这种看法,想理解生命的起源,却在某种意义上根除了那个起源;在宇宙之前是前于"前"的,就像我们现在拥有的是没有生命的生活,没有意识的意识。一位诺贝尔生物学奖获得者说:"生物学家不再研究生命"②——以另一种方式诠释了福柯的看法:"西方人可以在自己的语言中建构自己……只在自己的消除造成的缺口中建构自己。"③的确,生命已经成为每个有机体内的"主权消失点"。④ 难道我们不是如道尔(Doyle)所说,变成了"分子机器操纵的肉偶"吗?⑤ 这是否就是布朗肖所言的"我们的自杀先于我们"⑥的意思? 话语,比如生物学,现在处理的仿佛是尸体。⑦ 这就是无为有。

上卷有些松散地追溯了上文所定义的虚无主义逻辑的谱系。第一章从普罗提诺开始,因为正是他让一超越了有。可以说,柏拉图也犯了同样的毛病,但正如伽达默尔所指出的:"柏拉图的一并非新柏拉图主义的 *hen*(太一)。"⑧这是真的,因为普罗提诺的太一

---

① Doyle(1997), p. 42.
② Jacob(1973), p. 306.
③ Foucault(1973), p. 197.
④ Foucault(1971), p. 277.
⑤ Doyle(1997), p. 36.
⑥ Blanchot(1986), p. 5.
⑦ 关于现代话语讨论活的生命,仿佛讨论尸体一样,见下卷第八、十章。
⑧ Gadamer(1986b), p. 137.

是 *epekeina noeseos*，涉及一种"双重超越"；①它超越了有（*ousia*），也超越了理智（*noesis*）。② 与之对照，柏拉图的善则是统一多的一，它奠定了逻各斯的基础。③ 因此，我把本书提炼的谱系的"开端"放在普罗提诺那里。正是普罗提诺的本体神学预示了虚无主义逻辑的"开端"。然而，只有把普罗提诺的超本体论和新柏拉图主义有关因果性——即从一来一，以及其涉及的因果必然性因素——的理解结合起来，这一点才是成立的。

我从普罗提诺转向了阿维森纳（Avicenna）、根特的亨利（Henry of Ghent）、司各脱（Duns Scotus）和奥卡姆的威廉（William of Ockham），我认为他们各自都发展了无为有的逻辑。本章的重点在于介绍一种非有的单义性（univocity of non-being）观念。非有的单义性，体现了有对神与现实性的漠不关心，即阿维森纳提出了这样的观念：形而上学是关于有的，但这个有并不关心神和造物，因为它并不在意两者。我将指出，这种观念虽然被根特、司各脱和奥卡姆不断发扬光大，但实际却是新柏拉图主义有关因果性的解释，是它的超本体论和必然论的必然结果。它其实是因为，有，主要在概念上被视为单义的，并不比关心非实存更关心实存，比关心造物更关心神，因而无法真正思考它们之间的差异。考虑到支配此逻辑产生的超本体神学冲动，将这种单义性描述为非有的单义性，似乎更为公平，从概念上，甚至不是历史上而言，就是如此。

上卷第二章考察了在司各脱和奥卡姆那里发现的直观认识（intuitive cognition）的概念，并希望证明这种无为有的逻辑在司各脱-奥卡姆的学说中起作用。第三章转向斯宾诺莎的著作，验证

---

① Gadamer（1986b），p. 28.
② 同上。
③ 同上。

上述有关斯宾诺莎的一元论的看法。第四章讨论康德,认为他的哲学体现了以无为有的逻辑,因为三大批判分别"给予"了某种显然是在给定的东西中缺席的东西。例如,第一批判努力"言说""真理",把真理限定在现象世界。这样,在某种程度上,是那个不显现的"无物""给予"了现象,但是因为这些现象只是现象,所以它们本身就是"无物"。第五章研究了黑格尔的著作。正如康德使万物消隐(disappear)一样,黑格尔也使万物消失在精神的单义性中,它有两种模式:有限和无限。第六章讨论海德格尔对大有的理解。由于海德格尔的大有是建立在大无的基础上的,所以我认为他的哲学属于普罗提诺的遗产。上卷的最后一章对德里达进行了解读,认为他的哲学同时结合了普罗提诺和斯宾诺莎的哲学。这样,他也发展了无为有的逻辑,他没有解构这一逻辑;德里达那里有一种文本和无物的二元论,类似于斯宾诺莎的自然和神,这种二元论依然停留在一种一元论的范围内——现在是延异(différance)的一元论,一种新实体。

希望在本节结束时,虚无主义中涉及的超本体论(超本体神学)冲动可以得到清晰的阐明。我们已经证明,在某种程度上,这些哲人各自都拥有一个建构性的"无物",在其所带来的"文本"之外。德里达说,"文本之外,空无一物",我们明显看到了这种战术宣言的"传统"性质。这里有一些例子。普罗提诺把太一,即非有,置于理智(nous)的"文本"之外;阿维森纳也是如此,他的无本质的神居于智力的生成之外或之前。根特、司各脱和奥卡姆或多或少地发展和运用了一种意向性模式,将可能性置于包括神在内的现实领域之外。笛卡尔在一定程度上受到了司各脱和奥卡姆的全能神观念的影响,通过他的"怀疑法"构建了我思的"文本",怀疑让他可以悬置(或加括弧)实存。斯宾诺莎让实体居于方面的神或自然的"文本"之外,正是这种实体使得神只显现在自然中,自然只显现在神中。康德只有通过超越本体世界的无物性(no-thingness)来建构现象世界的"文本"。黑格尔通过将无限世界置于有限世界的"文本"之"外",以至于这种无限性既促成又否定每个有限性的显现,从而获得了有限世界的"文本"。胡塞尔把实存的问题加了括弧(epoché),才生成了现象的"文本";海德格尔调用了大无,才有了大有的"文本";德勒兹有了外于意义的非意义,才有了意义的"文本";萨特和拉康只在有的缺席中才拥有实存。列维纳斯只能以异于(otherwise)有的方式实存,因此也必须在有的"文本"之外有某种建构性的东西;巴迪欧通过居于事件之外的空无(void),拥有他所说的事件的"文本"。因此,我们可以理解为什么巴迪欧断言人是"由非有(non-étant)维持的"。① 由此看来,我们可以公平地说,德里达的立场也不是特立独行的:本书下卷要面对的是一种可能出现的反驳,这种反驳认为神学无中生有(ex nihilo)的创造说,让其陷入了类似的困境中。另一个重要问题是,普罗提诺的因果性观念,即只有一从一来,感染了下文出现的大多数思想家。比如,德里达的"无"只能允许有一个文本;这种单义性在下文的章节中不断重复着。

下卷第八章对虚无主义进行了初步的批判,可以给我们带来启发,却不是最终的结论。然后,我将解释另一种逻辑,是另一种缺席无法支配或反驳的。这是一种神学逻辑。它采取的话语形式,以类比、参与、超越的东西和神圣观念的方式来关联自己。第九章承接了第八章的许多主题,意在强化其合法性,考察了什么是对事物的认识,认为知识与差异有关。因此,知识范例是神有关创造的知识,因为这种知识认识差异,所以能够创造差异,而其他知识只有与之近似才有可能:为了参与神和天使的知识,并期待着享见神(beatific vision)。第十章重新审视了虚无主义的逻辑,认为可以从某种积极的角度理解其无为有的逻辑,因为这种逻辑可以

---

① Badiou(2001),p.14;关于巴迪欧有关事件性质的讨论,参见 Badiou(1988)。

指向无中生有的创造观念;本书呈现的虚无主义无中生有的创造观,特别参考了德勒兹和巴迪欧,然后又参考了萨特、拉康和齐泽克,所以有了一种超本体神学逻辑的位置,但这一逻辑自身却站不住脚,因为靠它本身,它也会变成一元论。它必须得到"神学-本体论"的增补——然而,神不受有的支配,保留一个超本体论的环节;但并非简单地是此环节带我们超越了有,而是有本身就是超越的。① 换言之,有作为有是超越的。此即布朗肖所言的"思的超越性";不是某种超越思想的东西,而是思想的超越性,有就是这种超越性。②

"发现"虚无主义提供了一种创造说的可能性,这并不让我们惊讶万分,纽曼(Newman)不是谈到了"异教豁免"吗?因此,异教是一块有待开采的矿石,因为它包含着真理。这甚至让纽曼从"此/彼"的方法转为"共/和"的方法。这当然是值得鼓励的。然而,我们可以公平地认为,激进正统派(Radical Orthodoxy)深化了这一原则。因为它也呼吁我们从"此/彼"转向"共/和"。然而,此举有点激进,因为它变成了一种"共/和-此/彼"。难道不是这样吗:如果说神无处不在,神就在无处;如果神在某处,神就在处处?

---

① 关于神学-本体论,见 Marion(1995);Milbank and Pickstock(2001), p. 35。
② L'Action(1936), pp. 308—309;引自 Schmutz(1999), p. 182。

上卷　无的哲学

应该这样说或者这样想:是者是(what is is),因为它能是,但无不能。

——巴门尼德,《残篇·六》

智者冲进不是者的黑暗中。

——爱利亚客人,柏拉图,《智者篇》

我们把手指插入土中,根据闻到的气味认识这片土地。我把手指伸进实存中——闻到是无。

——克尔凯郭尔,《重复》

第一章 走向无：普罗提诺、阿维森纳、根特、司各脱和奥卡姆

本章将探讨普罗提诺、阿维森纳、根特、司各脱和奥卡姆著作的某些方面，目的是抽出虚无主义的逻辑运作。我并不想说这些思想家真的都是"虚无主义者"，只是想证明他们各自的著作中都包含着一种想让无成为有的元素。

无畏：无有而是

> 对于普罗提诺和海德格尔而言，是大无激励我们接近世界上最真实的东西，虽然它超越了本质和实存：太一或大有。这一点在德里达那里也很重要。[①]
>
> ——戴蒙（Eli Diamond）

在赫西俄德的《神谱》中，我们读到一则神话，讲的是弑父和阉割的故事，解释了世界的出现。乌拉诺斯，最高的神，生了一群让他痛恨的野孩子。出于恨，他把这些孩子塞进地母瑞亚的肚子里，像胎儿一样躺在那里。地母放出了这些孩子，并且唆使长子克洛

---

① Diamond(2000), p. 201.

诺斯,"最可怕的孩子",①袭击自己"无耻的"父亲。② 克洛诺斯采取行动,切掉了父亲的生殖器,由此取代了父亲的位置,又强行与瑞亚生了一群孩子。③ 这些孩子都"极好",但克洛诺斯担心他们会为祖父乌拉诺斯报仇,于是吞下他们,把他们藏进自己的肚子里。不过,瑞亚藏起了那个叫宙斯的儿子。宙斯长大后体格强壮,意志坚定,攻打自己的父亲,把克洛诺斯囚禁起来,释放了自己的兄弟。

  普罗提诺用这个神话来解释一生万物的永恒进程。他认为,乌拉诺斯是太一,克洛诺斯是理智,宙斯是灵魂。④ 普罗提诺简明扼要地说,这个神话概括了流溢(emanation)活动,它是通过沉思(contemplation)的方式,而不是通过思辨和争论的活动产生的,与诺斯替教的看法相反。太一不是因为需要而产生了克洛诺斯,而是从溢出的丰富性中生产了克洛诺斯。这种"创制"的方式外于创制者。当克洛诺斯后来生出自己的"美丽后代"时,他是在自身内部完成的,但普罗提诺认为,这不是如赫西俄德所言,是出于恨。因为据说克洛诺斯很爱自己的儿子们。正是出于爱,他才吞下了自己的儿子们——思维在心智中。不过,有一个儿子"离开了":那就是宙斯(灵魂)。这种外离让外部世界得以显现。而且,这最后一个孩子带来了有形的世界,摹仿了他的祖父(乌拉诺斯),因为他的生产显然是外在的。普罗提诺认为,如果没有被克洛诺斯阉割,太一将川流不息。阉割限制了太一的流淌,才有了可知世界的产生。这种"叫停"带来了主体-客体二分,这是思维本身的基础。没有停顿,就没有概念化或认识,但因为

---

① Hesiod(1993), line 136.
② Hesiod(1993), line 138.
③ Hesiod(1993), line 457.
④ Plotinus, *Enneads*, trans. S. Mackenna(1991), III. 5, 2; V. 8, 12(下文略写为 *Enn.*)。

这发生在克洛诺斯的肚子里("丰足";农神),也可能依然不会产生任何可见世界。① 普罗提诺认为,宙斯完成任务的方式,是以最无畏的方式"离开"。不过,这里依然没有内部斗争。普罗提诺认为,克洛诺斯十分乐意把世界的统治权交给宙斯。② 尽管如此,我们也可以说,这个神话体现了虚无主义所涉及的内在性。因为从太一中流出的东西,超越了有物,超越了先在(preceding),在某种意义上,必然停留在太一无处不在的给予中。

因此,因为非有是一切所是之父,似乎复返(the reditus,复返非有)先于外离(the exitus,进入有)。③ 换言之,来自太一的要"追求"一种(超)本体论的复返,方能确保其必然性不会违背太一简单的、统领一切的无上地位。这意味着从太一中流出的,即有,不是(is not),因为与非有相比,是是一种低级实存形式,非有才是唯一真正是(真正实在的)的有者(entity)。因此,非有才必然会生产有,而不会违背单一性,因为是即无。作为相对而言的无,有并未真正摆脱一,而是内在于一;就此而言,有是一种内部产物。普罗提诺在整个《九章集》中,在方法论层面使用的保护性否定确保了这一点。

需求:无

太一不能是单独的(阿维森纳的神,根特、司各脱、奥卡姆、苏亚雷斯、斯宾诺莎、康德和黑格尔的一,均是如此)。④ 果真如此的话,普罗提诺如何解释"被生产的"东西,而不会降低太一的地位?也就是说,如何让太一保持为一? 这个古老的问题式(problematic)带

---

① 我们想起了鲁本斯的画作《农神》(Saturn)。
② Enn., V. 8, 13.
③ 如佩吉斯所言,"整个有不仅应该被视为有,也应该被视为非有,因为非有是其内在可知性神秘的则(co-principle)",见 Pegis(1942),p. 157。
④ 见上卷第二至五章。

来的许多哲学举动,容易导致上文提到的虚无主义逻辑。普罗提诺提出了一种超本体论哲学,非有是最高原则。一超越或者异于有。① 他想以此保护太一的单一性。这步棋的结果就是一系列否定,带来了一个完全内化的王国,容易引发无为有的虚无主义逻辑。

我们可以从中看到至少四重预防性否定。首先是对"混合(tolmatic)"语言的否定,即暗示着从恩典(grace)状态中堕落的语言:是即堕落。普罗提诺反对诺斯替教的就是这一点,但他似乎又不自觉地采用了他们的逻辑,将创造视为堕落状态。这样,他才能确保所是从属于不是,这一结果不断得到强调。第二重否定的产生在于,正因为不是一,是者不是:是即不是。因此,从太一中流溢出来的是无,因为它具有有。第三重否定是"否定之否定":不可避免地复归太一。如上所述,复返先于外离。第四重否定涉及一系列重复,重复对太一本身的原初否定。在某种程度上,每种原质(hypostasis)都在摹仿太一对是者沉思性的非生产。② 普罗提诺与诺斯替教相反,依靠沉思来产生生产,但在某种意义上,这种沉思的本质,却是非产生,因为有参照的是无(一),并且重复着万物最核心的内核中的无。

因此,来于一的又归于一——它总是早已在复返。急切的复返是对每次流出的无性(nothingness)的沉思。这样一来,复返先于外离,每次外离都是一次复返的"体现"。但只有想起赫西俄德,我们才能理解这种给予。因为想到《神谱》,我们才能明白,克洛诺

---

① 用这个表达,我是想把列维纳斯囊括进这一传统,见 Levinas(1991)。我还想把马里昂也囊括进来,见 Marion(1991)。下卷第十章会简单提及列维纳斯。

② 这种非生产概念非常重要,因为它包含了无为有的观念。在本书中,我把这种非生产称为给予。我用这个词是因为它丰富的词源意义。因为给予(provide)来自 pro(意为"之前")和 videre(意为"看见")。我想表明的是,虚无主义的给予(provenance)就是在给出之前给予。比如,虚无主义的给予让我们可以无有而是,无言而说,等等。我们只需要想想索绪尔,他认为语言中没有肯定的东西。这种给予就是无为有。见下卷第十章。

斯在自身内生出了自己的儿子们。还有就是,太一和灵魂的特性就是从外部生产。然而,上文已经指出,我们只能认为,在某种意义上,从一中的流出发生在其广袤的腹穴中。这一点如何与外部生成的观念相调和?

一与万物的区别不是空间上的,否者会有东西高于或者对立于它。所以,分化似乎必须发生在一的内部,并且是通过一完成的:"太一未切断自己与它[万物]的联系,虽然太一与它不是同一的。"① (黑格尔有关有限和无限的解释,也是如此。)② 普罗提诺无法确立一种本体论的差异:因为太一只能产生一种结果,必然如此。也就是说,太一在每次的流出中,再-生产自己:一即非有,而有不是。这样一来,一产生的东西与它自己并无本体论上的差异。因为一切差异,即有者,都无法记录自己与自己的原因之间有何实际的差别。为何? 因为我们认为一个有者可能会拥有的一切现实性,就是它的非有,因为唯有太一的非有是真正真实的(或真正实在的)。我们只能通过一种方面性的区分,才能看到太一与其下的东西之间的差异:有如前述的鸭兔完型效应,但需要记住的是,两面都显现在一幅图上。

普罗提诺确实强烈暗示了"腹穴"——内部——给予的看法,认为宇宙在灵魂中,灵魂在可知世界中。③ 一种原因只产生一种结果,此结果必须始终在该原因之内,是因果关系纯本体的(ontic)逻辑的结果。这意味着太一必须寻找一种外部逻辑,或指引、

---

① *Enn.*, V.3, 12.
② 一(或者黑格尔的无限)并未脱离其下的一切,却不与后者同一,原因就在于这种亲近性。也就是说,就本体论而言,一是如此接近多,以至于多无法形成完全独立的同一性,一可以完全与之分离或者相等。黑格尔的有限性也是如此。因为黑格尔不是简单地把无限等同于有限,也没有说它们是分离的。这是因为有限性在本体论上与无限性十分相近,所以无法发展出独立的同一性(本体论差异),可以让它们分离或结合。见上卷第五章。
③ *Enn.*, V.5, 9.

统驭和解释什么是差异。因此,太一不创造,因为太一不创造差异,而且必须不受差异的影响。(本书下卷将指出,基督教三一论的神不是这样的,因为三位一体从神的同一性中创造了差异。)①普罗提诺进而强调:"真实的[万物]包含在那个无中。"②布里耶(Bréhier)对此的评价是,一切都被重新吸收进"无差别的有"中。③博耶(Bouyer)持同样的观点。④ 我们知道对于普罗提诺而言,一异于有,⑤每次叠加都来自非有。⑥ 确实,我们成为人,只因为非有。⑦ 但我们不能说,有的场域在非有的腹穴中。普罗提诺称世界是灵魂的洞穴,还贴切地形容道:"外离并非离开前往他处。"⑧似乎从一的丰富性中汩汩流出的多,只会在一内流淌出来。如吉尔森(Gilson)所言,所给予的东西"丢失在某种至高无上的非有和至高无上的不可知性的黑暗中"。⑨

一:无畏

让我们仔细了解一下太一的观念。我们知道用混合的术语说,外于太一的东西,是通过某种无畏产生的,这是一种远离一切其他东西的愿望:"想独立存在。它讨厌与他物共居,退回了自身。"⑩ 塔齐亚(Torchia)指出,这些都是"不合法的自我肯定行为"。⑪ 哲人

---

① 见下卷第九章。
② *Enn.*, VI. 4, 2.
③ Brehier(1953), pp. 101, 106.
④ Bouyer(1999), p. 210.
⑤ *Enn.*, V. 2, 1.
⑥ *Enn.*, VI. 5, 12.
⑦ 同上。
⑧ *Enn.*, IV. 8, 3; VI. 5, 12.
⑨ Gilson(1952a), p. 20.
⑩ *Enn.*, IV. 8, 4.
⑪ Torchia(1993), p. 11.

们通常从太一的角度解释这种无畏。然而，把太一与其下一切其他东西对立起来的设置，却较为模糊。太一（如阿维森纳的神）不可能是孤寡的。太一不会是孤寡的，因为从其丰富性中产生的东西必然如此。太一也需要流出的一切，才能是太一。对于普罗提诺而言，太一是自足的，但是这种自足状态却是通过缺省获得的。没有流出的东西，就会通向虚无主义，纯粹未分化的"有"，从而危及太一的可能性。① 普罗提诺指出，"除了统一性（一）之外，还必须有其他的东西，否则，所有的东西都会被埋葬在那个不完整的整体中，无法辨认，无影无形"。② 如果只有太一，它可能就不会是太一了，因为我们非常清楚它必须生产。然而，因为这种必然性，如果太一需要陪伴，与之相伴的东西就必须是无，才能确保太一的简单性。作为无，太一和多是等价的，多不过是来自太一的那个小一（the one），因此产生的小一即无。太一需要这个是无的小一，但在对无的需求中，它需要的只是它自己（因为太一是非有）。

由此，我们可以把太一视为初始的无畏。因为太一想摆脱一切他物，成为太一。太一就是脱离一切他物，存于自身内的欲望。进而，它就是无有而是的欲望。太一努力脱离其他万物，却又在它努力摆脱的必然产生的他者的在场中。果真如此的话，那么太一就可能神奇地成为有限性概念：一种有限的内在现实性。太一是其统一性，多是其差异（如同在斯宾诺莎那里，神是自然之多的统一性）。

如果太一是初始无畏的统一体，我们就可以认为此统一性是一个现实性或给出者的观念，虚无主义可以言说它，并且因为它而可以言说。因此，太一是通过一种确定或绝对的始基性限定。由于有限性脱离了太一，离开了它，所以太一也脱离了有限世界，离

---

① 这是奥卡姆和笛卡尔的全能神面临的问题。
② *Enn.*, IV. 8, 6.

开了它。我们必须认为太一是绝对意义上的有限世界的形成。有限性投射自己，成为自己所不是的东西。它成为的其实是有限世界，一个稳定场所的观念，完全在场，即在自身内部。这种有限性要维持自己的自我同一，杜绝一切对超越性本源的诉求，它就必须是"一"。

要做到这一点，"有限"的东西必须成为无，它只有成为无，才能规避超越。如果它是无，那么超越要说什么呢？如果有限性是有物，那么它也是"无物"（是恩赐［gift］）。① 不过，因为是无，是有中的无，它才能完全彻底地解释自己。这样的话，外离太一也是太一的外离。有限世界无畏地离开太一，就是作为"一"的有限世界的建构。我们应该记得，古希腊人用了"一"这个词，是因为他们还没有"零"这个数字。② 为了便于理解，可以把普罗提诺的一视为零。③ 比如，普罗提诺认为，"一不是构成二的单位之一"；阿维森纳接着说，"最小的数字是二"。④ 太一与有限事物在彼此的腹中，每一个都是以沉思给予的方式产生的。与太一的分离，发生在太一的内部。这种分离，是为了在事物离开之前就召回它。因此，它永远都是内部的游离。

如果一切所是，都是太一的非有产生的，那么这个一的产生，恰恰是因为世界的"非有"（这样一来，世界就和宙斯一样，摹仿了太一）。太一需要同伴，世界需要单义性。世界的无性让普罗提诺的神不孤独，但陪伴它的是无，没有破坏神的至上性和单一性。同

---

① 下卷第十章讨论了通过给定性（givenness）解读虚无主义的可能性。这样，就可以把无为有解读为创造的一个标志。
② Kaplan（1999）.
③ 我赞同加达默尔（Gadamer）的看法，他认为，柏拉图的一不是普罗提诺的太一（hen），因为柏拉图的一其实就是善，是多中涉及的辩证统一。这样，一更多是关于 peras（限定）和 aperion（无限制，无限）之间的辩证关系，见 Gadamer（1986b），pp. 28—29，p. 137；Klein（1968）。
④ Avicenna，Nadjat，p. 365；Plotinus，Enneads V，引自 Afnan（1958），p. 114。

样,太一的非有生成了世界。这是一种相辅相成(神即自然[*Deus sive natura*])。①

普罗提诺的著作中,有一种颠倒的一元论:异于一的是无,一则是非有。所以,这里其实有一种非有的单义性,阿维森纳发扬了这一点,然后传给了后人。② 也有许多评论者认为,普罗提诺不是一元论者。比如,吉尔森(Gilson)就认为,对普氏的一元论指控是一个"巨大的错误"。③ 然而,这是因为吉尔森没有意识到这一点:非一的东西,因为这种他异性的特征,无法提供任何本体论的差异。世界滑向前来的神,祂不能是孤寡的。而且,太一只能生产一。这样,普罗提诺的太一就始终停留在本体神学的有中。普罗提诺用非有(那个无物)替换了本体神学的有(那个有物):说法不同,含义却相同。这是他的超本体神学,所以我们可以同意法布罗(Cornelio Fabro)的观点:这种"新柏拉图主义的神的观念……消失在泛神一元论的泥潭里"。④ 似乎一元论是泛神论的正确表达。佩吉斯(Anton Pegis)持相同的观点,他认为,"在普罗提诺的哲学中,神与世界相互渗透……所以一飞离有,就成了神摆脱世界的唯一方式"。⑤ 然而,在一飞离有时,世界必然会紧紧跟随。事实上,它必须等在那里。因为这种复返就是它的开端,它的外离(*exitus*)。所以,我们应该认为普罗提诺的泛神一元论是一种泛(无)

---

① 这种相互构成在本书中不断出现。比如,在斯宾诺莎那里,神即自然,自然即神;在黑格尔那里,有限即无限,无限即有限;在德里达那里,文本是通过其"外"的无物界定的,无物是通过其"外"的文本界定的。
② 佩吉斯认为,"从柏拉图的实在论到唯名论,传承直接且无法避免",见 Pegis(1942),p. 172。我会认为,是新柏拉图主义把我们引向了唯名论。柏拉图提供了其他的可能性,有人(John Milbank and Catherine Pickstock)已开始讨论这类解读。
③ Gilson(1952a), p. 23.
④ Fabro(1970), p. 100. 作者在文中指出,新柏拉图主义导致了"上帝死亡"神学。
⑤ Pegis(1942), p. 174;Azcoul(1995), pp. 86—101;后者也认为普罗提诺既是泛神论者,也是一元论者。

神论。因此,太一学(the *henological*)通向了超本体论。我们似乎将要在神与世界的根本缺失中,拥有一个神和一个世界(斯宾诺莎的梦想)。① 无为有已经成为一切。

我们将在上卷第七章再来讨论普罗提诺,本章余下部分需要简要回顾一下类似的柏拉图主义冲动在其他历史伟人著作中的表现。

阿维森纳需要无

阿维森纳(伊本·西拿[Ibn-Sina])直接受到普罗提诺的影响。② 他从新柏拉图主义者们那里吸收了这一观点:有等于可知事物(所以创造即思想),而且他的流溢模式与普罗提诺的太一息息相关。在阿维森纳和普罗提诺看来,从一——现在是神——中只会产生一种结果(*ex unu simplici non fit nisi unum*)。③ 如此方能确保神的单一性。这唯一的结果就是元智力(first intelligence)。(阿维森纳把元智力比作总领天使。)元智力认识神,创造了另一种智力。正是这种二元性,繁衍出了其后的其他智力(有十种)以及智力本身。这一进程在感性的层面结束,因为它太不纯粹,无法生成另一种天国或智力。智力的终极就是"理智主体(Agent Intellect)",或者 the *Dator Formarun*(*wahib al-suwar*)。这

---

① 格尔松指出,认为普罗提诺提倡太一学,是无视与一般有对立的有限有的具体产生,见 Gerson(1994), pp. 236—237, fn. 44。关于太一学,见 Aertsen(1992b)。
② 关于阿维森纳的《形而上学》的译文,来自《治疗》(*Al-Shifa*)的,见 Avicenna(1973b);法文版见 Anawati(1978)。《逻辑学》的译本见 Avicenna(1974)。另有两部逻辑学译著,见 Avicenna(1973a)和 Avicenna(1984)。《形而上学简编》,即 *Shifa* 的摘要,译文均来自二手文献。还有一部普通的传记,附有阿维森纳神学著作的介绍以及一些其他译文,见 Avicenna(1951)。
③ 此原则中包含的创造观念,涉及双重的必要性。首先是经中介的创造,其次是必然的流出,因为那个必然的大有只通过自然创造。

个理智流出所有可能的形式,由具有相应性质的质料接收。在阿维森纳看来,形式就是被造的东西,而不是事物借以被造的东西。从中产生了有(*wujud*)臭名昭著的偶然性。① 然而,创造或流溢活动,或者认识世界的活动,是必然的和永恒的。偶然性无法得到本体论的认识,它只是一个实质(mahiyya)的问题。我们确实可以见到的偶然性,只是质料的活动。②

伴随这种流溢模式的是一种重要的历史二分法:"*tasawwur*"和"*tasdiq*"。两者分别对应 *imaginatio*(想象力,*repraesentatio*[再现]或 *informatio*[信息])和 *credulitas*(信心)。前者是定言的(是什么?),后者是断言的(是吗?)。吉尔森和古穷(Goichon)都认为,正是这种区分让阿维森纳得出了这一结论:有是一种偶然,因为它外于一切本质。③ 要更好地理解这一点,我们就需要记住,在阿维森纳看来,理解本质的方法有三种。一是心智所想的本质。二是感性事物中的本质。三是以绝对方式理解的本质。第三种最具争议性,既不在心智中,也不在事物中,而在自身中。此外,阿维森纳还为这种本质分派了一种独占或专有的有(*esse proprium*)。④ 欧文斯(Owens)认为,"这种专有的有对于其非常重要……一种本身具有有却没有统一性的东西"。⑤在阿维森纳的

---

① Zedler(1948), p. 149; Zedler(1976); Zedler(1981).
② "阿维森纳认为,偶然性并不是一种本体论样态,而只是事物本质的一种状态",见 Goichon(1948),pp. 58—59。对于阿维森纳而言,"样态是在本质本身的层面上被确定的",见 Back(1992), p. 237。
③ "对于那些拥有本身可能的本质的东西而言,有,只能从外部积累,但是第一原则并无本质",见 Avicenna, *Metaphysica*, tract. viii, cap. 4, fol. 99r。有是"发生于本质的东西,或者发生于其本性的东西",见 *Metaphysica*, tract. v, fol. 87, 引自 Zedler(1976), p. 509。有人批判过阿维森纳"有是偶然"的说法,见 *Tahafut al-Tahafut*, in Averroes(1954), p. 235。关于阿维森纳的拉丁文译者(Gundissalinus)对于解读"有是偶然"一说产生的影响,见 O'Shaughnessy(1960)。
④ *Metaphysica*, tract. i, cap. 66, fol. 72, vi. ; 见 Owens(1970), p. 4。
⑤ Owens(1970), p. 4.

世界里,这种有高于现实中的有,甚至高于心智中的有。①

记得下面这一点将有助于我们理解第三种认识本质的方式:阿维森纳认为一种本质因自己而可能,这是绝对的,但因另一本质而必然(*possibile a se necessarium ex alio*):②"如果我们无需任何条件,就可以思考一事物本身的本质,该事物就是因自身而可能的"(阿维森纳)。③ 戈里斯(Harm Goris)说:"阿维森纳曾言,从逻辑上说,我们要指认的非实存物,必须至少存在于我们大脑中。"④ 这种逻辑的有,就是一种可能本质的有。因此,阿维森纳坚持认为,*equinitas ergo in se est equinitas tantum*。⑤ 本质先于心智或理智根源提供的整体到来。(司各脱的共同本质类似于此。)

从中流出了某种有的单义性。⑥ 百克(Back)指出,阿维森纳

---

① "在阿维森纳那里,本质专有的有高于现实中的有,及其在心智中的状态",见Owens(1970), p. 11。
② 一个本质"本身就可能是实存的。因为如果它不是本身就可能是实存的,它绝不会实存",参见 *Metaphysics Compendium*, bk. I, pt. 2, tract. 6, 54—56;引自Adams(1987), p. 1068;"每一个因为他物而非自己而必然的有,本身就是可能的",见 *Metaphysics Compendium*, cap. III, p. 69;引自Owens(1970), p. 4。
③ *Metaphysics Compendium*, cap. II, 69; quoted in Smith(1943), p. 342.
④ Goris(1996), p. 153.
⑤ *Metaphysica*, tract. v, cap. 1。这匹马就是阿维森纳的《逻辑学》中的动物:"动物在自身中是某种东西,它在感性和心灵的认识中都是一样的。但是,在自身中,它的有既非普遍的,也非个别的……动物在自身中就是心灵理解的动物所是的东西,而且根据心灵对动物的理解,它只是动物。但是,如果此外,它还被认为是普遍的、个别的或者什么别的,那么在动物所是之外,还有对动物性的理解",见 *Logica*, 1, fol. 2rb;"马性在自身中就是马性,因为在自身中,它既非一,也非多,既不在具体个体中,也不在心灵中",见 *Metaphysica*, tract. v, cap. 1。因此,有是"发生于本质或某种伴随其性质的东西"的东西,见 *Logica*, 1, fol. 87ra。这个动物也出现在根特和司各特那里。
⑥ 如果我们认识到,有的外在本质只能以一种单一方式让一切得以可能,更重要的是,对于阿维森纳而言,智力接收有的初级印象,因此自然地摆脱神或造物的考虑,那么我们就能更加明白这种单义性。有是一个扁平永恒的面,没有开端和结尾(*Metaphysics Compendium*, I, 1, tract. 7)。有只会把我们引向诸本质,它们是永恒的,且配得上非有。

认为,"我们对有有一种特殊的非感性直观"。① 阿维森纳打比方说,一个蒙着双眼的人浮在空中,也可以认识有。② 吉尔森认为,"如果理智的专门对象是有,那么必然会在一次活动中就可把握它,进而认识它,同样,理智可以认识一切有"。③ 古穷指出,这意味着,"如果有的观念并未在神或造物的观念中分离,就呈现给了理智,那么我们必然会在那个初始的观念中,看到某种不可还原的内容"。④ 我们将在下文看到,实存已经从实存性转向了一个本质王国。具体性只居于具体本质的差异中。这意味着,本体论的区别只是本质的差异;此本质而非彼本质。贾德(Gardet)解释得非常清楚,他认为,"在阿维森纳的思想中,所有一元论假设,超越了形而上学本体论,汇聚成有的单义性"。⑤ 我们将在下文讨论这种一元论。对于阿维森纳而言,这就是 ens prima impressione imprimitur in intellectu。其后他会认为形而上学的专门对象是有,而非神。所以评论家保卢(Jean Paulus)等认为,有了阿维森纳,才有了司各脱的单义性。⑥

单义性的结果是理性王国的丧失。因为创造源自创造主,有只被赋予了理智,所以不是创造主直接把有赋予了感性王国。⑦ 事实上,如古穷所言,阿维森纳"显然担忧从与所知事物的认知关系跳到造物的实现上"。⑧ 问题在于,神只能认识普遍事物。⑨ 这让阿维森纳坚持认为,"有与事物有关,因为事物是可知的,而

---

① Back(1992), p. 243.
② Goichon(1956), pp. 109—110;关于本书的译文,见 *Shifa*, I, 281.
③ Gilson(1927), p. 104;Gilson(1929—1930).
④ Goichon(1969), p. 13.
⑤ Gardet(1951), p. 555; quoted by Goichon(1969), p. 13.
⑥ Paulus(1938), p. 55.
⑦ Goichon(1969), p. 21.
⑧ 同上。
⑨ 神"领会作为普遍事物的具体事物",见 *Nadjat*, 404,引自 Goichon(1969), p. 22。相反的观点,见 Aquinas, *De Veritate*, q. 2, a. 5 和 a. 6.

不是因为它们在正确的意义上具体存在"。① 一切可能的本质，要得到认识，并因此成为是，就必然会失去它的特殊性、它的感性体现和偶然性。(造成这一结果的原因是，阿维森纳接受了普罗提诺对物质的看法，认为物质是否定的，甚至是恶的。)一切被认识的本质，都是失根的、必然的、可知的。这意味着，没有多种的有，只有不同的本质，诸本质必须提供充分的本体论区别，它们异于自己。这些本质要成为是，就必须成为必然的。一个可能的本质，因为它是必然的，才是可能的。神也是如此。因此阿奎那认为"conversio ad phantasmata"也是不断复返感性源头。格里斯解释说，"'conversio ad phantasmata'一说是为了反对阿维森纳(新柏拉图主义的)'conversio animae ad principium in intellectum'"。② 阿奎那没有接受阿维森纳的方法，因为后者似乎认为，实际认识并不需要感性世界。③ 因为有不是直接给予感性事物的，也不是必须给予它的，所以神只与普遍认识有关。因此，感性世界是肤浅的。这样一来，世界只有奔向神，被神吸收，才能是。

阿奎那发现，阿维森纳认为，神以外的一切，本身就具有有和非有的可能性。④ 阿维森纳认为，非有的潜在性普遍存在，所以每一种本质都有成为非有的积极倾向，贾德认为这是"一种有关有的非假定"。⑤ 对于阿维森纳而言，一切具有实质的东西都是造成的。⑥

---

① *Shifa*, 593, 引自 Goichon(1969), p. 21。
② Goris(1996), p. 200, fn. 136.
③ Goris(1996), p. 201, fn. 137.
④ Aquinas, *De Potentia*, q. 5, a. 3.
⑤ Gardet(1951), p. 549; quoted by Goichon(1969), pp. 31—32, fn. 1. 阿维森纳认为，本质"配不上有……它们配得上贫困"，见 *Metaphysica*, tract. viii, cap. 6。见 Gilson(1952a), p. 78。
⑥ "一切有本质(quiddity)的东西都是造就的"，见 *Metaphysica*, tract. viii, cap. 4, fol. 99r.。

所以,除了必然的本有,一切事物都有实质,诸实质因自身而可能:"有只能外在地通向这些实质。"① 我们可以赞同吉尔森的说法:衡量本质的是它们的实存缺乏。事实上,本质即实存的缺席。② 所以,神无本质,而是纯实存(*Primus igitur non habet quidditatem*)。③ 似乎每种本质呈现给我们的都是一种悖论。我来解释一下。本质一旦关联自己,就会遭遇消解,因为会出现一种具体事物、特殊性、实存性和偶然性的丧失。非有的实证倾

---

① *Metaphysica*, tract. viii, cap. 4; quoted in Zedler(1976), p. 510.
② Gilson(1952a), p. 81.
③ 见 *Metaphysica*, tract. vii, cap. 4, fol. 99r. ;以及 Aquinas, *De Ente et Essentia*, ch. 5; Gilson(1952a), p. 80; (1978), p. 127; (1994), p. 456, fn. 26; Burrell (1986), p. 26. 这个必然实存物拥有的是"anniyya";关于该词的历史和意义,见 Frank(1956)。"anniyya"的意思似乎是"实存"。无疑,阿维森纳确实带来了这样一种看法,认为有是偶然的,但是公平点说,我们最好认为此"学说"是一种错误,见 Burrell(1986), p. 26. 这种错误确乎标志着阿维森纳形而上学体系的局限。有学者指出,这种发展始于阿维森纳探讨"本质的方式,到达实存(有)时,结果就仿佛它是一个事故",见 Anawati(1978), p. 78;也有学者反对这样解读阿维森纳,认为阿维森纳不是想强调第一必然的有不拥有本质,见 Macierowski(1988),这篇文章包含了大量与此问题相关的译文;但也有学者指出,"即使最有利于阿维森纳的观点,也无法掩盖这一事实:在他的形而上学体系中,现实秩序常常表现为逻辑投射",见 O'Shaughnessy(1960), p. 679. 对一种本质的绝对思考,比如《逻辑学》中的动物,在《形而上学》和《形而上学提纲》中变成了马,产生了一个远离神的王国。这些本质是以绝对的方式加以思考的,伴随着对有的初级印象,生成了一个先于神思想的王国。我们可以认为本质是事物的真理。但是,这些本质都是在自身中可能的,所以独立于神。而且,有,在其初级印象中,并不涉及神的思想。因此,有,而非神,是形而上学的主题。这似乎意味着诸本质,作为诸永恒可能性,独立于神,而有作为心灵的初级印象,允许我们认为真理和有都是独立于神的,尽管这些本质并不拥有真理或有本身,见 Cronin(1966), p. 177. 一切所是,从外部积累有。然而,这样一来,它们就不再需要有,甚至不再关涉有。如果我们意识到,有,对于一切所是都是偶然的,是神,但也完全可以认为它独立于神,就会发现这一点尤为关键。在此,我们看到了无为有。形而上学是关于有的,但是有,因为被视为独立于神的,把我们引向了诸本质,所以它们是永恒的;永远是无,即便是在有的时候。因此,我们可以赞同保卢的看法,他认为在阿维森纳那里,"认识论命令吞噬了本体论",见 Paulus(1938), p. 12. 在某种意义上,形而上学变成了有关作为非有的非有的科学。

向,可能会悖论地就是它的"元有(esse proprium)"。因为每种本质都在不是中是;这种否定发生在两个层面。首先,只有神是有;所以一切本质都是造成的。其次,只能通过该本质的消解,获得对每种本质的认识表达;每种关联在本体论上都是去关联。诸本质因自身而可能,只在于这些可能性都是"神的数据,给予神的,而非神给予的"。① 神给出每种本质的将是,但非它的能是。② 然而,一种本质是无,它被认识就是它的消解;本质要是,就必须失去自己。可能性成为必然性(似乎"自我给定"的可能性中早已包含必然性)。

神:无本质

我们知道每种本质(一种因自身而可能的无,与神无关)都是被造的。神无本质,所以不是被造的,而是必然的。但是,这样的话,阿维森纳的原因就越来越像普罗提诺的原因。本质因为它只是"被造物(ab alio)"才是无,或者说,它只是因为是他物的(即神)而是无。而且,它是无,因为它的表达即是它的消解。因此,本质没有违背神的单一性。神无本质,祂使用诸本质,各种作为无的本质,造就了一个非神的世界。这种本质化的有的观念,确保了有的无性,而神因为必然造就了诸本质,则确保了无的有性。柯洛琳(Cronin)的观点类似:"在阿维森纳的世界里,一种现实化的本质或可能性,是它恰好在其上发生了实存,但即便这实现了,作为可能的可能事物也不是有。当它是单一的和全总的之

---

① Smith(1943),p. 347. 柯洛琳持类似观点:"在阿维森纳的学说中,可能性本身是高于并对立于神的……对于神而言,可能性是给予祂的数据,而非祂给出的数据",见 Cronin(1966),p. 175. 有人在阿维森纳的"诽谤(libelou)"中,发现了一个独立的可能王国的观念,见 F. A. Cunningham(1974),p. 197.

② Smith(1943),p. 357.

时，无发生在作为可能的可能事物上，当它恰巧实存时，无发生在可能事物上。"①阿维森纳的神让无是（causes nothing to be）。有是一个偶然事件，准确地说是偶然的，真正涵义在此。

阿维森纳认为，本质因自己而可能，因他物而必然。这样一来，我们就可以说，神因自己而必然，因他物而可能。如果我们还记得上文曾提到，有的单义性导致的一元论让神（和世界）的概念变得不稳定，这一结论就站得住脚了。阿维森纳说，"神被称为天元（Primus）；这个词只表示祂的有与普遍的东西相关"。② 因此，在绝对的本体论意义上，离开了神，就不会有真正的创造。扎德勒（Zedler）评价说，在阿维森纳看来，神"是第一的，只因为其他事物都源于祂"，③所以"元有"的说法名不副实，因为神生产的东西与神没有本体论上的差异。古穷认为，阿维森纳"并未真正摆脱僭越的指责，这样一来，诸有并未真正与元有区分开来，创造流向同一种有，只表现出度的差别"。④ 这样无法把神与世界区分开来，因为那些就是世界的本质，都是从神的单一性中产生的神的观念；因此，它们都是祂的各种可能性，最终是神本身的可能性。它们是神能够创造一种不会违背自身单一性的有的唯一方式。然而，这样一来，有的无性（诸本质的所是），以及无的有性（神对诸本质的造就），难免就把神和世界绑在了一起。它们相互滑向彼此，毫无阻碍。贾德称之为阿维森纳的"不可能性"。⑤ 他认为这意味着，"世界永远会紧紧相随着阿维森纳的神而来，不仅如此，还会把它拉向自己"。⑥ 诸本质的可能性，泄露了它们的"神性"，而神的必然性，

---

① Cronin(1966), pp. 176—177; *Metaphysica*, tract. viii, cap. 6, fol. 100ra.
② *Metaphysica*, tract. i, cap. 2, 5; quoted by Zedler(1948), p. 134.
③ 同上。
④ Goichon(1969), p. 26.
⑤ Gardet(1951), p. 557; quoted by Goichon(1969), pp. 27—28.
⑥ Zedler(1948), p. 139.

显示了这种(新柏拉图主义的)神性的"世界性"。如在普罗提诺那里一样,两者互为彼此,合力让有即无,无为有。

根特:无的可能性

我们可以看到,根特是普罗提诺和阿维森纳的门徒。① 如克拉克(Clarke)所言,根特"试图用阿维森纳拯救新柏拉图主义"。② 他采取一系列关键步骤,完成了这一壮举。与我们有关的是他关于神之观念的解释。③ 他属于经院哲学派,经院哲学派认为,神的观念都是与神之本质之间的理性关系(relationes rationis)。在这一点上,根特与阿奎那是一致的。(奥卡姆在批判理性区分[distinctio rationis]时,就选了根特为典型。)根特认为,有两种认识环节或活动。第一种是神对自己本质的认识;这种认识是绝对而完整的。第二种是神认识那些可能的造物。不过,在这一环节中,神也认识了造物自身可能的有。因此,神认识的造物既同于又不同于自身。在阿奎那的著作中,这种可能性在于神的可摹仿性:万物即神之本质被摹仿的不同方式;诸造物的可能性在于此。然而,事实上,这种与阿奎那的相似只是假象,如果我们了解了根特接下来的操作,就能明白这一点。④

最重要的概念转化来自阿维森纳的影响。如我们所知,阿维

---

① "根特从阿维森纳和新柏拉图主义那里获得灵感",见 Clarke(1982),p. 124。佩吉斯曾提到根特"偏爱阿维森纳",见 Pegis(1968),p. 246;另见 Pegis(1942),p. 170,他提到,"阿维森纳让根特信服"。马农认为,"[根特]观点的源头在阿维森纳",而且"根特的思想似乎尤其赞同新柏拉图主义",见 Marrone(1985),pp. 105, 141;保卢表示,根特"尤为关注新柏拉图主义理论",见 Paulus(1938),p. 148,以及该书第二章。
② Clarke(1982),p. 124.
③ 有关根特对观念的讨论,见 Paulus(1938),pp. 87—103。
④ 见下卷有关阿奎纳的讨论。

森纳曾提到对有的非感性直观,而且认为此有是形而上学的专门对象。根特接受这种首要性。事实上,他的类比说就是为了应对阿维森纳对于有的"印象"(尽管对"有"更好的描述是"现实性[res]"),因为根特认为,这是最高的超越者,阿维森纳也持这种观点。① 根特意识到,如果有先于神或造物,那么有就为两者共有。② 然而,这会产生各种问题,比如会出现中项(tertium quid),危及神在真理甚至本体论中的首要性。为了克服这些问题,根特提出了一个"类比群"。③ 有离不开神或造物,但神和造物都在此概念下。这个共有的概念并非单义的,而是类比的,这种共性其实是因为认识缺席。因为心智生产了两个不同的概念。一个是或缺未定的有;④这种有的观念可以得到确定。另一个是消极未定的有;这种消极性是内在的、无法改变的,不只是或缺的。这意味着前一种有的概念是未定的,后一种则是无法确定的。前者可用于造物,后者可用于神。我们在这个层面见到的共性,是因为尚未把这两个概念区分开来。这种共性其实是概念模糊的问题。我们不考虑确定的问题,保留这种"模糊"。因为模糊或概念不明,根特提出了一种类比性的有概念。⑤ 司各脱更进一步,提出了一个单义的概念,可以同时用于神和造物——尽管保卢怀疑根特的类比说是否避免了单义性。⑥

第二种影响更为切题,根特完全采纳了阿维森纳的做法,认为本质是绝对的。这是为了保护这些本质的客观性;这是他的新柏拉图主义偏好。因此,在阿维森纳那里,这些本质被赋予一种元有,而

---

① Paulus(1938), pp. 52—60.
② *Summa Theologiae*, q. 2, a. 21;引自 Dumont(1998), p. 300。
③ Dumont (1988), p. 301.
④ 关于这一点,见 Davenport(1999), pp. 98—99。
⑤ 根特关于模糊认识的讨论,见 *Summa Theologiae*, q. 2, a. 21—24; Marrone (1988), p. 33。
⑥ Paulus(1938), p. 65.

在根特这里就变成了本质有(esse essentiae)。此举将开始从根本上改变神之观念一说。为了克服阿维森纳的必然论,根特设置了一个未实现的本质的王国,从而排除了一种可能的本质必然会实现这一问题;神自由地选择哪种本质可以实现。一种本质实现了,它的本质有就成为实存有(esse existentiae),①但这意味着,根特已经开始把诸观念与神之本质区分开来了。如果它们是不同的,那么神就无需实现它们才能成为神。这也意味着这些本质变得更加个别,因为每种不同的本质都有自己独特的实存;这种自治性将会被奥卡姆激进化。所有可能的本质,因为拥有自己独特的实存,因为是绝对不同的,就构成了无限可能的本质的池子中的一份子。② 它们无疑是神的自我认识造就的,但是这种自我认识的本质已经发生了变化。因为现在,自我认识对那些可能的本质做了进一步的区分。那些可能的本质,不再是神之本质,而只是神之本质通过其自我认识认识的可能本质;神的认识不是把这些可能的本质认识为神的本质,因为它们是可能的,所以被认为是具有自身的有,即非单一本质的有。阿奎那则相反,他把各种可能的摹仿关系都等同于神的本质,因为诸本质并不具有本质有。③ 根特不会把这些本质完全等同于神之本质,因为他无法摆脱阿维森纳的魔咒。④ 如果这样被等同了,它们就成为必然的了。区分是唯一可行的路。⑤

----

① 关于根特的本质有,见 Cronin(1966),pp. 178—186;Marrone(1985),pp. 105—113。
② Maurer(1990),p. 370.
③ 保卢认为,与根特不同,阿奎纳只认为神本质是神观念之源,见 Paulus(1938),p. 101;Pegis(1942),p. 176。
④ 佩吉斯认为,就根特的神观念说而言,"阿维森纳优于奥古斯丁。在于……他把柏拉图的理式(form)引入了神的理智,它是诸本质的领域,诸本质真的不同于神本质,在其本质有中也是真的不同",见 Pegis(1942),p. 175。另见 Maurer(1990),p. 370;Pegis(1969),(1971)。
⑤ 因此,有人指责根特把神本质去本体论化了(deontologizing),见 Clarke(1982),p. 124。

根特把神的诸观念分为"万物在神的知识中的本质,是被认识的对象……其实不同于(*secundum rem aliae*)神之本性"和"让诸本质得以认识的理性(*rationes*),是真正与神之本性同一的东西"。① 佩吉斯在评价这种二分时说,这是根特"真正的阿维森纳主义,在神的观念说中把这两者区分开来:神本质中可摹仿的面(*respectus imitabilitas in divina essentiae*)和神认识的本质事物(*rerum essentiae in divine cognitione*)"。② 根特用自己的术语,解开了观念(*idea*)和观念对象(*ideatum*)这一难题。根特说:

> 神中的各种观念通过各种方式,把因果性施加在事物之上,它们是事物的形式,构成它们的本质有和实存有,而且,根据典范的形式因模式,以及神之观念与其观念对象的关系……这根据的是第一类关系,即生产者与其产品的关系……所以它来自神的完善,从神的理想比率中流出造物的第一本质,成为其本质有,接着,通过神意的干预,这种本质流出成为实存有。③

诸观念不能完全等同于神之本质。如苏瓦诺维茨(Sylwanowicz)所言,在根特看来,"在问及它的有(*esse*)是否已经或者未曾被造出,我们就可以思考一种在自身中的被造本质,无需先取决于神"。④ 如果我们记得那个模糊的有的概念,就能明白这一点

---

① *Summa Theologiae* (hereafter *Summa*), q. 68, a. 5, 7—14; quoted by Clarke (1982), p. 124.
② Pegis(1942), p. 175.
③ *Summa*, q. 68, a. 5, 7—14. 这段话被多次引用,见 Pegis(1942), pp. 176—177; Clarke(1982), p. 124.
④ Sylwanowicz(1996), p. 188.

了。根特说:"按照阿维森纳的看法,元印象把有印在心智中,甚至在把一种对造物或神的认识印入心智之前。"① 对于追随阿维森纳的根特而言,这种模糊的有的概念,让他可以处理在自身中的本质。这句话显示了他在这个问题上是跟着谁的:"阿维森纳在《形而上学》中,精彩地表达了自己的立场,认为诸观念显示了万物的本质。"② 意识到对于根特而言,"现实"出现在三个"层面",我们就更能明白这一点了。首先是实在的;*res existens in actu*。其次是纯想象的,比如幻想;*res a reor reris*。第三种 res 介于纯实在的和纯想象的之间。这就是可能王国;*res a ratitudine*。③ 可能王国"具有本体论密度"。④ 这种本体论密度,就是上文提到的实存有。想到根特的可能性概念,就可以理解诸可能性及其相应的有。

根特对可能性给出了三种定义。第一种,是取决于神的行为力的可能性(高贵的),不可能性则无需取决于神的行为力(不那么高贵)。第二种,两者都取决于神的行为力。第三种定义,被司各脱和奥卡姆忽视了,是"事物能否被造,先于创造者是否有能力造就它"。⑤ 观念是因自身而可能的,至少这样看来是如此。即便不是,它们也是必然的,因为神之理智必然会思想它们。是根特解决了剩下的这一分类,代价是破坏了神的单一性。他的解决方法是把这些观念变成无。在根特看来,无有不同的程度。可能却非现实的,无的程度比不可能的低。前者是非实存者(*non-ens*),后者是纯非有(*purum non-est*)。不可能的总是虚无的(*maius nihil*)。神之本质既给出了本质有,也给出了实存有,但在某种意义上,前者的给出是

---

① Summa, q. 2, a. 21; quoted in Brown(1965), p. 121.
② *Quodlibetal Questions*, q. IX, 2; quoted in Paulus(1938), p. 91, n. 1; Pegis (1942), pp. 175—176; Clarke(1982), p. 124.
③ 马农认为,根特"想创造某种介于虚构和现实之间的本体论范畴",见 Marrone (1988), p. 38。
④ Marrone(1996), p. 177.
⑤ *Quodlibetal Questions*, V, q. 3;见 Adams(1987), ch. 25。

必然的,所以不能把观念完全等同于神本质。二者必然会展现某种程度的虚无性。这似乎就是上文提到的无为有。

司各脱和奥卡姆:非有的单义性

司各脱①深受根特的影响,所以正如吉尔森所言,"没有[根特的]著作在手",就没法阅读司各脱。② 司各脱也深受阿维森纳的影响,③从他那里继承了对有、④本质、⑤甚至这些本质的可能性的看法。⑥从前者中,司各脱继承了如下观念:神的无限性是一种肯定的完善,质料也是肯定的,人类具有多种形式。司各脱批判的类比模型也是根特的。⑦ 司各脱还把神的认识解释为不同环节,这是根特根据阿维森纳的新柏拉图主义提出的。如马侬(Marrone)所言,"司各脱采用,甚至锁定、储备、贮藏了这种有关现实和本体论密度的看法"。⑧

司各脱在《讲演录》(Lectura)中指出,神的认识存在两个非时间的环节(自然瞬间),在《整理稿》(Ordination)中,他又对这两个环节进行了细分。在《讲演录》的第一环节中,神把认识的有赋予

---

① 关于司各特的著作,见 Scotus(1950)。相关译本有 A Treatise on God as First Principle (1966); God and Creatures (1975); Philosophical Writings (1987); Contingency and Freedom, Lectura, 1, 39; Vos(1994); Duns Scotus Metaphysician(1995)。
② Gilson(1955a), p. 447.
③ 吉尔森指出,"在司各特的眼中,代表大有单义性一说的,是阿维森纳哲学",但他也坚持认为,不能把这两位哲人混为一谈,见 Gilson(1927), p. 147。真正的差别在于司各特的形式主义,见 Gilson(1927), p. 187;有关司各特和阿维森纳的对比,见 Gilson(1952b), pp. 84—94。另见 Marrone(2001), vol. 2, pp. 493—494。
④ "司各特并未彻底改变阿维森纳的有说",见 Gilson(1952a), p. 89。
⑤ Gilson(1952a), p. 84。"司各特从阿维森纳那里继承了整个本质形而上学",见 Klaus Jacobi(1983), p. 107。"本质形而上学"一词来自 Gilson(1952b), p. 109。
⑥ Adams(1987), p. 1075.
⑦ Burrell(1973), pp. 96—101.
⑧ Marrone(1996), p. 178.

神眼认为可造的东西。在第二环节中,神通过意志活动,把实存有给予可造对象。① 在《整理稿》中,第一环节的第一个逻辑分支就是神生产可认识的有者。神对自身本质的认识,是绝对的或内在的。第二逻辑分支则认为,那个可认识的对象是自可能的。两个环节的顺序是逻辑上的,而非时间上的。② 在本身已经是分支的第二环节中,神的理智把自己的认识活动与一切被认识的可知对象对照起来。这在神的理智内部造成了一种理性关系。第二分支是神对这种理性关系的反思,让这种关系得到认识。因此,一切知识实际上都包含在神对自身本质的认识中。③

与根特的观点相反,可能的造物并不具备本质有,因为司各脱认为,具有这种有就是具有现实有。在司各脱看来,一个本质比无多多了。这是有的单义性带来的结果,这种单义性来自他所做的形式区分,这种区分同时开创了一种有关可能性的新逻辑样态(下文将展开讨论)。④ 如果可能的造物即本质,神就会依赖这些本质,作为祂认识的永恒对象,但司各脱说它们是无:"并没有某块石头为永恒所了解,没有石头[如此](*lapis ab aeterno intellectus non est aliquid, sed nihil*)。"⑤ 作为无,它们只是一种削弱的有(*esse diminutum*),一

---

① *Lectura*, I, d. 43, q. un, n. 22; Marrone(1996), p. 181.
② 有学者指出,"司各特认为,神首先认识祂自己的本质,然后思想其他可能的一切(这种区分是逻辑的,而非时间的),只是在这一思想一切可能的自在之物的行为之'后',神才思想诸观念与祂的本质之间的联系",见 Knuuttila(1996), pp. 135—136。柯洛琳持类似观点,认为对于司各特而言,一种可知的有(*esse intelligible*),比如石头,与"神的认识活动[有关],但神的认识活动与那颗石头无关",见 Cronin(1966), p. 191。奴提拉赞同此看法,强调"我们需要留意这一点:第二自然环节[即第一环节的第二分支]中的知识对象,在可知有中就介绍了它们在自身中直接被认识,无需参照第一自然环节中出现的东西",见 Knuuttila(1996), p. 136。鲁默认为,对司各特而言,神为诸逻辑可能性创造了基础,但这些可能性是否令人反感,却与神无关,见 Normore(1996)。
③ *Ordinatio*, I, d. 35, q. u, n. 32.
④ 关于司各特有关神观念的讨论,见 Gilson(1952b), pp. 279—306。
⑤ *Reportata Parisiensia*, I, d. 36, q. 2, n. 29.

种对象有(esse objetivum),只在被神认识中才有。① 此有不是肯定的,但我们可以和柯洛琳一样,认为诸可能本质"在神的认识活动中,作为与神这个认识主体相对的对象,拥有专属于每种可知本质的有"。② 吉尔森持相同的观点,认为"神的观念只在某一方面(secundum quid)属于神,也就是说,这是相对和相比较而言的。换言之,每个观念都在神中,但不是神本身……[因为]还有作为观念的观念的本质……它们不可能简单纯粹地是神"。③

奥 卡 姆

奥卡姆遇到此问题时,决意要把甚至对象有从这些可能的造物中剥离出来。④ 奥卡姆批判了把观念等同于神本质的传统。点燃这种批判的是他的总体目标,即根除整个形而上学的概念群,引入自己的模糊本体论,带着它密不透风的一元性(singularity)。此举让奥卡姆形成了对神的独特看法,反过来说也能成立:他对神的全新认识带来了这种本体论。⑤

---

① 这种对象有即可知有。
② Cronin(1966),pp. 198—199.
③ Gilson(1952a),p. 86. 作者在别处还指出,神有关造物的观念"并非关于祂的本质甚至祂的可摹仿性的看法",见 Gilson(1991),p. 160。
④ 关于奥卡姆的著作,见 Ockham(1967)。相关译本见 *Summa Logicae*,2 vols., (1974),(1980);*Philosophical Writings* (1990);*Quodlibetal Questions* (1991);*Five Texts on the Mediaeval Problem of Universals* (1994);最后一部著作包含了奥卡姆的整理稿(Ordinatio)部分译文。
⑤ 奥卡姆全能神观念的确切性质引起了争议。科特奈(Courtenay)等人认为,这一观念非常传统,因为它在讨论有序潜能/绝对潜能(*potentia ordinata/potentia absoluta*)之分时,并未把后者当成行为方式。然而,对于奥卡姆而言,似乎这种能力本身是活跃的,因为奥卡姆的世界中的一切都是在其持续的活跃性之下产生的。这样,绝对潜能就是一种不证自明的活跃能力。奥兹曼认为此区分是"奥卡姆最基本的神学工具",见 Ozment(1980),p. 38。见 Courtenay(1984a),(1990);Pernoud (1970),(1972);Adams(1987),pp. 1186—1207;关于亚当斯(Adams)(转下页注)

这位"可敬的肇始者"认为,把观念等同于神本质,完全说不通。① 奥卡姆采用惯常的方法论预设来分析此问题:非矛盾律带来的消灭和数字等同原则。如果诸观念即神本质,它们要么就是该本质,要么就是摹仿关系。如果它们真真实实是神本质,那就只有一个观念,因为只有一个本质。如果它们与神是摹仿关系,就会是多元的,它们必然是真实关系。然而,问题是,只有三位一体才是与神本质的真实关系。因此,它们只能是理性关系。如果它们是理性关系(*relationes rationis*),它们就不同于现实实存者(*ens reale*),如神本质。② 真实关系与概念摹仿关系也无法结合,因为一个综合体不等于其各部分。

对于奥卡姆而言,观念都是生产有物时所知的范本或样品。"观念"一词内涵丰富,所以它只有一个名义上的定义:首先明指(*in recto*)一个东西,同时暗含(*in oblique*)另一个东西。后一含义产生了实证有者的幻象,而一旦我们记起该词的首要含义,它显示了它的实质命名(*quid nominas*),这种幻象就会消失。因此,"观念"一词真正指的,只能是一个神可以生产的造物。这个"观念",就是神的理智认识的有关该造物的思想,它发挥着典范的功能,是该造物的范本;但在神的理智中,这个典范就是这个造物本身。我们必须记住,不能诉诸各种形而上学的概念,比如托马斯主义的实存等。观念既非神认识事物的手段,也非类似于造物的东西。相反,观念即造物本身。③ 奥卡姆用"观念"一词表示神对造物的认识,神将其视为可造的因而不同于祂的东西。想着可造之物时,神

(接上页注)观点的批判,见 Gelber(1990)。还有人认为,这种二分的举动通向了怀疑论的结局,见 Kennedy(1983),(1985),(1988),(1989);Oakley(1961),(1963),(1968),(1979);Randi(1986),(1987);Funkenstein(1975a),(1975b),(1986),(1994);van den Brink(1993);Dupré(1993);Gillespie(1995)。

① "可敬的肇始者"是奥卡姆在中世纪教材中使用的一个称谓。
② Maurer(1990), p. 370; Adams(1987), ch. 24.
③ *Ordinatio*, I, d. 35, q. 5.

所想的就是那个物。这样就好理解了：观念就是神有关袖可造之物的知识，观念就是无；观念就是它自己。①

"观念"一词直接指造物，间接指神可造物的实现，以及袖对造物的认识。神通过观念认识造物，因为观念结束了认识活动。无观念，就无可思想。不过，这是一种同语反复：物要被思想，就必须有物被思想，被思想的物就是被思想的东西。随着该词的首要意指不断把我们带回造物本身，该词内涵丰富的特性就变得明显了。奥卡姆的世界里，只有神或个别造物，而没有中项。神在造物时，袖在创造中所想的就是该物。因此，观念与造物的不同，只在于它是神有关自己可造物的知识。此处明显没有任何形而上学概念群，因为造物并未参与神成为是的活动(act of to-be)，也未参与任何真正普遍的本质群，这不同于阿奎那的看法。

物之所是即自身，所以我们有实际认识"是"什么的工作，因为一个事实就是一种概念工具，我们需要它谈论"是"什么，无需依赖其他形而上学概念。事实性只允许单义的真言，可以说，它只重复事实。因此，一个造物的观念（只是它自己且被神认识）即无。这个实现了的东西和一个未实现的事实之间的区别只在于该事实。② 事实自己构成了所有的差异；但这种差异，因为只是个别事实，所以根本不是差异。这意味着，该事实，作为可能的造物，就是它自己的可能性，这样，即便它被神自由地实现了，也还是一样的，变在它自己的可能性之外。唯一的变化就是一次神意的活动。这意味着，这个事物始终是它曾经一直是的先天的($a\ prior$)无，这个无甚至在神之前，或者无需神。下文会详细解释这一点。我们现在需要接受的是，在奥卡姆这里，观念即造物。因此，在造物有之前，有关其的观念在这一点上只是无。正如麦格雷(McGrade)

---

① *Ordinatio*, I, d. 43, q. 2.
② 同上。

所指出的:"纯无在奥卡姆的本体论中至关重要,有如空在德谟克里特那里的作用。"①

奥卡姆偏爱唯名论逻辑,因此产生了无的三种用法:(1)与其他词连用,是一个否定的普遍符号;(2)直接使用,不指代任何实际存在的东西;(3)指不可能实存的东西。② 幻象属于第三种。当奥卡姆称一个造物为纯无(purum nihil)时,他采用的就是第二种用法。这意味着,尽管一个造物不是从来就实存的,但它可能是从来就实存的,所以它就是作为无而实存的,这个无实际上就是关于它自己的观念。毛瑞(Maurer)指出,奥卡姆并未真的说神的观念即无,"但他的一种观点暗示了这一点:一个从来就被神的理智认为是某个可造物的造物就是一个无(unum nihil),因为神的一个观念就是一个可造物,神可以给予它现实的存在"。③ 我们知道,根特和司各脱都想把观念变成无,但奥卡姆却想清空无性的一切有物性(somethingness)。④ 神之观念的无性,就是一种纯粹且绝对的可能性。这种可能性固有的可知性,完全来自该可能性本身。奥卡姆想用此概念取代对本质甚至有的秩序的需求。如毛瑞所言,"奥卡姆必须比司各脱更重视神的观念,因为他并不认为神本质是造物的范本"。⑤ 这种看法影响深远,我们将在下文讨论。在此,观念即造物本身,并不落在神本质之内,而是在这种本质之外,是造物成为自身的可能性,但造物因此也是无。然而,这很危险,因为如果弱化了无的否定涵义(如果能如此的话),诸观念就会取代神,因为从柏拉图的角度来看,它们就会成为神的认识的条件,最终成为神的可能性的条件。⑥ 因此,佩吉斯的

---

① McGrade(1985), p. 154.
② *Ordinatio*, I, d. 36, q. 1.
③ Maurer(1990), p. 376.
④ Pegis(1942).
⑤ Maurer(1990), p. 377.
⑥ 提到柏拉图主义,就暗示了对它最轻蔑的解读。

抨击是正确的,他认为奥卡姆代表着"减去诸观念的柏拉图主义"。① 我们将在下文中看到,这种缺席将比一切柏拉图的理念更加确定。接下来的讨论将从神的观念转向司各脱的形式主义,希望弄清楚上文提到的几个影响。然后,我们将回到奥卡姆,分析样态逻辑。

可能地:无

司各脱从形式的角度提出了一种对现实的新认识,在司各脱对有的单义性的认识中,形式性被奉若神明。② 司各脱和阿维森纳一样,认为理智的元对象是作为实存者的实存者(*ens qua ens*)。此举把实存本质化了,认为实存与本质只有形式之分。③(公平地说,司各脱只是暗示了这一点,后来的司各脱主义者对此加以了阐发。)实存本身是一种固有的本质模式,更多是概念的,而非实存的;有变成了可思的东西。④ 只有一种情况允许这种有的单义性,即有的固有样态允许内部分化,无需纯粹的外在区分的附加——

---

① Pegis(1942).
② "有一种科学研究有,有一种科学研究单义的主体",见 *Metaphysics*, IV, q.1, n.2;"司各特的有观念普通且单义",见 Gilson(1952b), p.454;"司各特的形而上学建立在有概念之上,因为没有其他观念能让我们通达神",见 Gilson(1927), p.100. 另见 Shircel(1942); Barth(1965); Hoeres(1965); Marrone(2001), vol.2, ch.15.
③ 关于司各特如何把实存本质化的讨论,见 Gilson(1952a),(1952b).
④ 这种观念的渊源很可能来自普罗提诺,在《九章集》中,他把有等于认识;当然,这个等号是巴门尼德划的。阿维森纳继承了这一做法,想以绝对的方式思考诸本质。同时,他认为有是单义的和偶然的;单义的,是因为一种对有不可还原的直观;偶然的,是因为知识不是任何实存的有概念产生的,既然它在认识论上与有无关。根特受阿维森纳的指引,也以几乎单义的方式思考有,因为他类比的有概念来自智力的第一印象,如在阿维森纳那里一样,摆脱了决定。司各特接受了这一点并把它发扬光大。笛卡尔和康德也不例外,尽管没有严格恪守此观念的轨迹。这一遗产轻轻松松地就传给了罗素等:"有属于每一个可构想的思维对象……一切可思的都具有有",见 Russell(1903), pp.449,451.

这会危及有作为最高超越者的地位。因此,根据样态区分,神和造物之间恰当的区别,就来自一个本质可以获得的不同密度。故而,这种内在的无限性模式——其中"其实"包含了单义的有——限定了神的有,所以无需使用具体区分(*differntiae*),就可以确定神的不同,具体区分则会暗示有是神与造物共有的一种属,这是不恰当的。神与造物共属的有概念不是神专有的;只有在内在限定下才能如此。因此,"神即有",是一种逻辑陈述,但具有一定的本体论涵义,因为有在神那里是一种形式现实性:神是无限的有,这合法地构成了一种充分确定的形而上学陈述。

司各脱从根本上重新定义了实存对象,以及普遍和个体之间的平衡。他认为该对象由两方面组成,这两方面展示了每种现实性内部的形式多元性——否定了实体形式的单一性(方济各会的观点)。一个对象包含一个共性特征和一个相应的差别,也即个性(*haecceity*),把它变成了独立的。① 这两方面只有形式上的区别。② 我们可以单独思考它们,把它们区分开来。错觉呈现给感性认识的是对象的独一性:"错觉用其全部功能把对象再现为想象中独立的东西。"③ 错觉是感官的,不会带来对事物形式的接受,形式是它普遍的一面。对事物普遍性的认识,是通过对可知物种的生产获得的。错觉是感官的,所以无法与理智能力交流,可知物种则是理智主体的产物。

这一形式元素中埋藏着现代性的种子。如阿利兹(Alliez)所言,"因为他的形式主义,司各脱就有了自己避开各种古代道路(*via antiqua*)的方式"。④ 司各脱通过多元形式思考对象。每个对象都由不同部分组成,各部分都拥有局部的有,心智根据绝对能

---

① 罗斯认为,这种个体化方式注定会失败,因为它需要"更深度的个体",见 Ross(1986),p.328。
② 关于司各特的形式区分观念,见 Grajewski(1944);Wolter(1965)。
③ *Ordinatio*, I, d.3, q.1, n.357.
④ Alliez(1996), p.201.

力(potentia absoluta),很容易就可以把它们与它们"依附的"整体区分开来。这些局部的有者与整体在形式上是不同的,所以这个对象被肢解了,因为它被迫居于一个由可能的东西决定的世界。如阿利兹所言,"在司各脱的世界里,一切可以分开思考的东西,都具有一种客观现实性,所以在神那里也具有一个独立的观念,可以通向一种可能的生产"。① 每个对象都失去了本体论的统一性,这种统一性只能通过实际再现得到部分恢复。与形式差别相关的,是有的单义性,它强调元智力的对象,是抽干了本体论内容的"有",因为它是不确定的、中性的。因为每种现实都经过了有的逻辑同一性的中介,有关有的认识开始篡夺神学的首要地位。此外,因为单义性由此已经作为一切认识的可能性在运转,认识手段就开始变成对逻辑上可认识的东西明确而清晰的把握。这样,涉及认识者和被认识者之间现实关系的充分认识的首要性开始衰退。认识不再必然是关于实际对象的,而是通过绝对能力,变成了原则上无需对象就是可能的(司各脱暗示了这一点,奥卡姆进一步阐明了它)。这意味着,真实性将来自成功的再现,它可以被幻觉摹仿,因为一个物种现在更多被视为认识对象的摹仿。被认识的现在完全变成了认识对象,也就是说,该对象是由认识活动,而非意向的绽出(intentional ecstasis)确定的。阿利兹认为,司各脱对认识对象的重新认识,本身就是"对象的诞生"。② 这个对象"要求自己的现代性"。③ 因为它进入了认识行为,所以一切基本的充分认识概念都被司各脱的形式主义悄悄化为泡影。因为既然现实性本身现在被定义为"实在-可能的东西(real-possibles)",那么我们该如何定位现实性? 这在一定程度上预示了笛卡尔的到来,他把"*ab esse*

---

① Alliez(1996),p. 209.
② 同上。
③ Alliez(1996),p. 208.

ad nosse valet consequentia"颠倒为"*a nosse ad esse valet cnsequentia*"。诗人霍普金斯(Gerard Manley Hopkins)称司各脱是"解谜人",虽然有点贬低,但这个评语却很得当。

成为是:无处

> 全能神的观念中出现了一种新[样态的]方法。①
> ——奴提拉(S. H. Knuuttila)和阿岚(L. Alanen)

> 奥卡姆认为有基本是单义的,即现实有和可能有不是两种有,而是同一个有的两面。②
> ——拉吉纶(H. Lagerlund)

自1277年遭到各种指责后,司各脱开始在方法论上使用全能神的观念,并将其假定为所谓现实的对立面。③ 克洛克(Klocker)认为,"现实(*de facto*)世界完全服从其过去和未来"。④ 这样,每种现实性都只是可能性的有限表达。这对于司各脱而言意味着,一切实存的现在都将按照不同事态加以思考。这无疑是各种样态(modality)的世俗化。⑤ 我们现在看到的是一种彻底转变,从外延

---

① Knuuttila and Alanen(1988),p. 2.
② Lagerlund(2000),p. 110.
③ 传统上认为,杜恩(Pierre Duhem)对巴黎人的指责进行了强解读,科耶(Koyré)做了弱解读,限定了其影响范围。格兰特(Grant)最近开始重新强调强解读,见Duhem(1985);Koyré(1957),(1949),(1956);Grant(1979),(1982),(1985)。默克多认为各种指责让"诸问题超越了亚里士多德的自然哲学解释的物理可能性的局限,进入更广泛的逻辑可能性的领域",见 Murdoch(1974),p. 72。麦科利则说,"1277年发生了一件有史以来最重要的事件",见 McColley(1936),p. 399。另见Wippel(1977);Hissette(1977);巴黎人文本的英译本,可见 Hyman(1983)。
④ Klocker(1992),p. 108.
⑤ Knuuttila and Alanen(1988),p. 2.

(参照)样态转向内涵(感官导向)样态,它本身是这一概念现代形式的到来。① 司各脱的起点是逻辑可能性(*possibilitas logica*);② 司各脱首先使用了这个词,这一点很有意思。实存的(existed)不再被视为现实的(actual),而是事实的(factual),因为有的单义性削平了实存性的不同方面,以可能事物的名义把有本质化了:"在现实世界中的实现,不再是现实可能性的标准"。③ 任何具体有者自身中都包含着自身的消解,因为它是多种形式组成的,每种形式都拥有属于自己的有。这种新样态采取这些准形式,然后违反事实实现它们,最终,从中获得这些可能形式的对象,无法把自己的统一性凌驾于这些形式选项之上。换言之,一种内涵样态的可能性,本身禁止给予现实世界任何合法性。(我们在此看到了尼采学说的源头,因为"是"者必须去争取自己在这个世界中的位置,因为无数的形式选项会设法干扰这个世界。)可能事物(包括可能事态)拥有一种内涵的有,是神在思考其可能性时赋予它的,但它的接收者却总早已可能是可知的。④ 奥卡姆写道:"如果它是可能的,那么它在理智生产它之前就是可能的。"⑤司各脱的解谜就始于此。

---

① 这是"赫尔辛基学派"给出的解读,辛提卡(Hintikka)和他的学生奴提拉,见 Knuuttila(1978),(1981a),(1981b),(1982),(1993),(1995),(1996);另见 Alanen(1985),(1988);Hintikka(1981)。奴提拉认为,中世纪思想家对样态的理解是统计学的,因此是纯外延的。雅各比认为,阿奎纳等人对样态的解释并非纯统计学的,见 Jacobi(1983),p. 94。戈里斯赞同雅各比的看法,见 Goris(1996),pp. 257—275;塞万维茨则认为,司各特所理解的不是奴提拉等所想的内涵样态,见 Sylwanowicz(1996)。

② *Ordinatio*, I, d. 2, p. 2, q. 1—4, n. 262; *Ordinatio*, I, d. 43, q. un, n. 16(下文略写为 *Ord.*)。

③ Knuuttila(1982),p. 354.

④ 如沃斯所言,"逻辑可能性(*Possibilitas logica*)是事物本身不可还原的本体论品质。只有涉及事实性的一面时,神意才是偶然事物的原因……神的现实可能性(*potentialis realis*)是偶然事物实际实存的原因,而非它们的逻辑可能性",见 Vos(1994a),p. 30。

⑤ *Ord.*, I, d. 43, q. 2; Lagerlund(2000),p. 94.

司各脱认为,"我说事物是偶然的,不是因为它不会永远或者必然如此,而是因为当这发生时,其对立面是现实的。"① 不过,把偶然性界定为反事实性是不对的。这样会引入一种扭曲的必然论,因为是者不是必然在此,却必然在它自身中。如果一种可能性概念生成的先天性不在神的本质中,就必然会强调思想对象的必然性。不再有任何现实的偶然性,只有实际的必然性。司各脱说:"我不会说事物是偶然的,而会说事物是偶然造成的。"② 那个带来这种偶然性幻觉的观念,不涉及任何具体有者,只涉及一般的此时此地(*hic et nunc*)。正是它被视为偶然的,不是某个此时此地,而是那个总体的(*in toto*)此时此地,它被视为唯一可能的秩序的实例化,而非一系列完全通过自身现实性建立自身可能性的个别现实。③

正是因为"此时此地"的缺失,才有了阿利兹所谓的"没有周日的秩序"。④ 因为每个可能是周日的都被同时存在的其他可能给取代了,这些可能不是简单地从"周日"之外努力,而是从其内部升起,这些庞大的部分变成了这些整体。这种部分成整体(*mereological*)的噩梦表明,"可同一性(identifiability)无关任何个体的世界"。⑤ 没有质上的合法性,可以证明是这个而不是那个世界在场。如布尔(Burrell)所言,"司各脱更多看到的是事物的属性,而非事物本身"。⑥ 所以,司各脱认为,世界是一个"概念体系"。⑦

---

① *Ord.*, I, d. 2, p. 1, q. 1—2, n. 86; cited by Knuuttila and Alanen(1988),p. 35.
② *Ord.*, I, d. 2, q. 1, a. 2, n. ad. 2. 这让布尔称这种有关偶然性的看法是"意志论的",见 Burrell(1990),p. 252。关于司各特的偶然因果性,也有不同的看法,见 Sylwanowicz(1996)。
③ 沃斯强调,"发现共时偶然性,是司各特学者生涯开始的标志",而且正是这种"共时偶然性可以被视为所谓可能世界语义学的基石",见 Vos(1994),pp. 6, 30。关于司各特的共时偶然性,见 Vos(1985),(1998a),(1998b); Dumont(1995)。
④ Alliez(1996),p. 225.
⑤ Knuuttila(1986),p. 210.
⑥ Burrell(1990),p. 111.
⑦ Burrell(1990),p. 115.

这样界定的此时此地，带来了一个先天王国，表达它的是各种有关一种内涵样态的反思。可能的，因为是潜在可知的（esse intelligible），所以不取决于神，其潜能也不是神赋予的。相反，该造物在自身内就是可能的。和阿维森纳一样，奥卡姆认为，"可能的有是一个造物自己具有的"。① 现在，事物在绝对意义上是内在可能的。② 然而，这种可能只是从形式上说是自己具有的。从原则上讲，它依然取决于神，但这似乎无关紧要：③"事物是可能的，不是因为它拥有的什么，而是因为它可以在现实中实存。"④ 司各脱似乎在说，可能的是可知性的先天条件，神并不实存这一点并不会影响它："这种逻辑可能性，因为自身的性质，拥有独立的能力，即便以不可能的方式（per impossibile），没有全能的神让它成为对象。"⑤ 对于司各脱和奥卡姆而言，"世界将是"这一命题是独立于现实世界的。⑥ 这种命题的可能性取决于术语之间的匹配性或不匹配性，也就是说，可能性是一个诸术语不相互抵触的问题。⑦ 由此，我们可以赞同阿岚的看法，即奥卡姆认为，可能性是"命题的而非物的谓词"。⑧ 这些命题是这种现代样态的缩影，被称为中性命题。⑨ 直到第一个自然实例出现后，神才为各种命题分配真值。（这有点类似于一种有的概念，它无法确定，也就是说，有和可能性在实存和神面前都占据一席之地。）而且，神必须思考这些命题。

---

① Ockham, Sent. I, d. 43, q. 2; cited by Knuuttila and Alanen(1988), p. 38. 拉格隆德指出，"对于[奥卡姆]而言，可能性并不取决于世界的实存，或者神心或者任何其他心智的实存"，见 Lagerlund(2000), p. 92。
② Alanen(1985), p. 175.
③ Ord., I, d. 43, n. 5—7.
④ Ord., I, d. 43, q. 2; cited by Alanen(1985), p. 182.
⑤ Scotus, Ord., I, d. 36, q. 60—61.
⑥ Lectura, I, d. 39, q. 1—5 n. 69.
⑦ Scotus, Ord., I, d. 7, q. 1, 27; Alanen(1985), p. 178.
⑧ Alanen(1985), p. 175.
⑨ Vos(1994), pp. 28—33; Beck(1998).

如德·拉科(R. van der Lecq)所言,"在司各脱看来,神通过认识事物生产事物,但生产活动并非神的自由意志的活动;它是神的理智的活动,所以是必然的"。① 奴提拉认为,对于司各脱而言,"神必然会思想一切可被思想的东西"。② 我们必须记住,在司各脱看来,神的理智"不是一种主动能力"。③ 如果没有世界,也"以不可能的方式没有意志……那个本体论上相关的同时存在的可能事态的矩阵依然是一样的"(如贝克[Beck]所言)。④ 苏亚雷斯后来持类似观点,说到神认识的永恒真理"为真,不是因为神认识了它们,相反,因为它们为真,神才认识它们……它们是永恒的,不仅因为它们在神的理智中,还因为它们在自身中,无需考虑神的理智。"⑤

阿奎那反对这种立场:"然而,考虑到[人与神]的理智都[可能]会消失(这是不可能的),这种真的概念就站不住脚了(*nullo modo veritatis ratio remaneret*)"。⑥ 奴提拉和阿岚认为,"直到十四世纪早期之前,人们都认为可能性的基础在神那里;在现代理论中,它们则脱离了这种本体论的基础"。⑦ 如克洛克所言,不仅诸可能性不再取决于神,"神的现实性也消失在可能事物的无穷变化

---

① van der Lecq(1998),p. 92.
② Knuuttila(1996),p. 137;*Ord.*,I,d. q. 4,n. 262,268.
③ *Ord.*,I,d. 43,q. u,6.
④ Beck(1998),p. 128.
⑤ Suarez(1983),pp. 200—201. 关于他,见 Marion(1981)。笛卡尔似乎恰恰在这一点上反对苏亚雷斯,因为他认为,神形成真理,就仿佛一个王在自己的王国制定规则。但是,如马里昂所言,笛卡尔并未反对苏亚雷斯的基本观点,也就是说,这些观念都是外于神的,见 Marion(1981),pp. 134—139. 而且,笛卡尔捍卫神的超越性,却未能阻止自己的神服从其他"法则"。吉莱斯皮说得很明白:"欺骗……是不完美的结果,神那里没有这种不完美。也就是说,欺骗需要自我意识,它是区分自我和他人的基础。然而,神没有自我意识。因此,神不是骗子……[笛卡尔的]神是一个无能神,而非全能神,失去了自己的独立性,只是人类思想中的再现",见 Gillespie(1995),pp. 61—62;另见 Marion(1998)。
⑥ *De Veritate*,q. 1,art. 2.
⑦ Knuuttila and Alanen(1988),p. 41.

之后"。① 诸本质,被视为诸术语的逻辑可能性,是这种逻辑认识论样态的基础。② 雅各比(Klaus Jacobi)指出,"可能世界的语义学,明里暗里都会涉及本质形而上学"。③

这种内涵样态,因为是一种逻辑样态,所以不需要原因(它在某种程度上是自因的[*causa sui*])。④ 现在,可能的不再由现实的界定,而是变得比现实的更加确定。这是无矛盾律的优势。⑤ 该"律"(可能的东西)先于"立律者"(神)。⑥ 这带来的结果便是语言、物质、时间的消失。司各脱、奥卡姆,还有根特,⑦对可能性的认识是阿维森纳的。他们分别强调可能性是可能事物固有的,可能的从定义上说就是可能的,所以它是一种内涵样态。我们在此看到了创造性、因果性、现实性和偶然性的消失。相反,这里有的是关于纯粹"可辨的"有的阐述。也就是说,"世界"只出现在各种术语的神秘作用中,它们提供了某种有名无实的认知再现概念。⑧

---

① Klocker(1992),p. 114.
② 柯洛琳这样评价司各特:"他继承并维持了阿维森纳和根特基本柏拉图主义的观点,也就是说,对于一切设想可以认识的东西而言,都由设想可以认识的本质给出",见 Cronin(1966),p. 199。德·拉科总结道:"司各特信奉某种可能事物的现实性",见 Van der Lecq(1998),p. 97。这些可能事物"其实是无物,它们超越了有",见 McGrade(1985),p. 154。关于阿维森纳、根特、司各特和奥卡姆的柏拉图主义遗产,见 Paulus(1938),p. 135;Pegis(1942);Gilson(1952b),p. 111(这种遗产更准确的描述是新柏拉图主义)。
③ Klaus Jacobi(1983),p. 107.
④ Alanen(1985),p. 175;Karger(1980),pp. 250,256.
⑤ 如果根特要克服阿维森纳关于本质的必然论,即本质必须实现在可能中,他就需要(与司各特和奥卡姆一样)让它们必然存在一个先天的逻辑可能性的王国中。阿维森纳的本质最终维持了它们的必然性,这是通过无为有做到的。
⑥ 从某种意义上说,我们可以开始阅读卡夫卡的故事《法律门前》,这则寓言描述了现代性的上帝之死。
⑦ "根特与司各特后来要提供的严格逻辑定义之间只隔着一根头发的宽度",见 Marrone(1996),p. 184;另见 Marrone(1988)。
⑧ 布伦堡认为,现实"成为无规则的特殊事物的海洋,创造认识的概念不得不在海面上设立路标",见 Blumenberg(1983),p. 519。布伦堡称之为奥卡姆的"现象论",见 Blumenberg(1983),p. 189。

在这种"传统"中,有被本质化了,被视为有的要比实存少——有成了一个先天的可能本质的王国。此外,这种本质化的有还被事实化了。如吉尔森所言,"司各脱克制自己,没有描述事物的实际存在,把这一事实更多当成了假设"。① 同样,布尔也指出这种模式转换的结果就是"诸可能世界变得和那个现实世界一样迷人,因为无把现实的和可能的区分开来了,除了它恰好实存这一纯事实"。② 这种理解在奥卡姆那里也很流行。

奥卡姆有两种认识论:*fictum* 或客观实存论;*intellectio* 或心智活动论。③ 两者都需要设置未实现的可能。终于开始讨论后一种理论时,奥卡姆想把这些东西都还原为一种认识活动,但他意识到,这需要神平等地认识万物。不过,他又认为神的活动更多是理性的,而不是非理性的。因此,神的活动不可能是一视同仁地对待万物的。所以,奥卡姆必须把责任转嫁给术语的作用,以提供必要的差异。本质成为"有",有又变成了纯逻辑现象。如奥卡姆所言,"逻辑潜能代表着心智组合各种术语的方式"。④ 阿岚在评价这段话时指出,对于奥卡姆而言,"绝对可能性是……命题的而非物的谓词"。⑤ 如亚当斯所言,"神和造物总是容易被各种术语指代"。⑥ 一切被认识的(包括神的自我认识)"都是无,尽管得到了认识"。⑦ 甚至对于司各脱而言,"诸术语可匹配和不可匹配的关系都始终是一样的,这与被指代的事物是否实存,或者是否有我的理智把它们组合起来无关"。⑧ 这

---

① Gilson(1952b), p. 248.
② Burrell(1990), p. 118. 布伦堡认为,这种多元世界"观念将成为导致形而上学宇宙观解体的基本因素之一,此时现代时代尚未到来",见 Blumenberg(1983), p. 156。
③ Boehner(1958), pp. 96—110; Adams(1977), pp. 144—176.
④ Alanen(1985), p. 178.
⑤ 同上。
⑥ Adams(1987), p. 1051.
⑦ Ord. I, d. 36, q. 1.
⑧ Alanen(1985), p. 180.

些术语如何运作让事物得到认识,完全取决于无(作为有起作用)。如司各脱所言,"一切事物,作为无条件的无,都在自身中包含着多的本质"。① 奥卡姆认为,这种无只是操作性的。麦格雷认为,"奥卡姆有许多的无,而且无对于他而言就是多"。② 上文已经指出,这种逻辑上的可知性,因为是逻辑的,所以不需要原因。而且,它因为带来了诸多可能的世界,而把此世相对化了。罗斯(Ross)认为"根本没有创造的位置,因为一切可能性都同样实在、同样现实"。③ 可能的世界否定了现实,根据立场分明的视角主义。换言之,有现在是相对的世界(world-relative)。此外,逻辑样态想从命题中抹去时态性,把活的话语变成非时间性的。这种特殊的形式论(及其伴随的可能论)不能以任何一阶意义的认识来解释术语。所以,我们可以看到,这里确实有现实性、偶然性和时间的丧失;因为立场分明的现实论和逻辑上的自因性,时态缺乏被认为真的是无关紧要。我们反而必须和罗斯一样(因为这些体系并非"无关神学"④),强调不存在空洞的可能性。即使我们能够维持空洞可能性的观念,也无法给它们命名,因为缺乏充分的超越确定性(transcendent determinacy),可以成为背景参照。因此,无法从逻辑上把握它们。此外,我们必须认识到,有不能被类别穷尽,类别不能被实例穷尽。⑤ 罗斯强调,"神解决了可能曾是的问题,因为它是实存者的结果"。⑥ 因此,一种内涵逻辑取决于事物的现实性质,现实性质允许这类样态抽象。这里的内涵内容"寄生在"现实世界中。⑦ 可能的东西是后

---

① *Ord*., I, d. 43, q. un, n. 18.
② McGrade(1985), p. 154. 这里,作者正在弹奏格什温(Gershwin)的《波吉与贝丝》(*Porgy and Bess*)。
③ Ross(1989), p. 268.
④ Ross(1989), p. 256.
⑤ Ross(1990), p. 189.
⑥ Ross(1986), p. 319.
⑦ Goris(1996), p. 188, fn. 10.

天地根据现实知识得到认识的,因为"能力是通过其行为得以认识的"。① 然而,我们必定不能后天地定义可能性,只能定义可能的事物,否则我们就容易受到洛夫乔伊(Lovejoy)所言的"充分性原则"的批评,该原则认为可能的会实现在现实中。② 而且,这样会通向对可能性的纯统计学分析。雅各比早已明确表达了这种差别。③ 这最容易导致各种对内涵样态的误解,把内涵逻辑当成一个巨大的外延逻辑,把内涵名称变成"物",④让我们误入歧途,拜倒在无的脚下,在此形式的"邪恶符号悄悄说着本体论的语言"。⑤ 相反,形式的必须为现实的服务。有关逻辑的解释必须是元语言学的,根据活的用法和一阶表达。⑥ 阿奎那接受了对样态观念的逻辑或内涵的理解,但如戈里斯所言,这些样态观念都寄生在"一阶语言的语义丰富性中"。⑦ 因此,话语的内涵意义取决于对现实世界的认识。⑧ 如施密特(Schmidt)所言,"真理,以及有关真有的认识,是逻辑学的目的和终极原因"。⑨

无限实存者:单义实存者
(*Ens infinitum* : *ens univocum*)⑩

每一个有别于无限有的其他有,都因参与而被称为"一个有",

---

① Goris(1996),p. 274.
② Lovejoy(1960).
③ Klaus Jacobi(1983),p. 193.
④ Ross(1986),p. 317.
⑤ Ross(1989),p. 271.
⑥ Moody(1975),pp. 371—392.
⑦ Goris(1996),p. 275.
⑧ Goris(1996),p. 274.
⑨ Schmidt(1966),p. 318,施密特认为,阿奎纳确实认为逻辑学是内涵的,但只是在"次要层面上"。
⑩ 关于无限实存者,见 Catania(1993)。

第一章 走向无:普罗提诺、阿维森纳、根特、司各脱和奥卡姆

因为它抓住了那个完美地、完全地在那里的有者的**一部分**。①
——司各脱

本质与实存之分在司各脱那里并没有在阿奎那那里那么强烈。本节将讨论两个观点。一是司各脱认为,造物中没有实际差别,神那里也没有。这无可争议,但他却从这里引申开去,认为神与造物之间也无实际差别。所以,第二个观点是,对于司各脱而言,神与造物实际上只有形式的差别。我们想到差别,于是就有了差别,但这种差别只是形式上的。

上述观点的基础,就是非有的单义性。如果把普罗提诺的超本体论,与阿维森纳的这一观点相结合,也就是说,有是形而上学的主题,就会通向非有的单义性;尤其是如果我们还记得,阿维森纳的有,脱离了神与造物、普遍与特殊、现实(实存的)与可能(非实存的)。而且,上文已经指出,根特认为神的观念外于神的本质——这促成了内涵样态的初始萌芽。如上文所见,这种样态被司各脱和奥卡姆重新捡起,并进行了阐释。我们可以在司各脱那里看到,他赞同有的单义性和形式差别的说法,并且强调先天的逻辑可能性。奥卡姆也透露出这种样态的存在,强调逻辑可能性,认为它并不取决于神的实存。这种可能论表现在他的唯名论中,还有他信奉的术语与命题的逻辑学中。

把上述举措与非有的单义性观念结合起来,并不匪夷所思。我们已经见到了这种单义性,因为在实存的意义上,有也是不是的东西。因为本质都是永恒的,如吉尔森所言:"本质永远实存。"② 克罗斯(Richard Cross)非常赞同司各脱的看法,认为诸可能性"拥有自己的属性,无需任何意义上的实存,无论是作为思想对象还是

---

① *Quodlibetal Questions*, q. 5. 57;"抓住"一词与普罗提诺的无畏相呼应。
② Gilson(1952a), p. 86.

作为其他的心理现实"。① 这让我们想起了司各脱对偶然性的理解。如上所述,司各脱并未说有偶然事物,只是说事物是偶然造成的。② 这种造成更多与共时的偶然性而非现实性有关。也就是说,偶然不在于事物从无到有的状况,而在于这种构造(configuration)是偶然的;因为在某种意义上,每一种可能性都是永恒的。因此,一种可能永远实存。这样一来,偶然性不可能取决于偶然的现实对象,因为一切有者,因为它们的可能性,都是必然的,即先天的;必然的,因为它们纯粹的可能性,无需参照现实。因此,允许偶然性的,是神意造成的诸可能性的构造。这样的构造内在于它这样或那样再现的有。下文将解释这一点。

司各脱的形式主义,包括神自明的绝对权力,让万有都丧失了其实质形式。每个有者都是异于自身的,或者在自身内有一个他者。因为每一个有都有无数实存的形式,也许它们并没有在实存意义上实际存在,却依然作为各种永恒本质而实存。因此,带来认识对单个有者的呈现的是再-现(re-presentation),这个有者在自身中包含着无数别的实存者。我的意思是,认识是一种建构,或重新排列。所以,阿利兹认为,"一切不包含矛盾的东西,在某种意义上都是现实(res),因为每一个现实,甚至是经验的,不仅要经历组合,还取决于一种视角的建构"。③ 司各脱告诉我们,因为一个有限的有少于那个无限的有,所以它只再现那个无限者的一部分。就此而言,吉尔森的看法是正确的,他认为司各脱的形而上学是"实践的"。④ 认识是实践的,它必须"创制"被认识的对象,直到任何一个被认识的对象都拥有许多未实现的共时可能性,这些可能性本可以被一个不同的再-现构造。阿利兹认为,在司各脱那里,

---

① Cross(1999), p. 176, fn. 36.
② *Ord.*, I, d. 2, q. 1, a. 2, ad. 2.
③ Alliez(1996), p. 210.
④ Gilson(1952b), p. 303.

不仅再-现变成了绝对的,而且主体和对象世界也合二为一了:"因为司各脱的多元不同部分(*a parte rei*)形式说可以无差别地用于有和灵魂的领域,主体的和对象的两个方面,说的就是同一个东西。"①为何会如此?因为现实在逻辑上并不排斥无对象的认知,这种事态反映在每个有的虚拟性(virtuality)中。这句话的意思是说,每一个有者实际上都是多、少或不同的,因为它缺乏一个单一的实质形式。因此,每一个有者都是由大量的形式组成的,这些形式在形式上得到了实现,也就是说,它们具有某种类型的有。一个本质的形式思想,是一种逻辑上的可能性,它实存着;但我们并不总是认识它;虽然这种本质只是形式上在那里,但它还是真实的。这样,每一个认知,即再现,都涉及一个缺席的具体对象。我们所再现的对象并不在那里,因为它只在我们的再现中,只要它也是不同于我们对它的再现的。这是上文提到的对象虚拟性的结果。

现在,让我们返回无限概念,详细解释有的单义性,进一步揭示每一个有者的虚拟性质。

无 限

从其丰富的"虚拟性"中,无限衡量一切其他事物的大小,以其接近或远离整体的程度为标准。②

——司各脱

把人和事物拖向纯量的倾向,其真正目的只能是现实世界的最终解体。③

——葛农(René Guénon)

---

① Alliez(1996),p. 210.
② *Quodlibetal Questions*,q. 5. 57.
③ Guénon(1953),p. 139.

继根特之后,司各脱将无限视为一种积极的完善性。根特曾认为这是一个消极术语,但又是一种积极肯定。① 如达文波特(Davenport)指出:"根特认为,在绝对的意义上,'无限'一词否定了一种否定,所以严格地说,它等同于一种肯定。"②奥古斯汀两种量的观念让根特、司各脱和奥卡姆对无限的理解更为积极:*qualitas molis*(体量)和 *qualitas virtutis sive perfectionis*(善量)。前者的增加依靠的是标准单位。后者则是现象密度的合理化,比如颜色。③ 阿奎那只允许把第二种无限用于精神的完善。④ 而且,这种用法是消极的。达文波特指出,在阿奎那那里,"没有单一的永远增长的量……阿奎那用一个不连贯的体系……取代了奥古斯汀设想的'平稳的'、逐渐发展的完善程度(*scala perfectionis*)"。⑤ 达文波特对奥古斯汀的看法也许是错误的,但司各脱的无限概念确实是有密度的,这对于他的体系非常重要。⑥ 对于司各脱而言,无限不仅是一种完善,还是我们对神最朴素的概念。⑦ 因此,我们应该认识到,司各脱的无限性是一种内在模式。也就是说,它不是通过加法得来的,而是有密度的、实际的。⑧ 对于阿奎那来说,无限性被理解为一种消极的关系属性,也就是说,神之所以是无限的,是因为神与物质等限制性有者毫无关系,因此,无限性是一种消极的完美性。⑨ 然而,对司各脱来说,它是实际的,即它是同时存在的,也就是说,这种无限性不是由一种非关

---

① Gilson(1955a),p.449.
② Davenport(1999),p.152. 关于根特对无限的理解,见 Gilson(1952b),p.208。
③ 达文波特审视了这种密度的无限性观念,见 Davenport(1999)。
④ *Summa Contra Gentile*,1,43.
⑤ Davenport(1999),pp.65—66.
⑥ Vignaux(1976),pp.264,497;Bonansea(1983),pp.135—138.
⑦ *Ord.*,1.3.1.1—2,n.58.
⑧ *Quodlibetal Questions*,q.5;*Tractatus de Primo Principio*,ch.3.
⑨ *Summa Theologiae*,1,q.7,a.1.

系的关系性构成的。在此,对我们而言,重要的是如何理解司各脱的无限性。

小 无 限①

因我无限,所以有限。②

——布朗肖(Maurice Blanchot)

克罗斯认为"严格地说,司各脱的神显然就是人"。③ 这也是博耶的看法:"[司各脱]思想的主旨无疑会把无限变成我们本体的无限放大。"④因此,它其实基于这样一种对无限的理解,认为无限量的逻辑需要无限和有限按比例浮动。我们看到,谈到无限问题时,克罗斯似乎有意无意地承认了这种看法:"它最终是个度的问题"——即使司各脱显然认为,无限的度是有限的度无可比拟的。⑤ 我们之后将讨论这种无限概念,希望能解开其概念及其用于神时所带来的问题。下卷第十章将会回到此问题。我们只需要记着,不要把这里所说的当成结论。(比如,在下卷第十章,我们将看到,贵格利[Gregory of Nyssa]对无限的看法也十分重要。)

这里,我们看到,如果无限是一个量的问题,就不会产生真正的本体论区别。我们可以说 x 比 y 多,却不能从质上解释"多"的是什么。如果我说"我爱我的妻子多过爱你",那么这是在说一种在量上更好的爱吗?可能不是,因为我们不能爱妻子更多,而是对妻子的爱不同。"多"这个词有点误导;我们可能极度病态地爱着

---

① 有一个量逻辑分析非常精彩,见 Guénon(1953),(2002)。
② Blanchot(1986), p. 64.
③ Cross(1999), p. 45.
④ Bouyer(1999), p. 260.
⑤ Cross(1999), p. 39.

某人，但这种爱却是非善的；它其实是一种下流的爱。司各脱能否不说这里的"多"是质上的？也许可以，但赞同他或者在此问题上更成熟的读者，会断定司各脱的无限概念是纯量性的。① 重要的是这个问题又出现了：无限有限共享同一种比例，或者同一个参照系。我们从上述一段引文中看到，司各脱认为无限即离整体或无限远近程度的衡量。无限的问题在于它似乎始终是个序数问题（这样，它就是一系列值中的第 n 个）。但是，司各脱认为，无限的有"超过了一切有限的有，不在于某种精确划分的比例，而是超越了一切划分的或可划分的比例"。② 不过，达文波特提到无限有时说，尽管无限"是有限无法达到的，但从概念上讲，它和有限属于同一种单义的衡量完善的'尺度'"。③ 司各脱认为，其结果是"一切有限的东西，因为小于无限，只代表无限的一部分"。④ 这似乎最终证明了这一点：无限的不同依赖于有限的限制。因此，当司各脱说无限超越一切划分的比例，这也许不是说无限超越一切比例，而只是说它超越了一切可划分的比例。它只能在其本质、在与有限的对照中被设想或实存；这样，它在其特殊的现实性上又依赖于有限性的限制。从逻辑上讲，可能存在某种比例，但是没有经过划分，因为确实有一种比例，只是不是给我们用的。因此，有一种"尺度"在有限和无限之外，这个尺度就是有。

然而，司各脱明确指出"神和造物不会共享同一现实"。⑤ 他还说"每种被造的本质都[是]其对神的依赖"。⑥ 我们如何调和这一观点和上文提到的可能论？这种可能论认为本质始终实存，甚

---

① Davenport(1999), ch. 5.
② *Quodlibetal Questions*, V.
③ Davenport(1999), p. 280.
④ *Quodlibetal Questions*, V.
⑤ *Ord.*, 1.8.1.3, n. 82.
⑥ *Opus Oxoniense* II, d. 17, q. 2, n. 5.

第一章　走向无：普罗提诺、阿维森纳、根特、司各脱和奥卡姆　　49

至即便没有神,那些逻辑可能性还是一样的。不过,这两方面并不冲突,因为不确定的有本身就是"原可能性（arch possibility）",按照一种实际上是本质论和逻辑论的看法,"原可能性"的持续存在带来了实在的世界。因此,神与造物确实共享某种"非现实性",这种"非现实性"的虚无性则是始基性的。

德·维尔德（Rudi Te Velde）的一篇文章非常有意思,文中比较了司各脱和阿奎那笔下的自然与意志。[①] 与我们相关的是,维尔德认为,对于阿奎那而言,自然包含着一种超越自己的自然倾向。因为自然依赖神,仿佛部分与整体的关系。因此,自然在追求自身的善时,也追求普遍的善。这个造物因参与而是,所以此造物更多指向神而非自身。在司各脱那里,没有这种倾向,也没有自我超越的观点;在他这里,自然是更为内在的。我们可以说,在司各脱那里,自然没有趋向神,是因为自然或"实在",包括其所有本质,在某种意义上并不依赖神,因为它是无限的一"部分","拥有自己";是一片自有的有。（这样就延续了阿维森纳的新柏拉图主义;因此,自然是一片神性。）

也许是因为这些原因,阿利兹称司各脱的理论为"建构一元论",[②]古德乔（Goodchild）则简明地说,司各脱的一元论是一种"异样的一元论"。[③] 古德乔指出,一些司各脱的研究者犯了一个错误,按照新柏拉图主义的方式思考有的单义性。他反对这一点是正确的,因为在司各脱那里,一和有是相异的,而且必须始终如此;[④]这两个超越的概念是分开的。我们这里对司各脱的解读有没有犯同样的错误？也许没有,因为我们一直在强调,有的单义性从逻辑上暗示了非有的单义性。因此,我一直在强调,对于司各脱

---

① Te Velde(1998).
② Alliez(1996), p. 212.
③ Goodchild(2001), p. 164; Smith(2001).
④ Goodchild(2001), p. 165.

而言，有不是（因为它是一种片面确定的本质），而且只有一个有，它在自身的统一性中从形式上与自己区分开来，以至于有的单义性再次因此而"不是"有；作为一个有，它已经脱离了纯粹的实存。这是虚无主义逻辑的超本体论：有为无。这才是有限和无限共有的。诚然，并不是司各脱有意要构建一种让我们可以这样解读的形而上学体系，但这并不意味着我们的解读就是不合法的。我们有了诸永恒本质、一种并不偏向造物主的自然、一种有的单义性，这种单义性的存在，是为了剥夺我们的有，把其变得无差别。这让我们想起了笛卡尔，他对认知的实践再现，想起了斯宾诺莎和黑格尔，他们把神与自然、有限和无限视为一个一元整体辩证的两面，仿佛贾斯特罗的鸭兔图。一幅"图"给出了两面，把我们的注意力带离动的一面，使我们在对这两面的感知中来来去去。随着本书的展开，这一点会越来越清晰，尤其是在下卷第十章。

  下一章讨论司各脱和奥卡姆的直观认识说，希望能证明本章的观点，即其中暗含着一种单义的非有，因为直观认识进一步证明了虚无主义逻辑：无为有。

第二章 司各脱和奥卡姆：
直观认识——认识无

直观认识不是奥卡姆提出来的,虽然在这位肇始者手里取得了革命性的进展。然而,司各脱已经赋予了直观认识前所未有的重要性,甚至在司各脱之前,直观认识(*notitia intuitiva*)说就已经初步形成了。① 方济各会带来的各种问题刺激了直观认识说的发展,他们相信人的直接认识,这种看法在 1282 年正式被接受。② 这制造了一个问题,因为司各脱主张的物种理论几乎很少,甚至不提供任何对实际实体(actual substances)的直接认识,因为物种只能传达偶然的东西,而偶然的东西只能"被再现"。中介的事实,似乎在物种和产生它们的对象之间引入了一个认识论的鸿沟。如沓乔(Tachau)所言,"它引入了这样一种可能性,即对外在现实的感知是不准确的或粗略的,不仅偶尔如此,比如感官错觉,而且必定如此"。③ 司各脱试图通过直观认识说解决此问题。④

除了抽象认识以外,还有同时存在的直观,向认识者提供直接的实存知识。这种形式的认识是直接的,同时发生在理智和感官

---

① Tachau(1988), p. 70.
② Boler(1982), p. 461.
③ Tachau(1988), p. 69.
④ 关于此观点在司各特那里的发展史,见 Wolter(1982)。

的层面。亚里士多德曾说,理智认识普遍事物,感官则处理个别事物。司各脱和奥卡姆想把这两点结合起来,证明理智认识普遍事物,也认识个别事物。亚里士多德的另一看法赋予了这种解释一定的分量,即高级官能总是可以做低级官能做的事情。司各脱和奥卡姆认为,如果理智这种高级官能无法享有感官这种低级官能拥有的能力,就会破坏这一原则。然而,对于那个信徒(viator; pro statu isto)而言,这种个别认识(cognitio singularis)是对实存而非个别性的认识。要认识个别性,我们就需要等待天国(in patria)。如司各脱所言:"应该有这样一种理智认识,这就是所谓的'直观';否则理智无法确定任何对象的实存。也无法通过一个物种的呈现获得这种理智直观(或直观认识),因为物种无差别地再现实存或不实存的东西。"①

对于司各脱而言,两种认知模式因"对象"不同而不同。抽象认识的对象是物种,相当于带来直观认识的外在对象。后者的条件则是对象的呈现和实存(praesentialiter existens)。因为这个前提条件,司各脱进一步区分了完全直观认识和不完全直观认识。完全直观认识就是上文提到的对现在呈现的、实存的物体的认识,不完全直观认识则是对曾经呈现和实存而现在却非如此的事物的认识。这种认识让我们有了记忆,但这必然会带来各种问题。如沓乔所言,即使是"一个赞同司各脱的读者也会发现,不完全直观认识的概念中保留了抽象认识概念的某些方面"。② 问题在于可辨别的差异的可能性,奥卡姆要用习性(habitus)来解决此问题。③

奥卡姆接受了司各脱的直观认识说,但是彻底改造了它。维

---

① *Ord.*, IV, d. 45, q. 2.
② Tachau(1988), p. 72.
③ Fuchs(1952).

诺(Paul Vignaux)认为,抽象和直观认识之分可能是"奥卡姆的认识论甚至整个哲学的起点"。① 奥卡姆常常会用到感觉和理智之分。它们各有自己的功能,但总的来说,感性认识可以做的一切,理性认识也可以做到;反之却不然。认识能力被分为把握(*apprehensivus*)活动和判断活动(*iudicativus*)。这种基本区分决定了奥卡姆的整个认识论。判断活动只发生在理智中,因为它们是复杂的,把握活动发生在理智和感官中,因为它们是简单的或复杂的。②

关于理智,奥卡姆说,有两种活动。其一是把握,关系到一切可称之为简单或复杂的理智活动。简单认识和命题都是把握的终点。我们可以把握一个事物,也可以把握一种演示或命题。其二是判断,只涉及复杂对象,它要么赞同,要么反对那个复杂对象。没有赞同或反对,我们所作的就不是判断,而只是把握。判断活动涉及这一决定因素,就排除了简单认识,因为我们无法赞同或反对简单认识;我们只能用简单认识去构建复杂认识,进行判断。比如,如果我把握了一个球,我无法反对或赞同这个球,除非把它用于一种复杂认识,比如"这个球不存在"。因此,奥卡姆认为,我们的"理智不会赞同任何东西,除非我们认为它是真的,也不会反对任何东西,除非我们认为它是假的"。③

因此,"每一个判断活动在这同一种官能中,都预设了对术语的复杂认识;因为它预设了一种把握活动,而对命题的把握则预设了对术语的简单认识"。④ 正是这种理智活动带来了科学知识(*scientia*)。理解奥卡姆的直观认识说的关键在于,把握活动和判

---

① Vignaux(1948), p. 11.
② "复杂"一词来自亚里士多德在《范畴篇》1a 16 中使用的 *symploke*,该词意为"结合"或"带到一起",见 Aristotle(1984)。
③ Prologue to the *Ordinatio*, q. i, N sqq.; Ockham(1990), p. 18.
④ Ockham(1990), p. 19.

断是绝对分开的。因为"就本体论而言",奥卡姆认为,分开思考不是矛盾的,实际上都是分开的。在此意义上,每一个非关系性的现实都是一个绝对现实(res absoluta)。奥卡姆认为,我们可以想象把握一个命题,却不加以赞同或反对。因此,两种活动其实是绝对不同的,这种区分为他招来了怀疑主义的骂名。

理智对事物的简单把握认识有两种。一种产生实证知识;另一种如奥卡姆所言,无论"多么强烈",都不会。① 两种认识的对象不一定不同,奥卡姆甚至认为它们的对象是一样的。他明确表示"同一事物在同一方面可以得到两种认识的完全认识"。② 他强调这一点,是为了把对对象的认识过程统一起来,消除对那些形而上学有者的额外需求,他想努力根除这一点。他提到"各方面",也就是明确反对司各脱提出的形式区分,司各脱通过它来思考个别事物的普遍性。奥卡姆提出两种认识提供的对象是一样的,就不再需要那些(原质化的)形而上学有者了。

两种认识——尽管"表面"一致,但一种可以产生实证知识,另一种却不能——分别是直观认识和抽象认识。奥卡姆对抽象认识的定义是"无关实存",它"从实存和非实存中,以及从所有其他偶然属于或基于某事物的条件中抽象",③但这一点需要限定,因为我们知道,在某种意义上,直观认识也无关实存,因为它可以认识非实存物。我们即将明白,决定两种认识之分的,是一种概念甚至感知上的差异。对于司各脱而言,抽象认识与直观认识之间存在感知上的差异,因为它们的对象不同——一者认识物种和普遍概念,一者认识它们的实存。但是,如上文所言,这种区别会产生那些让人生厌的形而上学有者——至少奥卡姆认为如此。因此,奥

---

① Ockham(1990), p. 20.
② Ockham(1990), p. 23.
③ Ockham(1990), pp. 22—23.

卡姆把区别从感知层面转移到了概念层面。在感知层面,抽象认识等于直观认识,区别在于两种认识进入"对象"的概念方法不同。①

奥卡姆给直观认识的定义是"让我们知道事物是否实存"。②即便在这里,它"看上去"也像是抽象认识,因为它既重视实存,又重视非实存。奥卡姆指出:

> 直观认识必须而且本身不会更加实存,或者更加重视事物的实存。相反,它同样重视事物的实存和非实存……但抽象[认识]既不考虑事物的实存,也不考虑其非实存,因为我们无法通过抽象判断事物是否实存。③

区分两者的是判断活动是否可能,而不是抽象认识无关实存或非实存,因为在某种意义上,它只是"看上去"像直观知识对实存物或非实存物的认识。奥卡姆似乎想让两种认识"看上去"一样,这样就不会产生肯定的形而上学有者了。这些有者会造成不同于个别事物的现实,而且对于奥卡姆而言,心外的一切当然都是个别的。④ 可能是因为感知层面的差异,才有各种形而上学有者的产生,它们可以用于描述和统一认识对象。

奥卡姆认为下面五条根据根本不能证明抽象和直观认识之分,司各脱在此的用法是错误的。首先,司各脱认为对象的呈现或实存(res praesens et existens)把两者区分开来。这是不可能的,因为如下文所言,神依然可以直观不呈现或实存的对象:"无论神

---

① 这将让奥卡姆发展和大胆运用假说理论,并将成为他非形而上学版的司各特的形式区分,见 Ockham(1974),(1980),*Summa Logicae*, 2 vols.
② 同上。
③ *Ord.*, I, prol. q. 1; cited by Tachau(1988), p. 119.
④ *Sed omnis res extra animam est singularis.*

通过次要因素生产了什么,祂都可以直接生产和保留它们,无需它们的帮助。"① 由此可见,直观活动本身就可以是直观认识的终点。其次,司各脱认为两种认识对该对象的认识程度不同,抽象认识只在一种削弱了的相似性中呈现对象。事实并非如此。相反,它们在相同方面下(sub eadem ratione)达到相同对象。其三,它们因为形式原因而不同。司各脱曾提到有两种"形式因(rationes formales motivae)",一种刺激理智进入直观认识,一种刺激它进入抽象认识,分别认识对象和可认识的物种。不过,因为司各脱认为,神无需对象就可以带来两种认识,所以它们没有"本体论上"不同的形式因。其四,直观认识与对象有一种附带的现实和实际的关系,而抽象认识只有潜在的关系。但是神的全能性再度推翻了这一点。如司各脱所言,现实关系不能以非有为对象,但因为直观认识是绝对潜能(de potential absoluta),一切所谓的现实关系都是可分辨的(或者可还原的,因为它只是一个内涵词)。因此,现实关系不是基本的,也无法把两者区分开来。其五,认识对象的呈现把两种认识区分开来,这一点完美地表现在直观认识中。奥卡姆认为,这站不住脚,因为神可以给我们带来对并不呈现的东西的直观认识。② 抽象认识和直观认识之分不在于这五个根据,而是在于它们自己(seipsis):因为,如上所述,这不是感知上的差别。(我们将在下文中看到,不仅两种认识之间没有感知上的差别,各自内部也没有。)

  奥卡姆接受和改造了司各脱的直观和抽象认识之分,还采纳并调整了完全和非完全直观认识之分。自然的完全直观认识是对当下呈现的事物的认识;此时此地(et nunc),而非完美或记忆(recordative)认识是"我们借以判断事物是否曾有"的手段。③ 这

---

① *Quodlibetal Questions*, IV, q. 22, VI, q. 6.
② *Ord.*, I, prol. q. 1, 35—37.
③ *Reportatio* II, q. 12—13; cited by Tachau(1988), p. 123.

不同于抽象认识,因为它的时间性,它涉及实存或未实存的事物。非完美认识是习性的结果,系列活动的结果,从完美认识开始。对此的解释颇有分歧,虽与我们无关,却涉及抽象认识的作用。奥卡姆似乎提出了两种互不相容的观点,一种解释把认识习惯部分归因于抽象认识,另一种则把原因都归于完全认识。伯纳(Boehner)指出,前一版本还是在后一版本之后提出的。[①] 勒夫(Gordon Leff)认为伯纳的说法有点混淆视听,但是承认奥卡姆采纳的是前一种解释。[②] 似乎我们在进行完全直观认识的同时,也在进行抽象认识。抽象认识,和理智一起,是导致非完全直观认识的习性的部分原因。认识的时间性来自抽象认识(其部分原因)与完全直观认识的同时发生,但它完全是抽象的,因为它是抽象而非直观认识导致的,而且亚里士多德有一句格言:相似的活动产生相似的习性。[③]

这让我们想起了奥卡姆的著名论断:对非实存物的直观认识。有几条基本原则决定了奥卡姆的思想。其中之一是,"神可以产生次要因素特有的结果,无需那些次要因素";[④]之二,"任何事物只要不包含明显的矛盾,都可以归因于神之力"。[⑤] 这两个原则带来了消灭原则,认为每种绝对现实都可以因为神力而实存,无需其他绝对现实,毫无矛盾。这就是奥卡姆的"本体论"孤立主义,受无矛盾原则支配。因此,同一性的基础是数字统一。因此,我们会产生对非实存物的直观认识,因为该认识活动本身就是该认识的终点。因为我们绝对可能(*de potential ablsoluta*)知道,必然是如此:神

[①] 它在后是因为文本中出现的顺序,见 *Reportatio* II, q. 14—15 g; 'Notitia intuitiva of non-existents', in Boehner(1958)。

[②] Leff(1975), p. 30.

[③] Leff(1975), pp. 30—34; Fuchs(1952)。

[④] *Quodlibetal Questions*, VI, q. 6;另见 IV, q. 22。

[⑤] 同上。

可以带给我们直观认识,无需认识对象。否则的话,神就无法免除次要因素——上文已经说明了——这将会严重威胁到奥卡姆的全能神说。①

认识活动本身是绝对现实,它无疑是心外事物引起的,但心外事物都是次要影响,只是认识的部分原因。奥卡姆如果不能肯定我们可以对非实存物产生直观认识,就无法解释抽象和直观认识之间的感知区别,而且如上所言,这会肯定司各脱的偏好,假定形而上学实体而非个别事物的存在,让它们具有某种心外现实性(不依赖心灵)。所以,奥卡姆强调,直观认识是不同的,可以产生实证的知识,是一切偶然事实的基础。

无矛盾原则增强了奥卡姆规避形而上学的雄心,他把此原则提到了前所未有的高度。他用此原则规定基于数字统一的同一性,并把此原则与消灭原则结合起来,那些形而上学"坚定分子",比如本质、实存等,就消解了。它们变得有名无实,准确地说,它们成为了内涵词,可以还原为个别事物。比如,奥卡姆认为,如果本质这种东西不是内涵的,不消灭人类本质包含的全部成分,神就无法消灭一个人。有一点非常重要,那就是我们要意识到,奥卡姆相信对非实存物的直观认识,所以有了概念武器,来对付那些更乐于滔滔不绝讨论形而上学的前辈。

如果直观认识的典型特征真的在于生产实证知识,或偶然命题,那么我们就可以看到,非实存物根本不会破坏这一标准。如果一种认识可以超自然地存在,无需被认识的现实,那么它因为是直观的,就仍然可以生产实证知识;这种知识在此是否定的。因此,勒夫认为直观认识"完全是关于实存的"。② 对于确实能够被认

---

① 上文已经提到,奥卡姆的绝对潜能(*de potential absoluta*)观念是一种不证自明的活跃能力。

② Leff(1975), p. 10.

识的,奥卡姆唯一的指导原则就是它不与实存冲突。这是对上文提到的样态论的发展。实存性得到扩充,给我们认识实存世界带来了许多重要改变。

博乐(Boler)评论道:"奥卡姆通过各种真命题定义直观认识时,根本没有预料到其后果。"① 似乎直观知识不再那么是关于实存的,而更多是关于实证命题的。勒夫有一本关于奥卡姆的专著,盛赞直观认识的完全实存性,但一年后,他在一篇论文中却说道,它"其次和附带地才是关于实存的"——要旨却是实证的。② 他认为真理是逻辑的和概念的,并且认为此观念来自司各脱和奥卡姆,③ 涵义大概在此。勒夫认为,奥卡姆让这种重新定位结出了"毫不夸张的"逻辑硕果,用概念和逻辑规则取代了形而上学的规则。④ 直观认识似乎越来越不在于现实性(actuality),更多在于事实性(factuality)。⑤

奥卡姆把现实性事实化(factualising actuality)了,此举证明了吉尔森的看法,即"实践上,我们无法把人类认识和人类所是区分开来,即便所有认识对象都消灭了;要获得知识,只需心灵和神"。⑥ 在奥卡姆的世界里,实存并不重要,事实则是知识单位,这些单位是逻辑学的,而非形而上学的,不是"实体"。我们将在下文中详细分析奥卡姆背负的骂名:他的著作走向了怀疑论。

吉尔森1930年代的哈佛讲演录发表后,引发了一场争论。⑦ 讲演录有一章的标题是《走向怀疑之路》,内容说的是奥卡姆的著作如何通向了一种特殊的怀疑论。此观点遭到了许多学者的强烈

---

① Boler(1982), p. 469.
② Leff(1976), p. 62.
③ Leff(1976), p. 48.
④ Leff(1976), p. 58.
⑤ 布伦堡谈到了"事实世界的无根据",见 Blumenberg(1983), p. 163。
⑥ Gilson(1937), p. 82.
⑦ 同上。

反对，其中最著名的是伯纳和莫迪（E. Moody）。① 伯纳发表了一篇关于奥卡姆的直观认识论的文章，集中讨论对非实存物的直观认识，因为这是让许多学者谴责奥卡姆是怀疑论者的源头。② 在这篇文章中，伯纳为奥卡姆作了辩护，强烈反对吉尔森对这位"可敬的肇始者"的解读。这篇文章激起佩吉斯写了一篇回应，捍卫吉尔森对奥卡姆怀疑论的谴责。③ 伯纳对此的回应则是反驳佩吉斯在这个问题上的立场。④ 佩吉斯开始未作回应，几年后鼓起勇气出版了德伊（Fr Sebastian Day）的书，一本关于司各脱和奥卡姆的直观认识的书，笔名是伯纳。⑤ 这本书批评了吉尔森的解释，认为佩吉斯没有回应伯纳的后一篇文章，是他的失败。然后，佩吉斯真的发文进行回应。我们依然可以在那些与莫迪、伯纳和德伊等站在一边，以及毛瑞等受吉尔森和佩吉斯的影响，并且各自修正了他们观点的学者那里，看到这场争论的遗产。接下来，我们将简单回顾一下佩吉斯的核心观点，然后转向那些当代争论。

奥卡姆认为对非实存物的直观认识会带来假的实存判断，因为我们永远无法确定直观认识的对象是否实际在那里。奥卡姆对直观认识的定义中包含着犯错的可能性，尤其是在评价伦巴德（Peter Lombard）的《语录》（*Sentences*）时。⑥ 佩吉斯十分明智地将此定义分为两部分，前一部分是关于实存的判断，后一部分是有关非实存的判断。奥卡姆说道："通过直观认识，我们判断一事物实存，这是一般判断，无论带来该直观认识的是自然，还是超自然

---

① 见 Moody(1935)和 Pegis(1937)，这是莫迪的书评。
② Boehner(1943).
③ Pegis(1944).
④ Boehner(1945).
⑤ Pegis(1948)；Day(1947)，Pegis(1942).
⑥ 波恩发表了一篇综述论文，包含了经过编辑的相关文本，节选自奥卡姆对《语录》（Sent. II, qq. 14—15)的评价，见 Boehner(1943)。卡尔格认为，波恩误读了奥卡姆的直观认识说，见 Karger(1999)。因此，他留给评论者的是有点错误的方法。

的神。"① 如果该认识是自然带来的,就需要一定程度的近似性。如果它是超自然力量引起的,就无需相似性。神可以带来对罗马某个物体的直观认识,所以我们可以判断该物体如此这般地在那里。佩吉斯评价说,奥卡姆在此已经跨过了自己的卢比孔河。② 奥卡姆用很大篇幅讨论了呈现与实存是直观认识的前提条件这一问题,并把自己的观点和司各脱的区分开来。我们知道,司各脱认为直观认识需要呈现和实存。佩吉斯认为,奥卡姆重新定义了直观认识,在这一刻,他是怀疑论的。

奥卡姆说:"对象即无,或者遥不可及;无论直观认识的对象多么遥远,我都可以直接通过它判断该对象实存,如果它以上述方式实存着。"佩吉斯对此的看法是:这个有关直观认识的定义中有两个部分在起作用。其一是"*per cognitionem intuitivam judicamus rem esse quando est*",其二是"*eodem modo per cognitionem intuivam possum iudicare rem non esse, quando non est*"。③ 前者让我们拥有超自然力量带来的直观认识,但是仍然可以判断该对象或认识实存,因为现在我们还没有看到定义的后半部分。全由神(*a solo Deo*)带来的直观仍然会带来肯定判断,但因为它是超自然力量导致的,所以其"对象"是"纯无(*purum nihil*)"。这种"纯无"要符合的唯一条件是,它是可能的,也就是说,它不与有相矛盾。

在定义的前半部分中,超自然力量带来直观认识,这指的只是相似性而不包含非实存吗?如果是这样的话,就永远不会有假判断,只有奇迹判断。这部分给的例子是一个超越相应近似性的对象。但是,在区分自己和司各脱的观点时,奥卡姆认为,根本不需

---

① Pegis(1944), p. 473.
② 同上。
③ Sent. II, q. 15e; Boehner(1943), pp. 248—250.

要"呈现或相应的近似性"。因为还是在讨论定义的前一部分,我们可以接受佩吉斯的看法。因为呈现与相似性并不一样,它可以指向实存。但是紧接着,奥卡姆就把实存和呈现进行了区分,无论是否是有意的。他说,事物"呈现和实存"。这也没有推翻佩吉斯的解释,因为即使有了这样的区分,被区分的东西也可以支持他的观点。奥卡姆明确说,直观认识既不需要实存,也不需要呈现,似乎在此直观认识的定义仍然只是"让我们判断实存物实存"。

这里有点混乱,因为有几种对实存的理解相互矛盾。佩吉斯认为它是现存的形而上学主题;奥卡姆认为它是一个事实,这个表达有点不合时宜。如果有一个超自然力量带来的对非实存物的直观认识,还有一个对实存的判断,根据定义前一部分的观点,这种判断就是一个认识活动的实存。因此,它是一种抽象认识,以可能事物为条件。我们要肯定非实存物实存,只能根据其实存方式。如奥卡姆所言,我们判断它实存,"如果它以上述方式实存着"。这种实存方式就是作为非实存物(也即纯无)存在。佩吉斯会很高兴,因为这一点似乎证实了他的指责:奥卡姆的怀疑论。不过,在奥卡姆看来,这不是怀疑论,因为如佩吉斯所言,奥卡姆废除了可能和现实之分。① 因此,要被思考就要作为可能事物存在;所以阿岚(Alanen)说,对于奥卡姆而言,事物是"绝对可能的"。② 因此,麦格雷(McGrade)说,纯无"是一种非常富有和丰足的无"。③

吉尔森的指责是正确的,他认为按照奥卡姆的说法,心外世界是否存在对于人类认识而言无关紧要。但是,在分析吉尔森的指责时,佩吉斯必须考虑到奥卡姆使用的样态。当佩吉斯说,奥卡姆至少在一个地方让我们可以肯定实存判断时,他必须意识到可能

---

① Pegis(1944), p. 478.
② Alanen(1985), pp. 157—187.
③ McGrade(1985), p. 154; Adams(1977).

事物确实"实存"。奥卡姆会强调他可以确认这两者间的区别:对可能事物的直观认识(根据可能事物如何实存作出实存判断);对当下实存的对象的直观认识,后者实存的方式不是可能的,而是实现了的可能;两者都是实证认识,却是两种不同的实证认识。这种区别不是感知上的区别,而是事件(event)的区别。两种认识是两种不同的事件。但它们是类的差别吗?前一种认识缺乏次要因素,即一个对象,无法产生认知事件,它是第二认识。第一认识是直观的,是关于可能事物的认识——我们永远无法直观认识幻象;①它能告诉我们存在这种可能,但它不是现实的存在。第二认识告诉我们心灵对象同时作为可能和实现了的可能存在。

在《自由辩论》(*Quodlibetal Questions*)中,奥卡姆强调神不会带给我们对非实存物的实证认识,这会自相矛盾。② 而且,奥卡姆明确揭示了我们为何会有不同的判断:

> 某一原因加上另一部分原因会产生一种结果,而没有后面的部分原因,这种原因会导致相反的结果,这一点都不荒谬。因此,带着该事物本身直观认识该事物,可以让我们判断该事物有;然而,在该事物没有时,没有该事物的直观认识就会导致相反的判断。③

这一段涉及直观认识的定义的后半部分,认为直观认识可以让我们判断有和非有的东西。这似乎与前一部分矛盾,因为如佩吉斯所言,第一部分带来的似乎是有关实存的肯定判断,尽管我们面对的是未实现的可能。然而,非实存的判断即它并不实际存在

---

① *Quodlibetal Questions*, VI, q. 6.
② *Quodlibetal Questions*, V, q. 5.
③ *Ord*., I, prol. q. 1.

的判断。佩吉斯在此同意了伯纳的看法,认为在这个问题上,神不会欺骗我们,像魔术师一样制造幻象;然而,佩吉斯明智地指出,奥卡姆确实不时会提到被完全直观的可能是"不实在的"。佩吉斯和吉尔森一样,在阿奎那的传统中,怀疑我们能否这样把偶然现实还原为可能的象,无需因此暗中诉诸现实性。

另一种批评奥卡姆怀疑论的观点认为,他的直观认识论是循环的。问题的关键在于,这是否是一种恶性循环。温格(Wengert)指出:"奥卡姆认为,直观认识的可靠性是由直观认识与实证认识的关系所确立的。"① 但这意味着,这种认识模式的真实性是追溯来的。实证认识发生时,我们才能够知道,我们有了一个直观认识。由此带来的问题在于,我们只有在知道我们所拥有的是直观认识带来的时候,才知道它是实证的。认为直观认识决定了实证认识,是合理的,因为应该正是这种认识形式带来了实证知识。但是,如我们所知,奥卡姆颠倒了这种秩序。这就迫使奥卡姆将这一过程锚定在形式定义的安全中。如温格所言,"[奥卡姆]定义的直观认识当然为真"。② 但这显然转移了问题。如果唯一的区别只在于定义,那么直观认识就只能是追溯来的,甚至是隐秘的。斯特威(Streveler)曾说:"如果一种有关存在的判断为假,那么它就是以抽象认识为基础的。"③ 他指的就是这种追溯因素。理查(Richards)的看法也是如此,他认为"任何虚假认识当然都不是直观认识"。④ 这种循环让我们无法区分,或者如斯科特(Scott)所言,这种区别中没有明确差异。⑤ 似乎奥卡姆完全是用逻辑学语言重新定义认识的;在某种意义上,它只会发

---

① Wengert(1981),p. 427.
② 同上。
③ Streveler(1975),p. 228.
④ Richards(1968),p. 353.
⑤ Scott(1969),pp. 45—46;Brampton(1965);Davis(1974).

生在术语中。斯特威认为这是奥卡姆的核心观点:认为认识论是逻辑学的问题。① 因此,博乐认为奥卡姆的"分析……不是直接由对认识活动过程的观察控制的,而是由分析命题的需要控制的"。② 最后,渥森库(Vossenkuhl)明确地说:"认识事物的意义等于对其的直观认识……假设关于非实存事物的直观认识就等于陈述代表该事物的术语或名称的意义。"③

因此,认识是回溯性的,因为我们必须看着其结果,才能确定它"曾是"哪种认识。然而,即便是这种追溯性的认识,也只在形式上存在。听到奥卡姆在《自由辩论》中的话后,我们就能明白这一点。他说,"神可以带来和实证赞同一样的赞同,但这种赞同不是实证的,因为被赞同的并不像事实上的那样"。④ 奥卡姆的保证完全落在了定义的问题上。我们必须和理查一起问道:"定义程序在避免怀疑方面有多有效?"⑤这些赞同,与实证认识同类(*eiusdem speciei*),让一切内省的辨析观念失效,因为作为信用行为(*actum creditivum*),它们将会出现在每个层面上,除了严格的形式层面外,无法与实证认识区分开来。所以不仅直观认识需要追溯性的认识,这种迟来的识别先天地就不可能。因为它识别为实证的东西也同样可以仅仅是信用的,尤其是当我们记得它们彼此同"类"。因此,直观认识"有名无实",因为它只发生在逻辑术语和功能定义的形式主义中。如渥尼基(Woznicki)所言,"奥卡姆的形而上学成了纯逻辑学"。⑥ 我们应该记得司各脱和奥卡姆都认为直观认识是"完全的",但似乎它的完全只在于时态的完成。果真如此的话,

---

① Streveler(1975),p.235.
② Boler(1976),p.86.
③ Vossenkuhl(1985),p.39.
④ *Quodlibetal Questions*,V, q.5.
⑤ Richards(1968),p.362.
⑥ Woznicki(1990),p.172. 阿奎纳认为逻辑真理都是次要意图。首要意图都是现实性概念,元语言学设想的思想的语意丰富性,见 Schmidt(1966);Moody(1975)。

我们就会发现它更像是有关实存可能的认识，这也只是时态上的未完成。

考虑到在奥卡姆的世界里，我们不能指望全能的神不会欺骗我们，上述问题会更加严重。亚当斯在讨论伯纳如何为奥卡姆辩护时，持相同的看法。① 她认为，伯纳"忽视了这一点并未通向怀疑论：奥卡姆承认，从逻辑上说，神欺骗我们是可能的"。② 她还说，"奥卡姆肯定了神的全能性，并且认为道德区分的基础在于责任概念，排除了一种先天的看法，即神不是骗子"。③ 当我们想到对于奥卡姆而言，善的定义即神的行为，即使神欺骗了我们，也不影响祂的完善，这种看法就尤为有问题。④

我们已经注意到，对于奥卡姆而言，把握与判断之分是根本的区分。如我们所知，两种活动各自都是绝对现实，可以相互独立存在，所以我们可以有直观把握，但不会就此产生对判断的逻辑需求。因此，我们又回到了追溯承认和纯定义的可知性这两个问题。⑤ 在现实性，或是这里成为的事实性中，这意味着认识是不定的。对实存物和非实存物直观把握的认识"看上去"完全一样。进行区分需要的是判断，但它需要直观认识提供判断对象。在此意义上，直观把握认识能看见，不过只是模糊地看见，因为它看见的可能未曾被看见，而没有把握的判断只能模糊地看见。即使两者结合，也会有晦暗（obfuscation，"fuscus"意为"黑暗"），因为判断需要朦胧的把握。因为从未有感知上的差异；我们必须记住，认识活动中没有显象。奥卡姆强调，"我们

---

① Adams(1970).
② Adams(1970), p. 397.
③ 同上。
④ Adams(1970), p. 398.
⑤ Adams(1970), p. 398."就定义而言为真。"

拥有对某一个别事物的专门认识,不是因为它更像此事物而不像彼事物",①所以两种认识互为彼此的前提条件。这种循环将再度让我们去形式定义的逻辑中寻找认识的可靠性。似乎我们在黑暗中认识;我们认识的总是暗物质,或者只为黑暗存在的物质。科学成了"黑夜"。

我们看到,就直观把握认识而言,实存和非实存"看上去"一样。似乎是因为,如上所述,奥卡姆把现实性事实化了。什么是实存发生了根本的变化。现在,实存要么是可能的,要么是实现了的可能。奥卡姆想驱逐整个形而上学概念群,才会把现实性事实化;一个事实在本体论上是独立的,并不需要那些复杂的形而上学观念,比如有和本质(它们要求同一性,却非纯数字的同一)。接受了有和存在,就不会有消灭原则,包括个别事物的"本体论",也不会有奥卡姆的对全能神的看法。所以,奥卡姆必须冲淡实存和非实存的区别。他的做法是认为抽象认识和直观认识没有感知层面的差别,把直观认识的范围延伸至包括非实存。这意味着实存是个事实的问题,即它是没有显象的个别认识事件。因此,事实是不变的,一如实存之前。也就是说,它一直是无。(我们再次看到,单义性即非有的单义性。)

奥卡姆的个别事物必然不会让"无"变成一种肯定的贫困(positive privation),否则就会出现形而上学的实存性,以及它所要求的形而上学概念群,后者既在也不在数字统一性中。如果无变成了肯定的贫困,个别事物就不再是"朴素的",这不符合奥卡姆的要求。个别事物要成为绝对事物,就不能是由外部决定的,而是必须自己包含或者就是自己作为事实的可知性(我们会在其形式定义中看到这一点)。事实作为真实可能和作为实现了的可能之间唯一的区别在于全能神的意志。因此,外于一切绝对事物的无

---

① *Quodlibetal Questions*, I, q. 8.

必须成为该事物的一部分。当然,即便是在奥卡姆这里,变无为有是矛盾的,但把无变成事物本身的一部分却是不矛盾的。就此而言,无成了一个内涵词,首先表示该事物,其次是一切其他东西的缺席。

这个无对于奥卡姆的本体论意义重大,它围绕着绝对事物的事实性,这种事实性即便不是构成该事物,也规定着该事物。有了这个外于个别事物的无,我们才有了个别事物。当然,奥卡姆会埋怨这种解释逼得他不得不把无原质化(hypostasise),他也是这样做的。与之相反,唯名论只需要这一个(非)普遍者。我认为,这个被原质化的无不过是奥卡姆的全能神,时机成熟时,就变成了斯宾诺莎的实体内在的虚无。

下一章将阅读斯宾诺莎的《伦理学》,认识那个更公开地作为事物运转的无。黑格尔谴责斯宾诺莎是无宇宙论(*acosmoism*),但是本书下一章会指出,更明智的说法是,斯宾诺莎主张的是泛(无)神论无宇宙论((a)theistic acosmism)。他的神也许会吞并宇宙,但是自然也会吞并神。

第三章　斯宾诺莎:泛(无)神论无宇宙论

> 斯宾诺莎是哲人的基督。①
> ——德勒兹和瓜塔里

> 可以说,这个基督,[他提供的]救赎,承诺的是无。②
> ——巴迪欧

导　　论

马拉诺人是为躲避异端审判改宗基督教的犹太人。③ 有人认为他们只是做做样子,表示自己信奉基督教,在公开的表演中坚守着自己的犹太主义。想想这种表里不一的形象,我们或许就能更好地理解斯宾诺莎《伦理学》中的言辞了。④ 我想说的是,斯宾诺莎暗中卷入了(无论有意无意)一项激进的工程,彻底改写了哲学的一般用语,破坏了它们的"原"意,把它们变成

---

① Deleuze and Guattari(1994), p. 60.
② Badiou(2000a), p. 101.
③ Yovel(1989).
④ Spinoza(1993), *Ethics*.

了特洛伊木马,输送的不过(不多不少)是虚无主义。至于该书前言中提到的疑问,斯宾诺莎的解决方法是提出了神与自然的二元论;神补充自然,自然补充神。这种双向运动中透露的却是一元论,一个单一的实体。① 下面我将如履薄冰,严格遵照该书中的遣词造句,简要勾勒一下斯宾诺莎在《伦理学》中的思想,然后切磋琢磨分析其哲学构成,最后谈谈他的言辞产生的后果或"现实"。

仅此一人

斯宾诺莎的《伦理学》的起点是从方法上确定了自因,并且建立了一个三种因素组成的图示:实体、属性和样式(类似于普罗提诺的三位一体:太一、理智和灵魂)。自因的本质涉及实存。这一点对于斯宾诺莎非常重要,让勒芒(Lermond)等人宣称《伦理学》不过是本体论的论证(一种内在的论证)。② 他开始作的四个定义,以后都将被确定为神,这让斯宾诺莎可谓是既使用又"擦除"了它们。下文将解释这一点。对于斯宾诺莎而言,实体(*substantia*)指可以通过自身而被设想的东西,或者它的设想无需其他的东西。③ 属性(*atttributum*)是表现实体的本质的东西。④ 最后,样式(*modus*)是实体的变易。⑤ 我们可以根据一种属性表达一种变易。这种图示深受自因说以及下面这种看法的影响:"万物要么实存于自身中,要么实存于他物中。"⑥

---

① 关于这一观念的提出,见下卷第十章。
② Lermond(1988),p. 14.
③ *Ethics*,Pt. 1, Def. 3;本章引文均出自《伦理学》(*Ethics*),除非另有说明。
④ Pt. 1, Def. 4.
⑤ Pt. 1, Def. 5.
⑥ Pt. 1, Prop. 4.

第三章　斯宾诺莎:泛(无)神论无宇宙论　　71

实体:没有

　　斯宾诺莎此时正在发展他的几何哲学,认为理论上可能有不只一种实体。比如,他进一步把实体定义为"必然无限的"以及"实存所依附的"。① 然而,从事物要么通过自我要么通过他物的设想而实存这一观点来看,"宇宙中不可能存在两种或两种以上性质或属性相同的实体"。② 否则的话,设想一个实体时就偶然(per accidens)地需要设想另一个实体。这样一来,两种实体在概念上都不是独立的,因此都不能被称为实体。但是,一旦我们把神,一个绝对无限的有,③确定为自因的,就会意识到实体范畴是通过"否抑法(apophatic)"得来的,因为对它的召唤将同时宣布它的取消。

　　斯宾诺莎说,"一个事物拥有的现实性或大有越多,属于它的属性就越多"。④ 但是,由于神是无限的有,或者一个无限有者,祂的自我概念中必然包含无限多的属性。也就是说,没有任何属性是神的自我概念无法包罗的。如此一来,就只有神是实体了。这就是斯宾诺莎的看法:"除了神,没有可以实存或被设想的实体了。"⑤这样使用"神"的概念,斯宾诺莎就可以让世界摆脱一切实体(并最终消除一切实体)了。⑥ 而且,"神"这个概念也废除了一切其他概念,因为任何概念,根据定义,都必须从一个属性的角度来设想,但这必然会涉及神:"如果有任何不同于神的实体存在,就

---

① Pt. 1, Props. 7, 8.
② Pt. 1, Prop. 5.
③ Pt. 1, Def. 6.
④ Pt. 1, Prop. 9.
⑤ Pt. 1, Prop. 14.
⑥ 但是,这个神被设置为一个与它对等的自然相对。因此,这个神摆脱了的实体,又回来笼罩着神与自然。因为我认为,在斯宾诺莎哲学里,它是表示两者缺席的名字。

必须用神的某种属性来解释它,这样就会存在两个拥有相同属性的实体。"①从一切实体都必须是无限的这一事实来看,只能有一种实体。②

属性:没有

我们已经知道,属性表达了理智所感知的实体的本质。③有无限多的属性,但我们能认识的只有两种:思想(*cogitatio*)和广延(*extensio*)。④ 如斯宾诺莎所言,思想是神无限的属性之一,表达了神永恒无限的本质:神是一个能思想的东西。⑤ 斯宾诺莎对广延属性持类似看法:"广延是神的属性之一,换言之,神是一个有广延的东西。"⑥斯宾诺莎对属性的理解来自他给观念下的定义:"我所理解的观念,是指心灵由于它是一个能思想的东西而形成的设想(conception)。"⑦他用"设想"这个词来传达每一个观念所涉及的活跃因素。在某种意义上,一个观念就是一次"活动"。斯宾诺莎提出了充分观念(*idea adaequata*)的说法,来阐述自己对观念的理解。如果其概念包含一个真观念的全部内涵,我们就拥有一个充分观念。⑧ 也就是说,一个充分观念表达了是什么,不诉诸任何未知因素。斯宾诺莎希望一个观念是充分的,因为其定义是自明的。它必须完全符合观念对象(*ideatum*),虽然它是自指的:"观念的秩序和联系与事物的秩

---

① Pt. 1, Prop. 14.
② Pt. 1, Prop. 7.
③ Pt. 1, Def. 4.
④ Pt. 2, Props. 1, 2.
⑤ Pt. 2, Prop. 1, proof.
⑥ Pt. 2, Prop. 2.
⑦ Pt. 2, Def. 3.
⑧ Pt. 2, Def. 4.

序和联系是一样的。"① 所以，如果我们有一个充分观念，并且充分安排这些观念，我们的解释就不会留下任何空间：它将是因果圆满的。

一个属性，在表现一个实体的本质时，也表现神的本质，但神的本质是一体的，所以斯宾诺莎总是会用到"只要"这种表达。② 只要我们认为神是有广延的东西，我们就有了广延属性。这样，每种关于那个实体的表达都会回到那唯一的本原。斯宾诺莎认为，我们只能认为一个特殊事物或者思想是神本质的一个特殊变易。③ 一个特殊事物即一种样式，神的一种表现形式。每个事物都是神本质的一个变易，这让斯宾诺莎维持着自己的一元论。因为一切是者都是一的表达，且只有回到一时才如此。只有当我们认为神是以这种方式实存时，才能设想一切属性。这种设想的一个例子就是一个样式。样式还原为属性，属性则还原为那个实体。斯宾诺莎对那个实体的描述是"神即自然（Deus sive natura）"。他还用被动性和主动性来描述这种二分，我们可以把它想成被动自然（natuara naturata）和主动自然（natura naturans）。只要我们认为它是被动的，它就是特殊事物或思想。一旦我们认为它是主动的，它就回到了一，是一的一种变易。所以，特殊事物就是"神"。

作为神本质的表现，属性在斯宾诺莎的世界里显然扮演着极为重要的角色。因为它们和"实体"一词一样，杜绝了一切其他可能会重新引入各种形而上学概念的概念。一个属性表现了一个不变的"神"的本质。④ 就此而言，它必然也表现了"神"的全部。神的本质拥有无限的属性，每种属性本身又是无限的："无限的事物

---

① Pt. 2, Prop. 9, proof.
② Scruton(1986), pp. 69—70.
③ Pt. 2, Prop. 1, proof.
④ "神，或者其全部性质都是永恒不变的"，见 Pt. 1, Prop. 20, Corollary 2。

以无限的方式随之而来的神的观念只能是一种。"①必须用一元论的朴素平衡无限:"在思想属性或者在任何其他属性下,我们看到的是相同的秩序,以及相同的因果联系。"②因此,一切属性表现的都是同一本质,且表现了该本质的全部,否则,斯宾诺莎就会有引入某种本体因素的风险,这种因素会乐于提供某种更加本原或本质的本质或实体。这种因素在属性之下。只有当诸属性只能部分表达神本质,只涉及整体的一部分时,才会如此。这样,实体与属性就是不同的,即从本体论上说,虽然属性表达实体,实体却来自诸属性"之后"。果真如此的话,就会给超越留下一个"空间",因为就神本质而言,世界并不完全是内在的。③ 斯宾诺莎避免此问题的方法是,强调只要通过这种属性思考神本质,诸属性就表现了神本质的"全部"。

无:多

这些都是斯宾诺莎哲学的基本要素。直接产生了两种后果。首先,从形而上学的角度说,神本质被更好地理解为无。其次,各属性,只要是神的一面,就是神本质的完整表达,也是无。斯宾诺莎让属性倒塌了,也让神本质倒塌了。在这里起作用的其实是两种无限性。一种是外在无限,因为每种属性都是神无限属性中的一种。一种是内在无限,因为作为神本质的表现,每种属性本身必然也是无限的。④ 这意味着每种属性都是神的全部本质。斯宾诺

---

① Pt. 2, Prop. 4.
② Pt. 2, Prop. 7, note.
③ 从神学的角度说,这不会是一个让人满意的超越"场所",因为它无疑会欠世俗逻辑的债。
④ 下文将指出,海德格尔那里有类似的东西,因为他有死亡的外在无限性和时间的内在无限性。两者都会把此在引向无性,见上卷第六章。

莎会指出,这种属性,比如广延,考虑到它是神的具体表现,所以表现了神本质的全部。但是,如果让广延思考思想,就说不通了。因此,斯宾诺莎认为,真理永远是"自己的标准"。①

一种属性不可能导致另一种属性,因为每种属性都是自己完整的世界,所以从某种意义上说,不可能有更大的世界。然而,如果每种属性内部就包含着自身无限性的标志,那么也就包含了自身的消解。要想让该属性能够根据自身无限性表达神的本质,神的本质就必须是无。只有这样,斯宾诺莎才不用招来令人生厌的本体性。反过来说,神的本质,如果表达它的是一种仅仅作为局部的、因而在本体论上是无的属性,那么它本身就必须在本体论上是无。当然,斯宾诺莎会努力避免各种消极结论,否定无的无性(同后来的黑格尔一样)。② 他会剔除无性的否定性,把其变为神的丰足。此举很符合我所谓的虚无主义逻辑,即在形而上的层面变有为无,然后又让无作为有起作用。无论如何,斯宾诺莎不会容忍任何形而上学的无性概念。他不会让非有是(柏格森接受了这一点)。③ 勒芒认为,对于斯宾诺莎而言,"超越有,非有不是"。④ 第一眼看去,我们也许会同意他的看法,但是这个非有,不在现实中,却是作为所是,即作为有,出现在斯宾诺莎的文本中的。本书认为,在斯宾诺莎那里,有即无,因为它就是那个被各种属性和样式表达穷尽的实体,表达的片面性限制和否定了那个实体。

我们已经开始看到,对于斯宾诺莎而言,实体(Substance)在那里,是为了确保那里没有诸小实体(substances),属性和样式在那里,是为了确保那里没有特殊事物,无论是何种本体论意义上的——这样强化了一元本体论。这也许意味着,他使用的每个概

---

① Pt. 2, XLIII, note.
② 见上卷第五章。
③ Bergson(1983), pp. 272—297.
④ Lermond(1988), p. 26.

念或范畴都带着自我消解;实体排除了一切小实体,如此等等。这样一来,斯宾诺莎的诸范畴和概念就只能从其言说的东西的消隐中言说。

为了对神的爱

在斯宾诺莎那里,对这三因图示的认识是有等级的,分为三级。初级认识永远是最大限度的无知。随着我们逐渐进入各级认识,这种无知会消散。构成初级认识(Cognitio primi generis)的是意见(opinio),依靠想象力(imaginatio)发挥功能。构成二级认识的是一般概念(notiones communes),记录具有本体论效度的同一性(普遍事物)。这是理性的层面,因为它是理智秩序(ordo-intellectus),所以追求必然性。① 三级认识是直观认识(scientia intuitiva),提供对所追求的必然性的认识。(这层认识来自"对神适当的爱"。)进入第三层认识,我们就会意识到一切都是必然的。意识到这一点,是因为我们已经有了充分观念。我们意识到一切皆有因果。这一级认识中的因果就是充分因果(causa adaequata)。② 这种因果关系在其自身的自我认识中包含着所有的结果。这意味着,没有充分的因果解释就没有一切。从这个层面看事物,就是按照永恒性(sub specie aeternitatis)看事物。

是我做的:原因

对于斯宾诺莎而言,一切是的和不是的东西都必须有一个理由。③

---

① 认为事物不是偶然的,而是必然的,这是理性的本质,见 Pt. 2, Prop. 44。
② Pt. 3, Def. 1.
③ Pt. 1, Prop. 11, second proof.

只有庸俗想象才会产生虚构的观念,比如自由意志和偶然性等。① 与普罗提诺和阿维森纳遥相呼应,斯宾诺莎认为,"偶然宇宙中什么都没有,一切事物都是由神性的必然性所决定的"。② 因此,"神生产万物的方式和秩序,就是万物产生的方式和秩序"。③ 表面原因在于,"被造的秩序"中的变化必然涉及神意的变化,而神当然是不变的。根本原因则是,斯宾诺莎使用了一种统一的方式,确保那种完全内化了的实存。我们自然会把事物感知为偶然的,但这只是非完全认识的结果;所以它不能承受任何本体论的重量。因此,"偶然性"并不牵扯到其他形而上学观念,比如无中生有的创造等。④ 然而,斯宾诺莎那里确实有两种偶然性的概念。其一只是事物展现的"易朽性"。因为事物持续的时间都是不确定的,所以我们无法断言它们什么时候真的会变易或消逝。⑤ 一切物体的延续都取决于"共同的自然秩序和事物的构成"。⑥ 但是,神对不止一个物体有充分认识,所以神对所有的物体都有充分认识。而且,对神来说,或者按照永恒性来说,不存在偶然性,因为根本没有发生任何形而上学意义上的变易。另一种偶然性概念,我们在思考事物的本质,意识到实存不是其本质时,会遇到。⑦

对于斯宾诺莎而言,知识的缺失是虚构的源头,因为现实中没有任何东西可以提供任何本体论上的虚假。虚假性(如偶然性)是知识贫乏的结果。⑧ 事实上,观念中没有"任何积极的东西"可以

---

① Pt. I, Appendix.
② Pt. 1, Prop. 29.
③ Pt. 1, Prop. 33.
④ 上卷第五章指出,对于黑格尔而言,偶然性是"偶然的"。
⑤ Pt. 2, Prop. 31, Corollary.
⑥ Pt. 2, Prop. 30.
⑦ Pt. 3, Def. 3.
⑧ Pt. 2, Prop. 35.

导致本体论的虚假。① 这一点非常有意思,让我们看到了斯宾诺莎在自己的虚无主义一元论中采取的策略。观念中不包含任何肯定的东西,包括神的观念,虽然斯宾诺莎并没有举出这个例子。这表明在形而上学的层面,哲学话语言说的其实是无。

斯宾诺莎用自己特有的神性丰足一说改造了因果论。"除了神本性的完善,没有任何原因。"②因此,"神是万物的内因"。③ 斯宾诺莎把功效因变成了自因,谈论自因时,又只当它是功效因。④ 神功效地造就了自身。这样一来,他把一切终极原因都问题化了,因为万物本身就是完满的。一切早已在那里。如勒芒所言,"神圣完满的有,是斯宾诺莎批判各种终极原因的基础"。⑤ 实存就是神的为什么:"神或自然活动和存在的根据或原因是同一的;因此,既然神的存在没有预期目的,祂的活动也没有预期目的,祂的存在和活动都没有原则或目的"。⑥ 斯宾诺莎的世界里,根本没有目的产生的场所或空间。此道即彼道。一切是者,先前一直什么都不是,在某种意义上,现在也什么都不是;在此只有一个例外,斯宾诺莎的神。一种完全内在化的总体性,根本无需那种为有赋予终极目的的实存论解释。因此,斯宾诺莎称一切终极原因观念都是"捏造"。⑦

我是:不是

斯宾诺莎的主体学说非常有意思,表明了《伦理学》的基本方

---

① Pt. 2, Prop. 33.
② Pt. 1, Prop. 17, Corollary 1.
③ Pt. 1, Prop. 18.
④ Deleuze(1988), pp. 53—54.
⑤ Lermond(1988), p. 17.
⑥ Pt. 4, Preface.
⑦ Pt. 1, Appendix.

向。其中没有笛卡尔的心身二元论,只有通常所谓的本体平行论。心是身观念,身是心对象(*ideatum*)。① 我们的动向从来不是从心到身的,但能改变身的都会改变心:"心灵可以感受到身体中发生的一切。"②我们必须记住,思想属性与广延属性并无不同,从某种意义上说,这是用不同术语看同一个事物。因此,身心同一;虽然思想永远不知道身体,身体也永远不"知道"思想。③ 一者言说,另一者不说,至少就那种属性的无限性而言是如此。每种属性在说着自己作为特定属性说的东西时,才能说出另一种属性所说的东西。它只能记录自己的变易。身体发生变化时,认识也会改变,因为有了身体变化的观念。根据在于,主体并非先是身体,然后才是心灵,反之亦不然。思想即广延,或者广延之物,但思考它的方式是完全不同的;因为它也代表着同样的神的丰足性。要理解这一点,我们必须始终记得,一种属性"内在地"是无限的,因此也是一个总体。

主体是一个各种体的构造,或者就心灵(它是那个身体的观念)而言,主体是各种观念的构造。在《伦理学》中,我们有简单体(*corpora simplicissima*)。它们是构成复杂体(*corpora composita*)的各部分或观念。每个体都由多个部分组成,这些部分在某种意义上也都是体;它们可以合起来构成一个"个体"。这是通过相互的动静比率(*ratio*)完成的。促成统一体的就是这种比率。斯宾诺莎把各部分的协调作用称为相互统一体(*corpora invicem unita*)。④ 构成个体的各部分会随着时间的变易而变易,此消彼长;但只要保持适当的比率,就不会破坏这个体。⑤ 人类身体

---

① Pt. 2, Prop. 13.
② Pt. 2, Prop. 12.
③ Pt. 2, Prop. 19.
④ Pt. 2, Axiom 2, Def.
⑤ Pt. 2, Lemma 5.

（$corpus\ hunanum$）由许多部分构成，也就是由很多体组成；这些体本身也是合成的。① 构成心灵的诸观念也是如此。② 正是这种比率维持着这个个体。

欲求：无

提到情感时，就需要作某种本体论的限定了。斯宾诺莎认为，情感（$affectus$）属于身体变化，会增加或减少身体能力。③《伦理学》在讨论情感时，涵盖了方方面面，希望杜绝一切解释漏洞。情感变化，如果降低了体能，就变成了激情（$passio$）。另一方面，如果我们能够成为情感变化的充分原因，就能把争执变成变化，把外部因素带进我们身体的"界限内"；这就不再是侵犯。作为改变的充分原因，身体也得到了延伸：通过第三层认识，它将延伸至永恒，因为有对神的理智之爱。我们把这种充分原因导致的变易称为行动（$actio$）。与之相比，被动性会给庸俗认识留下空间，成为我们的痛苦之源。斯宾诺莎用这种"本体论"要素，来解释维持永久比率的冲动。斯宾诺莎称之为努力（$conatus$）："每个自在的事物莫不努力保持其实存。"④个体就是由这种持存的努力界定的。个体就是这个，且只是这个。⑤ "外因的力量大大超越并且限制了人类保持实存之力。"⑥然而，主要是心在支持身的实存；不能支持身的都不属于心，而是违背心灵的。⑦

---

① Pt. 2, Postulate 1.
② Pt. 2, Prop. 15.
③ Pt. 3, Def. 3.
④ Pt. 3, Prop. 6.
⑤ Pt. 3, Prop. 70.
⑥ Pt. 4, Prop. 3.
⑦ Pt. 3, Prop. 10, proof.

第三章　斯宾诺莎:泛(无)神论无宇宙论

重点在于,自我保存之力虽然受到限制,存续却不受限制。① 这一点很有意思,有助于我们认识斯宾诺莎的个体。个体不是一种实体。它与其他有者之间的区别不在于实体的区别。② 因此,个体既没有自由意志,也没有意志能力;意志与理智同一。现实中只有被引起的具体意图,③因此,这个个体从不真正感知任何东西。对于斯宾诺莎而言,"当我们说人类心灵感知这个或那个,说的不过是神……有这个或那个观念"。④ 因此,斯宾诺莎提到,个体存续不受限制。斯宾诺莎必须确保个体的不确定性,这样,从本体论上说,个体才能够与神同一。从神的角度来看,尤其如此。个体必须能够成为神,才能没有个体;神必须是个体,才能确保没有(超越的)神。这是斯宾诺莎单义的有(或非有)的最终结果:万物同一,因为无是。

不成为是:得救

《伦理学》阐述了一种救赎论,一种基于认识过程的救赎计划。上文提到,认识分为三级。从初级到第三级,我们实现并实践了对神的理智之爱(*amor intellectualis Dei*)。在此过程中,我们从痛苦(*tristitia*)进入快乐(*laetitia*)。⑤ 前者是一种激情,结果不那么完满,后者则相反。完满是德性的问题,德性又是力量的问题。⑥ 善(*bonum*)有助于德性的增长,德性的增长即力量的增长。⑦ 斯宾诺莎在此超越了"善恶",但没有超越"好坏";如尼采所言,"超越善恶,

---

① Pt. 3, Prop. 7.
② Pt. 2, Prop. 13, Lemma 1.
③ Pt. 2, Props. 48, 49, Corollary.
④ Pt. 2, Prop. 11, Corollary.
⑤ Pt. 3, Prop. 11, note; Defs. 2, 3.
⑥ Pt. 4, Def. 7.
⑦ Pt. 4, Def. 1.

至少这不是说超越好坏"。①《伦理学》正要提出一种非形而上学的价值观,其中甚至包含着救赎因素。救赎在于从永恒的角度(sub specie aeternitatis)看世界,这可以提供完全决定所需的充分原因。我们得到救赎,因为我们的身体延伸至永恒,让其得以延伸的是单一实体的观念,我们是那个实体确定的一部分。神的观念伴随着身体的延伸。或者说,是神的观念让我们的身体得以扩张。神的观念把一切"创造"当作其对象,"创造"是神的身体,这具身体绝不是创造过程或者造物的身体。至少得到救赎的是如此。未得救赎的依然停留在那些庸俗的谎言中,比如,本体论、个体性等,是必死的。然而,对于得救的而言,没有死亡,正确的理解是,没有生命。

德性,是增强的力,更持久的比率,回报自身。②得救者的永恒无关时间。相反,它是受启蒙者有意识地占据的实践视角:"心灵越是通过第二、三种认识理解事物,就越少受坏情绪的影响,越不恐惧死亡。"③我们越多体会到自己的永恒,这种恐惧就越小:"人类心灵不会随着身体一起毁灭,总会有某些剩余,剩余的就是永恒的……永恒不受时间限制,与时间无关,但是我们能感觉并体验到我们是永恒的。"④斯宾诺莎认为死亡是这样一种状况:身体的各部分"被击垮,产生新的动静关系"。⑤ 然而,死亡没有现实性,就像世界上没有什么实际坏的东西一样。斯宾诺莎对这一点非常坚持,因为它阻止了一切可以为形而上学目的开口的比较概念。

一切都是完善的,因为它是绝对必然的,是神本质的确定表达:"自然中发生的一切都不能归结为它的不足:因为自然总是一样的。"⑥比

---

① Nietzsche(1994), first essay, sec. 17.
② Pt. 5, Prop. 42.
③ Pt. 5, Prop. 38.
④ Pt. 5, Prop. 22.
⑤ Pt. 4, Prop. 39.
⑥ Pt. 3, Introduction.

如,斯宾诺莎谈到犯罪生活,认为如果那是你的"自然":"如果有人认为他在提心吊胆,而不是怡然自得地活得更好,那么还不自杀,他就是傻子。"① 这让我们意识到,在斯宾诺莎的世界里,大屠杀和冰淇淋没有差别。② 一切质的差别,都来自我们的视角功能,它是一种努力持续的比率。因此,个体发现自己不过是神的变化,而神不过是那些变化,这样规定的那些个体都是无(它们终究不是个体)。

斯宾诺莎使用的每个概念或范畴都是为了破坏它们。他会彻底改变一种理论的意义,不是公开反对它,或者用另一种理论替代它,而是他对那个词的用法会让它面目全非,并且很快就遭到遗忘。这种策略我称之为"知识修补术",因为他会填充一个概念让它内爆;是内爆,而不是外爆,因为他填充的其实是无。这是斯宾诺莎故弄玄虚的结果。如方根斯坦(Funkenstein)所言,"斯宾诺莎使用了那些中世纪哲学和训诂学传统中确立的词语和观念,表面接受它们的用法,实则颠倒了它们的意思"。③ 他把这些词和观念变成了尤伟(Yovel)所谓的"系统等价物"。④ 所以,德勒兹认为,"《伦理学》是一本同时写了两遍的书"。⑤ 斯宾诺莎操控着范畴的内爆,因为他调用了一种极端形式的单义性和自然论。⑥

一种声音:自然地

《伦理学》中有一个原因的单义性,因为斯宾诺莎在功效因和自

---

① Deleuze(1988), p. 37, fn. 11.
② 见上卷第八章。
③ Funkenstein(1994), p. 21.
④ Yovel(1989), p. 146.
⑤ Deleuze(1988), p. 28.
⑥ 德勒兹把斯宾诺莎的单义性和司各特的联系起来,见 Deleuze(1992), pp. 48—49, 63—65。

因之间划了等号。因此,消除了一切终极原因说。还有一个属性的单义性。我已经提到过一种属性涉及的内在/外在无限性。单义性是无限性的结果。因为每种属性都是神的"完全"表达,只要涉及该属性的世界,而且所有属性的世界表达的都一样,因为它们表达着同一总体,即神。如上所述,如果任何属性或者属性群背后根本没有本体的空间,就会必定如此。如果有,斯宾诺莎就无法让个体消解为神,让神消解为个体。因此,有了神即自然的说法。还有一种单义性,即样式的单义性。一切实存的都完善的,没有给偶然性或可能性等形而上学概念留下空间;一切实存的都是必然的。这三个一元性要素带来的是这一观点:世界上没有任何形而上的东西发生。[1]

斯宾诺莎的自然论,如梅森(Mason)所言,"惊世骇俗"。[2] 甚至比梅森所认为的还有过之。斯宾诺莎把一切是者都还原为自然论的解释,丝毫没有留下遭形而上学荼毒的空间。更有甚者,他还把自然本身还原成了"自然论"解释。自然本身并不实存。斯宾诺莎玩着思想的空手道,把自然与神的观念对立起来,即把神还原为自然,他也必须把自然还原为神。所以,他要确保自然没有在任何形而上学的意义上实存。这个自然不实存——它的多样性、分离性、终结性和悲怆性都是幻觉。这样,斯宾诺莎在召唤神和自然的同时消除了它们,它们各自都带着无限性,确保其形而上学的消解。实体这个范畴消失了,因为只有一个实体,完全存在于属性变易中,这些变易本身则是无。因此,实体除了属性和样式之外,没有更多的内容;神与自然也是如此。

罗伊德(Lloyd)明确指出,"自我认识的不足只能通过自我毁灭来超越"。[3] 自我只不过是一个附带产生的狭隘构造,只能由一

---

[1] Deleuze(1992), pp. 332—333.
[2] Mason(1997), p. 117.
[3] Lloyd(1994), p. 25.

个本体论上虚构的视角来关联。这不一定是消极的,因为实现这种虚构状态的,就是我们的救赎。① 实现我们自身的消解,就是不承认它。个体需要失去生命,因为这样才能产生对有的形而上学认识。但是,这个个体也将失去它的死亡。② 因为它存续时,不能说它活着;当它的存续被外部力量克服时,它也不是真的死了。否则的话,就会留下一个空间给形而上学,构建丧失概念,但这里只有"丰足"。这个个体是高度司各脱主义的,因为它似乎是由同样合法的"形式"或部分构成,它们都是潜在的个体。正是这种司各脱主义帮助斯宾诺莎回避了丧失概念。在他的哲学中,丧失的虚构只能来自于那个不再有的东西的角度,而比率的持久性则来自神的角度。这废黜了死亡。至此,我们方知,这世界没有任何人或事产生。

整个宇宙的面貌(*facies totius universi*)未能记载任何实际性。这就是为何斯宾诺莎会说"自然总是一样的",或者"我们可以很容易认为整个自然是一个个体,它的各部分即身体可以发生无穷变化,却不会改变这个个体"。③ 这种对神的方法论使用,确保了世界是无,或者丧失了一切具体性(因此,黑格尔指责他是无宇宙论)。我们所要追求的永恒性,就是实际性的缺失:它宣告这个世界为无。这种永恒性又竭力让这个无作为有起作用,同时自身又保持为无,防止任何有的产生。必须填满所有空间,排除一切虚构的东西:神、自然、实体、个体、情感、德性、生命、死亡、信仰。如勒芒所言,"永恒之真在于有的绝对实现,对有来说,不可能有这个或那个,有一或他,永恒就是一切"。④ 斯宾诺莎让神成为这个一切。但是,如鲍德里亚(Baudrillard)所言,"一直以来,都有教会来

---

① 今天有菲利普(D. Z. Phillips)等思想家用相似的神学语言提出了相同的主张。
② 下卷第八章指出,导致生命丧失和死亡丧失的话语类似于一场"大屠杀"。
③ Pt. 3, Introduction; Pt. 2, Lemma 4.
④ Lermond(1988), p. 42.

掩盖上帝的死亡,掩盖这一事实:上帝即万物,万物即一物"。①

　　斯宾诺莎的所作所为,便是摧毁他所用的每个术语,在使用它时,排除它先前的意义,防备它卷土重来。这一点在他使用"神"这个词时表现得淋漓尽致。《伦理学》的结果是,世界即无。但它却像有一样起作用,这种作用占据了有(形而上学的)可能会在的所有空间。这种语词的去-用(ab-use)甚至极端到"有"一词的使用,他明确把它与虚词联系起来:"'延续'一词只用于样式的实存;与实体的实存相对应的词是永恒,即无限享有实存或者——原谅我的拉丁语——有。"②斯宾诺莎认为,必须填满所有空间。为此,一切事物都必须是它的反面。只有这样,一切是的东西才能被无填满。③"一必须是多,多必须是一。"④如果一不是多,它就会匮乏,会留下一个空间。同样,多也是如此:如果多不是一,就会为他者提供概念空间。如果一是一,一就会在他者的概念在场中是一,多也如此。斯宾诺莎在解释亚当经受禁果考验时,完美地演示了这种病态的知识修补术。斯宾诺莎认为,上帝告诉亚当不要偷食禁果,是纯粹的信息,而不是禁令。从经验上讲,那个苹果对亚当恰好是有毒的,会导致他与神关系破裂。斯宾诺莎这样解释这则神话,排除了形而上学价值的可能性,还代表着解释或者消解一切的冲动。这些解释将占据被其消解的东西的空间。

　　这是虚无主义的逻辑,让无为有。斯宾诺莎的神是生命论的,是意志论的,自然则是超越的(各自在彼此的缺席中),产生了一种丰足的虚无主义。黑格尔说,"要开始研究哲学,就必须首先做个斯宾诺莎主义者"。⑤哲学不仅始于斯宾诺莎,且一直是斯宾诺

---

① Baudrillard(1976), p. 35.
② Mason(1997), p. 236, fn. 31.
③ 上卷第五章将指出,这对于黑格尔也是成立的。
④ Lermond(1988), p. 8.
⑤ Hegel(1955), 3:257.

莎。(雅各比的主张也是如此。)海涅(Heine)也睿智地说:"所有当代哲学——也许并不自觉——都是通过斯宾诺莎打磨的眼镜看问题的。"①巴迪欧的说法也是对的,斯宾诺莎是哲学的基督。他承诺的是无。

下一章将回顾康德的著作,我的观点是康德让一切都消隐了。所以,康德哲学也表现出虚无主义逻辑的运作:无为有。

---

① Yovel(1989),p. 52.

第四章　康德：让一切消隐

导　论

我们可以认为康德的三大批判分别体现了一种特殊的消失。第一批判敢于"言"真理的问题；因此，必须把世界还原为纯显象的状态。这种还原让康德可以言说，不再受经验怀疑论污染。因此，康德的哲学话语就是以世界消失为基础的。第二批判涉及实践理性，进入道德实践即善本身的问题。但是，在这里，我们依然可以说，只有当自然在一定程度上被本体王国占领，让我们摆脱机械规律的支配时，康德才能拥有道德，即"行"善。在第三批判中，康德讨论了美与崇高的问题，涉及观看的可能，"见"美。但是，只有当美完全是主观的（同时也是普遍的），不涉及任何对象的实存或完善时，才会有这种可能。而且，美不涉及知识。与阿奎那相反，审美不涉及任何形式的认识。[①] 因此，第一批判中，世界成了纯显象，我们有了"言"的能力。第二批判中，我们失去了自然，有了"行"的能力。第三批判中，我们失去了可见对象，有了"见"的能力。"人"这个主体以特权的方式执行了这些消隐行为。就像我们

---

① 关于阿奎那，见下卷第八章。

在斯宾诺莎那里见到的受知识启蒙的哲人(黑格尔那里的普遍思想家,以及海德格尔那里的此在),我们有了康德的主体,带着他的哥白尼革命,他将成为这三重消隐的场所。

简单介绍了这三大魔咒之后,我将证明,它们其实是一项伟大的一元论消解工程的不同方面。

言:无

> 尽管我们的一切知识都以经验开始,但它们却并不因此就都产生自经验。①

从这句引文中,我们已经看到康德对知识问题将采取的方法。因为我们在此看到了对经验论的让步,即经验是基本的;同时,康德也向唯理论致敬,接受了某种演绎过程。莱布尼兹,唯理论的伟大代表,把知识分为理性真理和事实真理。他对前者的分析进入了有关同一性的陈述,或者与矛盾陈述相反的陈述;理性真理的基础是不矛盾律。经验论者休谟把观念关系和事实问题对照起来,做法与之相似。前者可以通过单纯的心智活动来证明,因为这些并不包含对实存本身的参照;休谟认为,数学和几何学便是以这种理性为基础的。事实问题本身是经验的,带来相反的看法,即认为可能存在经验的东西的对立面,这一点都不矛盾。经验似乎包含着这种认识的灵活性,因为实存的时间性包含一种"等着瞧"的策略。

虽然观点相似,但是他们的侧重点不同。休谟接受了经验在认识中的核心作用,唯理论者则坚持认为,我们用来构建经验本身的东西,并不都来自经验。康德因为提出了先验主体,才能在理性

---

① Kant(1964),B1. 有关第一批判的评论,见 N. K. Smith(1930);Paton(1936)。

演绎和经验归纳之间维持巧妙的平衡。康德认为,经验即"为我"的经验。这就重新表述了问题,因为已经在经验中,我们将"找到"某种必然的东西,即"我",主体。康德问的是,我们需要什么才能使经验是"为我"的?他问的不是中立的经验,不管什么类型。要关联这种经验,就会有永久的概念强加于我们。经验之为经验需要被经验;这包括必要的时间延续。① 换言之,我们不能从纯粹的经验中获得知识,经验也不能没有概念化。从概念出发的演绎也被排除了。康德认为,"经验自身就是知性所要求的一种认识方式"。② 这是康德的"哥白尼革命":"迄今为止,人们假定,我们的一切知识都必须遵照对象……如果我们假定对象必须遵照我们的认识,那么我们在形而上学的使命中也许会有更好的进展。"③这是哲学应该选择的"正确道路"。经验之所以是经验,因为它是为我们的经验。因此,"对象(作为感官的对象)必须遵照我们的直观能力的性状"。④ 我们关心的是现象,而非康德所谓的"物自体"。

康德重新表述了唯理论和经验论在知识问题上的分歧。首先,他认为,经验知识无法向我们提供"真正的普遍性",⑤只有先天知识才可能。只有从经验性概念中去掉一切经验告诉我们的属性之后,我们才能找到这种先天知识。康德举了物体为例。⑥ 康德认为,在排除了颜色、硬度、重量、密度等等之后,还留有"现在已经完全消失了"的物体占据的空间。这个空间就是先天的;我们无法去掉它。因此,一切经验都会"把永久的概念强加给我们"。⑦

---

① 我们的经验总是"时间秩序",见 Kant(1964),A1,B1。我们将看到时间在康德的工程中十分重要。
② Kant(1964),Bxvii.
③ Kant(1964),Bxvi.
④ 同上。
⑤ Kant(1964),A2,B4.
⑥ Kant(1964),A2,B5.
⑦ Kant(1964),A2,B6.

第四章 康德:让一切消隐

康德又引入了分析的和综合的判断之分,来进一步加强先天知识和经验(后天)知识之分。分析判断大致对应于莱布尼兹的理性真理,综合判断涉及事实问题。对于康德而言,分析判断完全是解释性的,丝毫不会增加认识的内容。[①] 相反,综合判断却是扩充性的,可以增加我们的认识。[②] 在分析判断中,谓词 A 属于概念 B。在综合判断中,谓词不属于概念,但它确实"与概念相关"。前者的例子是"所有的单身汉都是未婚的",因为分析判断只以矛盾律为基础。[③] 综合判断的一个例子是"有些物体很重"。谓词中包含着一些物体这一概念中并不包含的东西,"一切物体都是有广延的"则是纯分析判断。因为经验是扩充性的,让康德断言一切经验判断都是综合的。如果认为分析判断是扩充性的,是有点荒谬的,因为它们是非时间性的,提前排除了增加。这种区分并不新鲜,却很根本。

然而,当康德指出综合判断其实可以是先天的,哥白尼革命就如约而来了。这似乎很矛盾。因为一种扩种性的东西怎么可能是先天的呢?也就是说,经验怎么能脱离经验而产生呢?康德能够这样说,是因为他已经重新定义了经验。用康德的话说,没有那些先天综合判断,这是不可能的,因为经验要成为经验必须被经验;要被经验,须得有人在那里拥有经验。没有"主体"因素,就不会有经验。这让康德得以演绎出某种先天综合判断,因为没有它们,就不可能有经验,不可能有"为我"的经验。先天综合判断最著名的例子是算术题 7+5。康德意在证明,和的概念并不包括数字 12。"和"的概念确实包含一个数字,即两个数字的相加之和,但是并没有说出这个数字是多少。要得出数字 12,必须有某种综合活动。

[①] Kant(1997), p. 16(4:266).
[②] Kant(1964), A10, B14.
[③] Kant(1997), p. 16(4:267).

另一个例子是这一命题:两点之间直线最短。康德认为,直线的概念并不包括量,所以这一判断必然包含带来综合的直观。

对于康德而言,既然有先天综合判断,就应该有由其构成的科学。这就是纯粹理性批判,一种关注知识模式的先验哲学。① 康德想要的经验知识是先验的,所以对休谟的怀疑论无动于衷。② 第一批判分为《先验要素论》和《先验方法论》。只有前者与我们有关。要素论分为三大部分:《先验感性论》《先验分析论》和《先验辩证论》。前两个与我们尤为相关。

《先验感性论》处理的是感知能力的问题。康德认为,我们拥有这种能力,是因为直观,对象是在直观中给予我们的;"直观"一词译自德语"Anschauung",意为"看着"。对象被给予我们的接受方式称为感性。感性,作为接受方式,使刺激(affection)得以产生,这就是所谓的感觉。直观通过感觉直接与对象发生关系,感觉让我们能够被刺激,概念与对象的关系则是间接的,尽管是终极的。③ 经验直观未确定的对象是显象,由质料和形式构成。显象的质料与感觉有关,所以是后天的。相反,显象的形式是同一的关系排列,所以是先天的。直观都是单一的再现,概念则是一般的。如果我们打破任何单一的再现,就剩下了所谓的"纯直观形式"或者"纯感性形式"。它们是"纯粹的",因为它们摆脱了感觉,是先天的。它们是感性的,是因为这些形式都是接受的"形状",在这个空间里,接受可以获得构建同一性所需的持久性。《先验感性论》涉及这些纯感性的形式,因为它是关于感性如何可能的。④

康德认为,空间是纯感性形式。这把他与牛顿和莱布尼兹区

---

① Kant(1964),A11—A12,B25.
② 关于先天综合判断的肯定评价,见 Allison(1983),尤其 pp.73—80。对其更挑剔的批评,见 Bennett(1966),尤其 ch.2—4。
③ Kant(1964),A19,B33.
④ Kant(1964),A22,B36.

分开来,后者各自强调空间是绝对实在的和自在的(self-subsistent),或者纯关系性的。康德则认为空间不是经验得来的,而是先天的:"空间并不再现任何一些物自身的属性。"①空间是一种显象形式,存在于感觉和思维之间,因为它既不是知性形式(因为它是直观的),也不是来自感觉的(因为它是后天的)。

康德认为空间是纯感性形式,他的第一个论点是,空间不是从外部经验中得来的,因为我们需要空间去定位外部事物。因此,"必须以空间再现为基础"。② 这不是说,我们需要空间,是为了对象的空间性(这是知性的工作),而是说,它关联了内在和外在的定位:在这一点上,康德和牛顿是不同的。③ 第二个论点认为,"空间是作为外部直观的基础的一个必不可少的先天再现"。此论点的核心在于,空间是显象的条件之一,而不是由显象决定的:这与莱布尼兹的看法相反,后者认为空间是在物体之间非空间的关系中发现的;因此,需要物体。在康德那里,我们并不需要外部物体的世界,因为我们永远无法向自己再现空间不存在,但是没有对象却会不带来任何困难。④

第三个论点认为,我们只有一个空间,所以空间是统一的或单一的。这意味着各部分都只是同一空间的部分,这个空间先于一切部分。这一点对于康德的工程非常重要,因为他必须确保空间的先天性不是知性的结果,而是一种直观形式。我们必须记住,直观始终是单一的。概念是一般的,提供了许多自己的实例。"狗"这一概念的例子带给我们的不是"狗的各部分",但空间的一部分为我们提供的就是空间的一部分,在那一个无所不包的空间内。一个部分只是在它与这个整体的关系中的一部分(这一点的重要

---

① Kant(1964), A26, B42.
② Kant(1964), A23, B38.
③ 同上。
④ Kant(1964), A24, B39.

性,在本章的结尾处才能看出来)。① 第四个论点是,空间是一种"无限的被给予的大小"。康德认为,空间的各部分都包含在一个空间中,而概念的实例与该概念之间却不是包含关系:原因在于,一个概念并不是一个具有无限的部分的东西,而只具有无限的实例。因此,一个概念不一定是无限大的,而只是在其再现方面具有无限的可能性;如果一个概念在其本身中包含无限多的部分,就需要一个无限的心智去理解它。②

还有第五个论点,没有出现在第一批判中,而是在《未来形而上学导论》中,被称为"来自不同部分"的观点。此观点认为,空间差异不能用概念来表示,它只能被直观到。康德认为,如果两个事物的质和量是完全相同的,那么一个事物就应该能够取代另一个事物的位置。康德举的例子是手和手的形象:它们是相同的,却不一致。换言之,它们是相同的,却不能取代彼此的位置。想想你的左手,和它在镜子中的反射。你不能把复制品放在原物的位置上,因为一个是左手,一个是右手。康德说:"如今,这里没有某种知性所能够设想的任何内在区别,尽管如此,就感官所教导的而言,区别却是内在的,因为无论双方如何相等、相似,左手与右手毕竟不能被围在同样的界限之内(它们不能全等)。"③

因此,空间是先天的,而非经验的,但它只是感性的主观条件。空间无需以物自体为参照,因为它并不言说"物体"本身。(否则的话,康德把经验重新解释为为我的经验就无意义了,而且还会自相矛盾。)这样一来,空间既是经验实在的,也是先验观念的。它是经验实在的,是"外部"的可能性;没有它,就没有"外部"或经验王国。然而,它的先验观念性意味着它也是"无"。④

---

① Kant(1964), A25, B39.
② Kant(1964), A25, B40.
③ Kant(1997), p.38(4:286).
④ Kant(1964), A28, B44.

第四章 康德：让一切消隐

空间是纯感性形式，时间也是如此。康德认为，空间是外感官形式，时间是内感官形式。因此，时间和空间一样，必然是先天的，来自直观，而非话语知性。① 我们不能认为时间来自经验，因为这样一来，时间的产生本身也需要时间；相继和共存是时间的前提条件。所以，时间是一切直观的基础，因为我们可以没有显象，但不可能没有时间；我们只能用时间来表述时间的缺席。② 和空间一样，只有一块时间，每个具体时刻都是这一块时间的划分。③ 因此，时间的无限性不过是同一基础时间的无限分割。时间也不是实在的，它依赖主体。因为时间作为内感官，是主体经历的。主体的持存需要空间，但是这种持存在某种意义上是由时间来衡量的。因此，主体的空间也是该主体的时间。康德由此认为，时间是外部显象的间接条件。④ 因为有了空间和时间这两个主观条件，康德就可以把先验的带入经验的了。同时，把感性分为客观质料和主观形式，康德就可以通过先天综合判断把"经验的"(综合)送入先天的了。

要素论的下卷，《先验分析论》，讨论了知性的问题。⑤ 康德认为，有两种逻辑：一般的和先验的。前者只涉及知识的逻辑形式与自身的关系；因此，它无关任何对象。后者确实通过《先验感性论》为其提供的杂多，即纯感性形式，与对象发生关系。先天形式对直观的"污染"，带来了知性与感性之间的相互作用，也让先验逻辑可以处理经验以及纯理性知识；当然，"经验"的意义已经发生了根本的变化。知识存在于感性和知性中，前者是接受能力，后者自发地产生概念。感性直观提供一个对象，知性将思

---

① Kant(1964)，A30，B46.
② Kant(1964)，A31，B46.
③ Kant(1964)，A31，B47.
④ Kant(1964)，A34，B50—51.
⑤ 有关《分析论》的一般讨论，见 Bennett(1974)；Melnick(1973)，尤其 pp. 30—57.

考该对象,所以有了康德的名言:"思想无内容则空,直观无概念则盲。"① 只有两者结合,才会产生知识。直观的基础是感受,概念在某种意义上则是功能性的。康德的意思是,它们自发地产生概念,概念把各种再现综合在一种共有的再现下。② 综合是通过给予它们内容来集合杂多因素的活动。

我们首先拥有纯直观的杂多,然后是能产的想象力激发的综合,康德认为,后者是"灵魂盲目的但是不可或缺的功能"。③ 想象力生产概念,但这些并不生产知识。这就需要纯粹知性,它将接受想象力生产的"概念",把它们交与判断。知性其实是一种判断力。④ 判断要么是感知判断,要么是经验判断。⑤ 前者只是把感知与主体结合,后者则运用知性的纯概念,然后超越感性直观获得客观效度。我们总是从感知判断开始,但它要变得普遍有效,就必须受知性的支配。它剥去了判断的内容,然后只剩下知性形式。判断是一种统一功能,康德认它可以分为四部分,每部分又有三个环节:⑥ 这就是综合或判断的十二种形式。不过,这些形式都是纯形式的,缺乏内容。因此,这一部分的标题是"论发现一切纯粹知性概念的导线"。不走这条线路,就必然会把判断的形式与内容联系起来。唯一的方法便是把它们与直观联系起来。当然,如果没有纯感性形式的话,这会让康德面对无法解决的困难,因为不如此的话,就不会有先天知识,而且形式的知性和经验的感性会互不相容。纯直观杂多是先天的,也是感性的;康德通过主体重新定义了经验,感受力带来了感性和知性的

---

① Kant(1964), A51, B75.
② Kant(1964), A68, B93.
③ Kant(1964), A78, B103.
④ Kant(1964), A69, B94.
⑤ Kant(1997), p.51(4:298—4300).
⑥ Kant(1964), A70, B95.

第四章 康德：让一切消隐

融合。因此，知性所需的纯概念，成为范畴，因为它们现在与直观联系在一起。①

《先验演绎》想让思维的主观条件获得对象效度。② 主体要求的一切如何延伸包含客观效度？③ 康德给我们提供了一个选择："要么只有对象才使再现成为可能，要么只有再现才使对象成为可能。"④不过，康德准备重新定义什么是对象，好安排第三个选择。在第一批判的第一版中，《先验演绎》是根据认识能力解释的。我们有把握的综合，再生的综合，即想象力的综合，还有认识的综合，即知性提供的综合。这涉及"一般的某种东西＝x"，⑤先验对象需要必不可少的统一，才能产生一个对象。因此，这种统一是先验的：任何对象要给予我们，就必须产生在这种统一活动中。这种统一其实就是统觉：统觉"是一切知识的可能性的根据"。⑥ 统觉是先验的，因为它是自我意识，而自我意识显然是经验的前提条件。没有统觉的先验统一，就不可能有感性杂多的统一，也不会有任何知识的产生。"因为就毕竟有可能意识到我们的一切再现而言，常驻不变的'我'构成了它们的相关物。"⑦

《先验演绎》(A)聚焦在主体的认识能力上，康德称之为"主观演绎"，第二版则提出了"客观演绎"。⑧ 这个演绎也谈到了统觉的先验统一的必然性，因为"我"必须能够伴随自己所有的再现。⑨

---

① Kant(1964)，A80，B106.
② 关于《演绎》的批评，见 Strawson(1966)，尤其 pp. 74—117；Bennett(1966)，尤其 ch. 6, 8, 9。其他进入《演绎》的方法，见 Henrich(1994)。
③ Kant(1964)，A89，B122.
④ Kant(1964)，A92，B125.
⑤ Kant(1964)，A104.
⑥ Kant(1964)，A118.
⑦ Kant(1964)，A123.
⑧ Kant(1964)，Axvi—xvii.
⑨ 关于康德式主体，见 Henrich(1989)；'The Proof Structure of Kant's Transcendental Deduction', in Henrich(1982)。

但除了认为要让对象得以再现,就必须有某些条件外,康德还强调对象本身也需要这些条件。直观对象需要范畴才能成为对象。所以,这不是再现而是建构的问题(这种对"客观"一词的理解非常少见)。范畴的综合统一,作为统一功能是一切对象的前提条件,无论对象"在我们外面或者里面"。范畴先天地给显象规定规律;因此,没有范畴的功能性统一,对象就无法成为对象。通过呈现一个杂多的纯时空直观,这些规律客观地产生了客观联系;这需要朝向先验对象的知性活动,让这个杂多获得统一。这让康德的演绎有了客观效度。①

康德在讨论图型法时,重新探讨了知性和感性、范畴和直观之间的关系。他认为,只有当一个对象与一个概念"同质"时,才能让该对象受该概念的支配。康德的意思是,概念中必须有什么是直观能够再现的;在某种意义上,正是这种东西让直观可以盲目地与概念相符合。不过,因为概念与直观是异质的,两者"从不会"相遇,所以康德提出了"第三者"的存在,即图型。它们调节着想象力的再现,这些再现是灵魂神秘活动的产物,"一种神秘的艺术"。②然而,不能认为图型就是些简单的图像,因为一个图像永远不足以形成一个概念。③ 比如,一个三角形图型是一个后天概念的图型,与纯粹知性产生的概念无关。既然这些概念都与每一个作为对象的对象相关,那么为何会这样? 因此,任何图型式的图像都是不充分的。

这些先验图型不过是时间的规定;时间是一切感性直观都必须采取的形式。时间要成为时间需要相继,即便是并存的相继,即持久。这涉及部分与整体间的运动,几乎是黑格尔意义上的。是

---

① Kant(1964),B159—165.
② 这类似于奥卡姆看待普遍事物产生的方法,见 *Ordinatio*, d. 2, q. 7。
③ Kant(1964),A141,B181. 这类似于贝克莱对洛克的抽象观念论的批评。

先验图型促成了这种规定,它既包括条件(永恒;唯一时间),又包括例子(相继,不同时间),即运用。与感性密切联系在一起的想象力在一块时间中生产,因此产生了这同一时间的分化。知性也可以因此根据时间规定发挥自己的功能。时间总是同一时间的相继,但这需要时间内的变易,即时间是统一的。没有图型,范畴就只是知性对概念的功能,无关对象。

由此,我们进入了经验类比。① 这些类比来自这一困难:我们既要把对象再现为时间中的东西,又要超越我们拥有的再现的时间性。康德想克服这一困难,建立纯粹约束我们经验的特殊类比。三种类比分别充当一种可以产生一种经验统一的规则,在一个先天条件中把我们的感知相互联结起来,此先天条件就是一切感知都受普遍时间规定的支配。一切具体感知能够得到认识,只是因为它与一般时间有关,一般时间有三种模式:持久、相继和并存。这三种时间模式,让我们可以根据一般的时间来关联显象,只有它们才允许意识活动,意识是有限统一的场所。时间,作为内感官形式,需要统觉的综合,因为这是内感觉形式。同样,内感觉形式也是统觉的统一。经验意识的杂多只是统觉综合的结果,后者先天地与作为纯直观形式的时间联系在一起。康德认为,类比原则是"经验只有通过再现感知间的必然联结才是可能的"。② 这些联结在一般时间和统觉的先验统一之间,因为时间是经验意识杂多的形式。经验感知之间的必然联结,需要杂多必须采取的形式。这把杂多和统觉的统一联系起来,统觉这样与内感官联系在一起,内感官是"一切再现的总和"。统觉的统一是一般时间的形式,是类比的基础。一切时间中的变易都是同一个时间的变易,有如一切为我的显象都是

---

① Melnick(1973).
② Kant(1964),A176.

同一个主体的显象,即内感官的规定。要有经验,我们需要统觉的统一,才会有经验主体。这个主体依照其内感官形式统一杂多。因此,一切经验都与一般时间有关,完全是这种内感官的规定。

第一种类比是实体类比:"实体的持久性的原理。"① 这种类比与时间的第一种模式(即持久)有关。康德说:"在所有再现的变异中,实体是常驻的;它的量在自然中不能增加,也不能减少。"他所说的实体就是时间形式。时间是一,一切变易都是这同一时间的变易,但它本身是不变的。这种常驻性为我们提供了一个参照框架,让我们在这个框架中可以注意到变异和经验:"只有在持久的东西中,种种时间关系才是可能的。"② 这个实体的一切规定都不过是显示了时间在持久模式中的基本同一的偶然事物,③ 所以康德说,"一切变化的东西都是常驻的"。④ 这容易理解,因为必然有东西在变易。

第二种类比是因果性类比:"一切变化都按照原因与结果相联结的规律发生。"⑤ 对杂多的把握总会涉及相继。这需要一个常驻的有者,以及同一时间的不同规定之间的内在联系。因果律是把握的一个必要规律,没有它就没有相继模式。某些显象为了成为那些显象需要必然性规律。康德给的例子是沿河而下的船只。要感知到船只从原处沿河而下,需要一种自己不动的秩序。感知到船只向下了一点,只能说明该船只曾在上游某处。我们不能在船只到达之前就认为它在下游一点的地方,同时还能有相同的感知:相继必须是不可逆的。⑥

---

① Kant(1964), A182, B224.
② Kant(1964), A183, B226.
③ Kant(1964), A186, B239.
④ Kant(1964), A187, B230.
⑤ Kant(1964), A189, B232.
⑥ Kant(1964), A194, B239.

第三种类比是并存或相互作用。① 这需要不同有者之间的相互作用。这种相互作用之所以可能,是因为一切事物同时存在同一时间中。没有相互的因果作用,就没有"共同体",时间就不是同一的。这意味着,每个经验都是一个世界,一个单子。但是,因为我们能同时经验众多及不同的事物,所以它们必须处于统觉的统一中,这是同一时间的结果。②(这些经验类比,作为范导性原理,不会让休谟发疯。它们只是为经验中的主体而存在。休谟的习性、想象力等就已经足够了。经验似乎是相同的,因为它所追求的只是一种本地化的结果,即对经验的经验。)

在《先验分析论》的结尾处,我们遇到了那个著名的二分法,现象/本体。③ 下文会对此再作讨论。当前只需知道,这种区分确实似乎与显象和物自体之分相呼应,这种二分法也确实让我们在见有时见到无。每个可见的规定都是纯现象的,所以我们被剥夺了伴随每个感知到来的真正充分性。因此,每个现象总是在别处,作为纯显象,它的本体论基础"转移"了它。诸本体有如德里达所言的文本外的无物,虽然这听上去有点年代错位(见上卷,第七章)。在某种意义上,正是这种无物带来了意指的产生,同时也让每个具体的意指都进入了一场无尽的推延(见下卷,第十章)。

行:无

第二批判重新讨论了现象/本体二分法。④ 在第一批判中,康德不得不用"本体"一词,去规避贝克莱的唯心论。这个词的使用

---

① Kant(1964), A211, B256.
② Kant(1964), A214, B261.
③ Kant(1964), A235—260, B294—315.
④ Kant(1993a). 有关第二批判,以及康德道德哲学的一般批评,见 Beck(1960); Sullivan(1989); Velkley(1989)。

意味着，其实需要无来讨论对象。对象必须是纯显象，而且实事求是地说，显象之外就是无：无是因为一切经验性的范畴都不再适用，所以对象即无-物(no-thing)。一种解读认为，可以认为这个无只是一个限定概念，有名无实：本体因此只剩下否定的实存。①然而，在第二批判中，康德用本体来避免现象世界的机械决定论。自然变成纯现象的，才有了另一王国的产生，它是自然的基础。这个非必然的王国，让康德的主体有了行为所需的自由。事实上，有了必不可少的自由，才有了主体，否则主体只是一个"对象"，缺乏意志力和自我决定能力的东西。

在第二批判中，康德想确立一种纯粹的实践理性能力。第一批判把我的理论理性限定在显象王国；我们只与现象世界打交道。这种限定在第二批判中变成了机会，因为第一批判中我们只与显象打交道，所以给我们留下了另一个领域。也就是说，理论只涉及现象，意味着理论并不能进入整个有的王国。于是，我们看到，我们的一切行动都始于这一界限。实践揭开了显象下那些更深层的现实。

同样的，理论自我因为只是现象的，就这样消失了。然而，要有行为主体，就必须有一个拥有经验的本体自我，即便只是在现象层面。康德要求我们认为，这个自在的自我是自由的。他认为，这个主体中已经产生了自由，他拥有经验，在经验中把客观现实性给予诸如神、灵魂不朽等理性观念。反过来说，自由本身就是一种理性观念；唯一由纯粹实践理性先天地建立并且由道德律令揭示的观念。但是，运用这些观念，并不能扩充理论知识，只能让我们的行动成为"我们的"，而且我们只能通过否定因果秩序和现象自我，才能这样看待自己，并且确立一种本体因(causa noumenon)，②这

---

① Kant(1964)，p.312.
② Kant(1993a)，p.57.

(以某种方式)破坏了表面的因果秩序。

　　一切道德行动,即由我们负责的行为,都是这个本体自我发出的,它摆脱了现象性的限制,是自律的。我们意志的决定基础由此就转移到了一个可知的事物秩序中,而不是经验秩序中。精神王国出现在自由意志中,因为意志是自己给出的,甚至生产了其法令或自律原则需要符合的现实。① 因此,道德律令是一种形式律令。② 这让道德律令摆脱了一切经验条件,经验条件必然是他律的,会抵消它的自律性。这样就从形式上略去了经验条件。一系列实践法则,让意志获得了自律性;这些法则包括那些被康德称为准则的主观法则,以及客观法则或命令。命令如果是规定意志产生某种结果的原因,就是假言的,如果它们对意志的规定无需诉诸充分因果律的问题,且是自由的结果,就是定言的。颁布道德律令的是定言命令。众所周知,康德在此给定言命令下的定义:"你要仅仅按照你同时也愿意它成为一条普遍法则的那个准则去行动。"③

　　在第二批判中,我们看到,康德设置了某些实践公设的存在,它们是道德法则的前提条件。第一是自由,我们已经谈过了。第

---

① Kant(1993a), pp. 62, 69.
② Kant(1993a), p. 67.
③ Kant(1993a), p. 30. 讨论这种需求对我们并无帮助。在此只需提到,这似乎很矛盾,因为如果我必须只能按照可以普遍化的方式行动,那么定言命令如果得到执行,就不会带来普遍性,因为它将无法再随之产生。渴望定言命令,就是让它的普遍运用变为不可能。这一具体要求会吸收所有其他可能性。比如,如果我想从一个账户盗窃,且这种行为是普遍的,就不会有人把钱放入账户。当我们回到初始行为时,我们就无法再渴望它了。如果我们要渴望一种普遍行为,或者渴望定言命令,且这是普遍的,那么当我们回到初始行为时,我们就无法渴望定言命令。渴望某种可以普遍化的东西,这种状况是不可能的。渴望一次定言命令,就是废黜其进一步的运用;渴望作为被渴望的命令的定言命令。康德渴望定言命令成为我们道德法则的基础。这样做时,我们模仿,但是当他再次渴望此行为时,我们看到它无法理解了,因为变得普遍废黜了它的重复。定言命令结构中确乎有某种吊诡的东西。这与我对康德工程的解读并不十分相关。

二是灵魂不朽,仅仅是此公设就为道德法则的实现提供了"必要的持久性"。第三是神,最高的自主的善。这些都是纯理性概念;所以,它们无需伴随着直观,否则将会变成与知识增长相关的具有认识意义的问题。① 本体自我是道德行为的"原因",它按照定言命令以及自由、灵魂不朽和神实存三个实践公设行动。我们把这种道德律令给予显象世界。这个世界不是神创造的,神是一种实践公设。我们只能认为神创造了本体世界,而且只能认为本体的有者是被创造的。②(这有点类似于阿维森纳的新柏拉图主义,认为只有元智力是神创造的。)现象的感官世界不是神创造的,所以需要"人"给予它意义,进而给予创造意义。事实上,康德在第三批判中指出,有了人,自然才有了意义。③

看:无

在第三批判中,康德关注的是理论认识中的自然概念与实践认识中的自由概念之间的鸿沟。④ 康德想通过美与崇高把两个王国统一起来。第一批判呈现给我们的是现象,第二批判呈现的是不会产生认识的可知王国。但第一批判也依赖这个本体王国,因为如康德所言,它必须使用物自体观念,物自体是"所有那些经验对象得以可能的基础"。⑤ 因为这个原因,"一个无边际但也无法进入的领域,超自然的领域,被呈现给了我们整个认识能力"。⑥

---

① Kant(1993a), p. 141.
② Kant(1993a), p. 107.
③ Kant(1952), pt. 2, p. 108.
④ 关于第三批判,见 Guyer(1979); Eliot(1968); Crawford(1974); Cohen and Guyer, eds. (1982); Coleman(1974); Dusing(1990), pp. 79—92; Bernstein(1992), pp. 17—65; Derrida(1987)。
⑤ Kant(1952), p. 13.
⑥ 同上。

第四章 康德：让一切消隐

尽管我们无法进入此领域，但它却显示了两个认识王国统一的可能。《判断力批判》是康德克服实践王国和理论王国之间"鸿沟"的手段。①

判断力是把特殊的东西当作包含在普遍的东西之下，来对它进行思考的能力。对于康德而言，有规定性的判断力和反思性的判断力。前者为我们提供普遍的东西，让我们把特殊的东西归于其下。后者不提供普遍的东西，却让我们向着这个方向发展。反思性判断力"需要一个原则"。其目的是寻求一切经验原则的统一，这种统一可以带来两个王国之间的协调：实践的和理论的。反思性判断力表现得"好像有一个知性包含着它的经验性法则的杂多之统一性的根据似的"。这种立场在于合目的性（finality）的"好像"。合目的性直接涉及愉悦情感；达成一个目的会带来愉悦，从而产生一个判断。因此，自然的合目的性的标志便是愉悦。反思性判断力给出的自然合目的性原则是完全由主体给出的。所以，它是自治的"法则"。自治性是向自己给出自然的原则。在某种意义上，这对于自然是他律的，却被认为是"自然的"，因为它是关于自然的。审美品质是对象再现中纯主观的东西。这样，反思判断用一种合目的性法则规定自然就是一个美学问题；这种规定是主观的，涉及对象并且带来愉悦。当愉悦产生时，我们就已经进入了实践王国和理论王国的协调一致。有关合目的的东西的再现都伴随着愉悦感。而且，既然反思性判断力在把对象再现给自己时带来了愉悦，这表明此处也有知性和想象力之间在认识上的协调。

因此，认识并且获得这种愉悦时，我们必然正在经历本体王国与现象王国之间的协调（尽管康德并未这样说）。知性在带来现象性的同时，引导我们进入本体世界，因为知性强调的是我们只能认

---

① Kant(1952), p.14.

识现象世界。我们经验的只是显象。反思判断则相反,让我们作为本体留在了现象世界面前。之所以如此,是因为我们被留在了一种实为无物(no-thing)的有物前。对象,现在被我们称为美的,不再完全属于现象世界。它在我们面前却不是显象。所以,这种认识是主观"鉴赏",不会给我们带来任何有关对象的知识;康德认为,诸认识能力在此经验了某种东西,其中却不包含对对象的经验。也就是说,经验美的事物的主体,是以本体的方式经验一种显象的,因为愉悦感表明被经验的并非纯显象,或者现象。而且,主体因为是愉悦感的接受者,也免除了自身的现象性。在对美者的经验中维持主体的是"我"产生的愉悦感:我的愉悦感把我带入了自身的本体性。然而,愉悦感是主观的,也是普遍的;康德在此提出了"共感"理念,带来的是一种主观的普遍性。[①] 这听上去很吊诡,但是我们无法反对愉悦感提供的信息,即鉴赏并不指向有物。如果鉴赏并不指向有物,我们就无法不赞同这个或那个对象。相反,这种主观的愉悦感显示了一种普遍的主观能力,可以把我们引向一种普遍的主体性,康德称之为"人的超感官基质"。[②]

我们在此看到,康德把现象王国孤立出来,并且划了界限。主体从无物中获得愉悦感。这样,主体就意识到了作为现象世界的基础的本体性,进而意识到自身的本体性,它作为自由的道德行动者具有的本体性。只有不给出概念,主体才能从显象即无物中获得愉悦。有了概念,愉悦就变成了经验的、不普遍的并且与知性有关的。我们只能从显象或现象中获得愉悦感。这就变成了认识经验,它无法让我们进入纯粹实践理性的本体王国。

因此,康德认为,一切认识的发生都指向无,且有两个理由。

[①] Kant(1952),p.82. 康德还称共感为"普遍声音",见 Kant(1952),p.56。普遍声音只是观念,不是假设。

[②] Kant(1952),p.208.

首先，它告诉我们，我们认识的只是显象。其次，在把现象王国呈现给我们时，它把我引向了作为超感性基质的本体王国。本体王国中无物，因为它在一切认识或知识范畴之外。进入鉴赏判断，主体能够经验这种无性，并且领会这种所是的无性。美的对象就是这种无性的对象：其现象性的显象暴露了一种隐象（dis-appearance），因为它超越了一切概念却又在我们眼前，刺激着我们的认识能力。① 在某种意义上，我们可以看见显象的本体性：看见无物。这样，我们就在与现象世界打交道时参与了自己的本体性。这让我们可以把实践王国与理论王国结合起来。

美的对象涉及对象的形式，所以它需要限制。与美相反，崇高是一种对无限性的再现，带着一种"无限的总体性联想"。② 崇高与美都会让主体愉悦，但是方式却不同。③ 后者带着一种促进生命的感觉，前者则破坏生命力，阻碍（Anstoss）其进程，然后"重启"它的到来。④ 崇高用自己的巨大或无限中断生命，因为它因为无法把握而威胁到显象；⑤显象无法充分再现崇高，无法把握到其中包含的东西。这就是为何崇高会"阻碍""生命力"。⑥ 阻碍一旦解除，生命力就会更猛烈地"释放"一切。这种激烈增长似乎来自这一事实：因为被迫意识到了我们再现能力的不足，我们更加意识到那里"有物"可以再现。崇高即"绝对大（absolute non comparative magnum）"的东西。⑦ 它的大让我们的想象力意识到了自己的界限，意识到自己的能力不足。这表明"心灵具有超越一切感官尺度

---

① Kant(1952)，p. 64.
② Kant(1952)，p. 92.
③ For the sublime, 见 Crowther(1989)。
④ 后来费希特用了"Anstoss"一词。
⑤ 康德认为，崇高有两种方式：数学的（涉及度量）和力学的（涉及力量）。这种区分与我们的话题无关。
⑥ Kant(1952)，p. 93.
⑦ Kant(1952)，p. 94.

的能力"。①

主体在发现自身不足或者无法再现绝对大的东西的同时,也意识到一种无限制的能力。主体遭受的这种认识上的暴力也提供了自己的治疗方法,因为它揭示了一种超感性基质,主体从中获得了一种超感性能力。② 在此,我们看到了一种无限概念,它让自然显得渺小,因为它是自然与思想能力的基础,也即现象世界和主观世界的基础。崇高消灭了现象主体,但这种消灭实为自我消灭,因为自然中的无限观念(即崇高理念)是我们自己的观念;这个暴力的观念来自本体世界,主体居于本体世界中。这种消灭是"一种性质完全不同的自我保存的基础"。③ 主体在现象王国的无能让我们注意到,我们的经验世界不过是纯粹的再现,不仅把感官对象,还把作为主体的我们指向了本体王国。康德说,"这样,[主体]得到延伸,并且获得一种[比]它所牺牲的更大的威力"。④

美者教会我们看见无物,崇高者教会我们成为无-物。把自然交给超感性世界似乎是主体的使命,通过康德所谓的偷换(subreption)。然而,此举也把实际上属于主体的属性赋予了自然。⑤ 如康德所言,"崇高性并不在任何自然事物中"。⑥ 尽管"自然的崇高者"通过偷换,暴露了自己在自然中的踪迹。这种归咎并非不合理的,因为我们发现,在某种意义上,自然来自一个单一的源头,即本体世界。因此,这种偷换是合适的。不合适的是,认为实现这种超感性基质是自然的使命,因为这无疑是主体的职责。这种职

---

① Kant(1952), p. 98.
② Kant(1952), p. 108.
③ Kant(1952), p. 111.
④ Kant(1952), p. 120.
⑤ Kant(1952), p. 112. 该词在第一、第二批判和遗著中都是贬义的,但在第三批判中更为肯定,见 Kant(1993a), p. 123;(1964), A643, B671;(1993b), p. 107。
⑥ Kant(1952), p. 114.

责或使命,来自敬畏,因为意识到我们认识能力的不足而产生的敬畏。①

崇高者是激荡的,把我们带入超感性世界,美者则是宁静的,静观的,它的显露不会让我们望向别处。② 美者让我们爱上什么是不带兴趣的,也许是因为兴趣需要让我们感兴趣的有物,而美者因为不给定任何概念,所以不会提供这种目的。相反,自然表现为合目的的,但我们不知道这种合目的的自然是什么。我们知道的是,它不在对象中,也不在知性中,所以不能认为它是一种物。相反,美者带给我们的是无兴趣的喜爱。

与之相反,崇高者带来的愉悦不仅无兴趣,更"与我们的(感官)兴趣相反"。③ 严格地说,崇高因为否定了显象,而否定地把本体世界置于别处,美则发现它肯定地在此,是显象,更准确地说,是显象的显现。④(康德在《遗著》[*Opus Postumum*]中不断提及这个词。)这样的话,我们就可以说,崇高者发现的无物在经验世界之上或之下(above and below),而美者则把其置于经验世界之前和之外(before and beyond)。一切显象都来自本体王国,并且会作为显象回归本体王国,从这个意义上讲,显象从未离开。如果这就是人类的职责或者使命,那么这个使命就是成为隐象的场所。美也许会导致世界被还原为世界中的具体事物:"我看见了一朵漂亮的玫瑰。"这让一切显象停留在静观悬置中,导致一种由无规定的单一本原(即本体性)带来的理论(感性;自然)和实践(超感性;自由)两方面的还原。崇高会带来不同方向的还原。它按照自然的"根本尺度"进入自然,这个尺度就是它的总体性,处于总体性中的自然又受更大尺度的支配,这个尺度既是思维的基础,也是自然的

---

① Kant(1952),p. 105.
② Kant(1952),p. 107.
③ Kant(1952),p. 119, 118.
④ Kant(1952),p. 120.

基础。下文我将展示这种解读是多么地切中肯綮。

是：无

康德与普罗提诺和阿维森纳遥相呼应,认为世界或现象王国并非是神创造的。相反,人是显象的"创造主",神则是本体的原因,本体是人的原因。① 当然,问题远没有这么简单。至少康德不是完全遵守这些区分的——这种不一致带来了我下面即将展开的解读。人类建构显象,而且显象是必需的,因为没有这种输入,一切都将是"无意义的"。② 如果在某种意义上,神需要人提供这类"因果关系",那么神就是依附性的。为了解决这一问题,康德从本体论上撤销了一切会出现在显象中的"客观的"东西。显象只是显象,在主体之外,它什么都不是。如康德所言,"经验的对象绝不是就自身而言被给予,而是仅仅在经验中被给予,而且在经验之外根本没有实存"。③ 显象是必需的,但是被剥夺了独立的实存;在主体之外,它什么都不是。所以,虽然它是必需的,但必需的却是本体论上的无。

显象被还原为主体,但这给康德带来了麻烦,他自己也承认:"'我思'或者'我在思维时实存'的命题是一个经验性的命题。"④经验对象可能会在某种意义上被还原为主体,但是这也把主体变成了某种现象的却显然无法还原的东西。如雅各比所言,"缺乏此前提,我无法进入该体系,但是没有这个体系,我却无法保持在其内"。⑤

---

① "认为神是显象的创造者是矛盾的";"创造概念不属于感性形式";"[神]是行动者(本体)实存的原因",见 Kant(1993a), p. 107。"神不是世界的创造者",见 Kant(1993b), p. 212。
② Kant(1952), pt. 2, p. 108.
③ Kant(1964), A 492, B521.
④ Kant(1964), B428.
⑤ Jacobi(1994), p. 33.

第四章 康德：让一切消隐　　　111

尽管雅各比在此指的是物自体，它却被用来演示主体"我"面临的困境。主体必需在场，把对象还原为经验，但它也因此不再是主体。康德会让主体把自己设定为一个对象，这样"世界"就是纯现象的。①"可思的我把自己设定为可感的"。② 这种设定采取时间的形式，如康德在第一批判中所言："因此，我们可以认为时间是现实的，不是作为对象，而是作为把我自己再现为对象的方式。"③ 主体由此变成了显象。在康德那里，似乎有两条路径可以进入显象：其一是把显象变成显象的主体，其二用康德的话说，是作为显象的显现的对象。④ 康德认为，主体先"导致"显象成为纯显象，然后又作用于自己，所以必然会变成显象的显现。⑤ 主体被还原为显象，因为它被设置为一个对象。康德"消除"了显象，以及主体，那么"神"对两者的依附就不会危及到神的全能性。

然而，这给康德留下的似乎是一个对象（"主体-对象"），而且因为我们没有主体，这可能意味着存在的其实是没有主体的对象。不过，康德把自己的分析带到另一个层面，即先验主体和先验对象的层面，从而克服了此问题。作为"主体-对象"的对象的那个对象，即整个现象王国，也就是所谓的先验对象。先验主体思想的就是先验对象。康德并不确定应该如何称谓先验对象和主体。他称前者为再现的原因，或者外部显象的基础以及显象的根据。⑥ 他

---

① "主体把自己变成对象"；"主体把自己设置为对象"，见 Kant(1993b)，pp. 109，171。
② Kant(1993b)，p. 202.
③ Kant(1964)，A35，B52.
④ "显象的显现……是对象本身的概念"，见 Kant(1993b)，p. 109。
⑤ "显象显现，只要主体是对象引起的并且引起自己"，见 Kant(1993b)，p. 107。
⑥ 作为原因，见 Kant(1964)，A288，B344；A372；A391；A494，B522. 作为外部显象的基础，见 Kant(1964)，A358；A379；A540，B568. 作为外部显象的根据，见 Kant(1964)，A277，B333。

有时也称先验对象是本体的,仿佛它是一个物自体(尽管康德在这个问题上并不是始终如一的),最终是"= x"。① 先验主体对于我们而言并不是经验可知的,但它却是自我本身(the proper self),是自我在自己内的方式。② 康德也会声称先验主体"= x"。③ 如果先验主体和先验对象都"= x",两者之间就只剩下形式的区分。④ 当然,康德还谈到了物自体,也称之为主体,并且同样把它"= x"。⑤

上文已经指出,显象被还原为主体,主体又被还原为对象。这给我们留下了一个没有任何主体的对象,这听起来异常地前批判。现在,我们熟悉了各种伪装下的先验对象和主体。留给我们的似乎是一种两者间辩证的否定关系,两者相辅相否。先验对象让主体(显象的显现)被作用,同时又把主体包含在它的"客观"王国中。先验主体让其对立面得以可能,因为它带来了显象的显现,所以那里出现了一种既不会违反康德的批判思维,又不会违反需要显象给自己的创造带来意义的神。似乎先验主体和先验对象不可分割地联系在一起。我们看到它们的"结合"到了各自都"= x"(即一个单一本源)的程度。这个 x 也是物自体,本体,"未知的"或者"未知事物",⑥"就其自身而言是现实的"。⑦ 如果我们意识到即将出现原本为一的万物,事物团结在同一本源周围的观念会更加有意思。康德认为,只有一个空间

---

① 作为本体,见 Kant(1964),A288, B345;A358;A545, B573。作为'= x',见 Kant(1964), A346, B404。
② 作为我们经验不可知的,见 Kant(1964), A544, B573。作为自我本身,作为在自身内的东西,见 Kant(1964), A492, B520。
③ 作为"= x",见 Kant(1964), A346, B404。
④ 我用这个词暗示,这里有一种类似于司各特的单义性。
⑤ Kant(1993b), pp. 179, 181. 康德还把物自体与本体等同和联系起来,见 Kant(1964), A256, B312;Kant(1997), pp. 66, 68, 86—87, 114。
⑥ Kant(1964), B13;B312。
⑦ Kant(1964), Bxx。

和时间,两者都是不变的。① 有一种永远同一的"经验"。② 有一种关于那一个"先验对象"的知识,还称之为"知识整体"。③ 在那个=x 的东西中有一个"先验主体",也即"共感"(尽管共感不是一种公设)。有一个理想的"人"。只有一个"世界",最终只有一个"神",如果有神的话。④

审视空间和时间,我们会看到,它们各自都是一,但两者也集合围绕着一个共同本源。比如,一切知识都只不过是时间规定,包括空间知识。⑤ 这在《遗著》中说得更直白,康德强调,"我们必须始终认为空间和时间作为对一个整体的直观,只是一个更大的整体的部分"。⑥ 康德甚至认为它们是同一的。⑦ 这听起来并不陌生,因为康德在第一批判中已经表示,感性和知性可能来自同一根基。⑧ 如果我们意识到,从结构上讲,感性与知性之分的两面相互"污染",就更能够理解它们可能来自同一本源的说法了。感性具有质料,在某种意义上与先验对象发生关系,但它也有形式,以类似的方式与先验主体发生关系。尽管知性拥有的概念显然涉及先验主体,但也有一个"经验"主体,它与先验对象有关。这种认识论划分,其中的每一面都提示着一种单一性。这种单一性无疑就是一种单义性。

回顾一下:对象被还原为主体,主体还原为对象;各自都"隐象"在先验主体和对象之间持久的辩证关系中。但两者联合围绕

---

① Kant(1964), A189, B232; A32, B47; A32, B48; A25, B39; Kant(1997), p. 95; Kant(1993b), pp. 95, 210. 没有真正变化,见 Kant(1964), A186, B229; A187, B230。就此而言,这只与经验类比有关。
② Kant(1993b), pp. 80, 88, 95, 98, 123, 210.
③ Kant(1964), A109; A645, B673.
④ Kant(1993b), p. xliv.
⑤ Kant(1964), A 210, B255.
⑥ Kant(1993b), p. 172.
⑦ Kant(1993b), p. 236.
⑧ Kant(1964), A46, B29.

着那个"＝x",也即所谓的本体王国。如果我们同意康德的看法,认为本体世界是否定的,是他所谓的"否定的实存",就会看到许多有意思的可能性。

有如阿维森纳的新柏拉图主义的第一认识,康德认为本体生产了显象,但是人也如此。现在,如果显象的显象确实是本体带来的,而不是神带来的,那么这个本体(如果是某种肯定的东西)必然会破坏神的全能性。创造要成为创造,而不是无意义的徒劳,纯粹形式上的狂想,就需要显象。① 然而,如果神依附于人,似乎也会导致对必需的东西的否定。诸对象是纯粹的显象,被还原为一个本身也被还原了的主体。甚至在一个先验的层面,似乎都会产生一种结构性的还原,以及随之而来的一元论单一性。我们到达了一种本体唯名性(noumenal nominality),那个"x"——哈曼(Hamann)称之为"法宝",②谢林称之为"无"。③

本体是一个消极实存,一个纯粹的限定概念,我们最好认为它是一种"本体唯名性"。如果显象被还原为主体,然后还原为本体,那它就是被还原为无的有。而且,本体只是一种否定的实存,一个有名无实的"＝x",也被还原了。还原是从两个方面展开的。即本体不过是显象,只存在于这种"显现"中(在分析康德的美的观念时,我们已经看到了这一点)。或者说,本体被还原为神。我们至少知道,是神造就了本体。如果本体即无物,其实只是一种消极的、有名无实的实存,一个限定概念,也就意味着神在造就本体时造就了无——无疑没有有效造成任何东西。④ 我们其实可以说,本体与显象之分只是形式的,本体与神之分也是形式的——有如司各脱那里与先在的神本质相关的先验属性。康德确实曾称神为

---

① Kant(1952), pt. 2, p. 108.
② Dickson(1995), p. 521.
③ Schelling(1994), p. 101.
④ 我想用这指有效因果性。

第四章 康德：让一切消隐

本体，这就暗示了后一点，而且我们知道，从本体论上讲，神在带来本体时带来的是无——所以它无法脱离神。如果本体即神，那么神要么是那个有名无实的"x"，要么与显象只有形式上的区别。

这种解读十分可靠，因为康德还调用了某种被称为"事物总体"的东西。① 他认为神和世界都包含在其中。"x"的单一性因此变成了单义性。而且，神这个有者不是在人之外，而是在人之内。吉尔森提出了这样的看法："青年时代的康德已经证明我们对神一无所知，晚年却开始怀疑自己也许就是神。"②（吉尔森用的"青年"一词比较奇怪，因为撰写第一批判时，康德已经不年轻了。）事实上，人的作用似乎就是神与世界的显现。这也许是因为本体和现象的形式之分，以及主体与对象之间长久的辩证关系，尤其是在先验层面的，透露一个单一且单义的本源，就本体论而言，它只提供形式上的区别。主体方面的环节就是现象王国的环节，而对象的环节则是本体的环节。康德在谈美时表达了这种方面的辩证关系，在那里，我们似乎"看到了本体世界"（显象本身变成了本体的）！

康德把世界和神都囊括进了"事物总体"。③ 这是"人"揭示的一个总体。他认为只有一个神、一个世界和一个理想的人，人的"职责"是揭示前两者。④ 人既是现象，也是本体，这样，他就显示了事物总体（"= x"）在密切相关的世界和神中的辩证开显（dialectical disclosure）。因此，人既是神，也是世界。在第三批判中，出于对崇高者的敬意，即我们因为无法再现无限的东西而产生的敬畏，康德提出了这种使命感，还在《遗著》中对其进行了阐述。在第三批判中，人因无法再现无限的东西，意识到一种超感性的能力

---

① Kant(1993b), p. 228.
② Gilson(1937), p. 239.
③ "事物总体包括神和世界"，见 Kant(1993b), p. 228；另见 p. 217。
④ Kant(1993b), p. xliv.

和王国。在这个王国中,或者通过这种能力,人可以思想无限的东西。但是,让我们产生有限的感觉的初始观念已经是主体的,所以它始终是自我限制。在《遗著》中,康德说,人的职责是结合,即把神和世界联系并统一起来。① 人作为现象是世界,作为本体是神(在《遗著》中,康德称神为本体)。② 我们似乎看到,人即我所谓的"消隐"的场域。他让对象成为纯粹的现象,让本体只能作为现象而存在。那个单一的"x"显示本体"有"和现象"有"是同义的。和主体与对象一样,它们各自都是彼此的缺席。神与世界也是如此。(这是康德的斯宾诺莎主义教条。)因此,我们看到一种方面的区分,因为"事物总体"("= x")的单义性,它只是提供形式上的区别。雅各比的看法是正确的,他认为,批判唯心论本身是最极端的一种唯心论,它通向虚无主义,费希特也是必然的结果,③因为费希特只是更清晰地表达了康德著作中已有的东西。我们始于主体,终于一个一元论的"x",它神秘地产生了我们在这里见到的一整套形式区别。④

所以,康德也把有还原成了无,又让这个无"是"为有。本体王国与现象王国相互补充。但是,这种二元论很快让位给了一元论,

---

① Kant(1993b), pp. 228, 229, 关于"结合", 见 Kant(1993b), p. 237。关于"联系",见 Kant(1993b), p. 233,以及"统一"。
② Kant(1993b), p. 229. 吉尔森指出,"青年时代的康德已经证明我们对神一无所知,晚年却开始怀疑自己也许就是神", 见 Gilson(1937), p. 239。
③ Jacobi(1994), pp. 331—338. 关于雅各比对费希特的评价,见 Jacobi(1994), pp. 497—536。同代人对康德观念论的指责,最著名的是哥廷根(Feder-Garve, Göttingen)评论,见 Walker(1989), pp. xv—xxiv, 有此评论的译本。康德对此评论也做了回应,见 Kant(1997), pp. 126—137。
④ 哈曼也谴责康德神秘。哈曼对康德提出了三大指控。其一,他的批判工程想把习俗哲学提纯。哈曼十分巧妙地指出,没有贝克莱就没有休谟,没有休谟就没有康德。这个系谱学包含康德的工程,后者与习俗或历史密不可分。其二,康德想逃离经验,摆脱其混乱的偶然性。其三,康德想规避语言。哈曼发起的这些批评,都是习俗、经验和语言的纯粹论。见 Dickson(1995), pp. 519—534。

康德最终将其称为"总体"。它已经作为那个"x"在场了,是本体唯名论的标志。和斯宾诺莎一样,康德提供的是无。齐泽克指出,"主体'是'一个非实体的空无——因为康德强调,先验主体是一个不可知的、空洞的 x,我们不得不为这个认识论的规定赋予本体论的地位:主体是纯粹自我关联的空洞的无性……"。①

下一章我将会阅读黑格尔,指出他让虚无主义的根源扎根得更深了,想提出一种肯定的虚无主义。我认为这种虚无主义让一切逐渐消失在这种给予活动中:无为有。

---

① Zizek(1996), p. 124.

第五章　黑格尔的哲学顶点:精神的单义性

消　失

　　纯粹绝对的外化与回归的概念(来于无,归于无,为了无,进入无)。①

　　　　　　　　　　　　　　　　　　——雅各比(F. H. Jacobi)

　　我们是虚无……影子是虚无,空间和时间都不存在……一切皆是虚无。②

　　　　　　　　　　　　　　　　　　　　　　　　——黑格尔

　　黑格尔努力让无是,因为他并不认为虚无主义是完全消极的。③ 我们在前面几章中看到,无要成为有,就必须给予那个"有物"被认为可以给予的一切,防止自身缺失。如果无只是缺失,就不能说无是;因为它的不给予(non-provision)将会给超越的他性留下一个空间,后者会给予。如果读出黑格尔想要的是这种虚无主义,

---

① 这个标题是为了让我们回想一下康德的三大批判。
② 我们在前几章中已经见证了这种让一切消隐的举动。
③ Jacobi(1994), pp. 524, 519.

我们就必须用严格的本体论术语来检验他的步步举措，而不仅仅是参照各种本体的特殊性或者方法论。因为围绕着纯粹本体的东西展开的检验，都会深深地陷入他的"体系"的运动中，只会看事情要往哪儿去，而不会注意它们正在向那儿去这一事实，以及方式。

总体而言，学界很少直接讨论黑格尔的宗教观。说到此，在展开讨论本章的主旨之前，我先简单吐露一下学界对黑格尔进入宗教语言的方法的普遍担忧。这里浅尝辄止谈到的黑格尔对待宗教的态度与本章的主要目的密切相关，因为这是我所谓的黑格尔的"唯名论"，它迫使我们不是去看我们要往哪儿去，而是注意到我们正往那儿去的事实，以及方式！

黑格尔的精神的单义性

> 要避免的是体系的精神，我不知道为何。①
> ——贝克特，《不可名状》

有很多方法可以进入黑格尔对宗教的解读。科耶夫（Alexandre Kojève）认为黑格尔哲学是无神论，威廉斯（Rowan Williams）则认为神学是黑格尔著作的核心，反对只是从世俗的角度理解它。② 支配这类解释的是表象（Vorstellung）和思维（Denken）之分。一般认为，表象与宗教有关，思维被归于哲学。黑格尔认为，图像思维是表象思维，可以在宗教中找到它。图像思维并不清晰地思想真理，真理是含蓄地呈现的：在"这种图像思维中，现实无法获得它应有的完美……无法达到它应该显露的东西，即精神"。③

---

① Milbank(1990), p. 213.
② Milbank(1990), p. 217.
③ Milbank(1990), p. 213.

也就是说,再现思维无法赋予洞见它应得的权益:"洞见有其不可剥夺的权利。"①黑格尔哲学意在更加清晰地展现这种洞见。这种对真理的思考,只有在它只是精神时才是成功的。② 我想指出的是,黑格尔可能会给我们留下一个问题:什么是精神? 如耶什克(Walter Jaeschke)所言:"精神是个空词,除非我们说出它的意义。"③下文我们将看到,在黑格尔哲学中,一切都成为精神,如果不受唯名论的威胁,就很难关联精神的含义。纳博科维奇(Lobkowicz)也提到:"要把黑格尔从唯名论中拯救出来并不容易。"④首先我要介绍黑格尔的表象与思维之分中积极的方面,然后对其进行批判。

表象思维的问题,在于它鼓励这样一种看法:神高于且对立于创造。黑格尔希望避免这一点。这给他招来了泛神论的骂名,还有人认为他是神死亡神学的始祖。⑤ 从历史的角度讲,这是毫无疑问的,因为阿惕策(Altizer)等人确实与黑格尔一脉相承。但是,这种看法是大错特错的,因为黑格尔的成就,恰恰在于摆脱了本体神学的束缚。他的做法是宣称神死了。如科林斯(James Collins)所言,这样的宣判是"表象的死亡",⑥这是黑格尔哲学对宗教的扬弃。其结果是,神不再被视为是高于且对立于创造的,这就是神之死。因为神的死亡,根除了一种二元论的、本体神学的创造主/创造之分。这就使神超越了诸本体的范畴,从而带出了创造的根本性。

威廉斯的看法是正确的:黑格尔那里有种类似于传统神学的

---

① Borella(1998), p. 3.
② 奥卡姆否认关系是真实的,而且作为创造的创造与神没有真实的关系,见 Ockham, *Quodlibetal Questions* VI, q. 9;VII, q. 1.
③ 或者元结构,比如一般类型。
④ Butler(1992), p. 133.
⑤ Fabro(1968), p. 534; Taylor(1975), p. 495.
⑥ Collins(1967), p. 341.

东西,因为黑格尔对神的看法,类似于尼古拉斯(Nicholas de Cusa),认为神不是他异的(*non aliud*)。① 认为这种有关神的看法是通向神死亡神学的许可证是错误,因为这还是停留在一种对差异的本体神学的理解中:一个东西高于且对立于另一个东西。这样,本体神学就反动地建构了那些"激进的"神死亡神学论者,也就是说,他们宣传的是一种"保守的"神学。

在黑格尔那里,哲学为宗教内容赋予形式。② 如何解读黑格尔与宗教的关系,将取决于如何评价哲学的这种贡献。有两个问题尤为重要。第一个问题是,黑格尔哲学是否超越了宗教? 第二个问题是,黑格尔哲学是否终结了宗教? 对这两个问题的回答,又取决于如何理解表象与思维。有评论者提到了宗教对哲学的贡献,认为这种贡献一旦完成,宗教就被抛弃了。③ 这也让另一些评论者认为,黑格尔的神的概念不是犹太-基督教的。④ 问题的核心在于,如何认识什么是本质的,什么是非必要的。如黑格尔所言:"必须把短暂的、局部的、外在的非本质要素(*Beiwesens*)的方面与真理的本质(*Wesen*)所固有的永恒表象明确区分开来,以免把有限的和无限的、无关紧要的和实质的混为一谈。"⑤宗教的内容一旦被哲学占有和扬弃,宗教是否就不再是本质的了呢? 说黑格尔认为宗教学说不是本质的,也许有失公允。因为黑格尔曾为基督教的三一论辩护,反对杜勒(Friedrich Tholuck)的看法,后者认为

---

① Williams(1998),p. 120.
② Hegel(1962),vol. 1,p. 154.
③ "对于黑格尔而言,重要的是这种认识,而非载体",见 Findlay(1958),p. 139。有学者评价这段话说:"黑格尔相信,这种认识来自这种特殊的载体,这是他的基督教信仰;但是他的哲学立场并不依赖这个载体,因为从哲学上讲,认识是根本的,获得认识的手段则无关紧要",见 Williamson(1984),p. 171;"因此,基督教无法满足最高的精神需求,从而走到了终点",见 Jaeschke(1992),p. 15。另见 Fackenheim(1967),p. 162。
④ Pomerleau(1977),p. 219.
⑤ Rocker(1992),p. 34.

这种学说只是一种装点。① 因此,我们不能以任何简单化的方式,看待黑格尔对宗教的态度。② 事实上,他对哲学的偏爱,也许是出于对当时遇到的低级神学的反思。所以,遇到比如利科(Paul Ricœur)和杜普利(Louis Dupré)等评论家的看法,即思维从未克服宗教,我们也不会觉得奇怪,因为宗教的图像思维时刻准备着为哲学提供内容。③ 所以,宗教是无法被轻易克服的,哲学形式和宗教内容之间保持着持续的辩证关系。(虽然人们会怀疑,黑格尔是否和德里达宣称解构并不简单地摒弃形而上学一样,以皮克威克的方式完全超越宗教;因为,德里达认为,只有留在形而上学中才能超越形而上学。)毫无疑问,对于黑格尔而言,基督教是宗教的顶点,因为它对神的三一论的理解;这种理解让神进入创造,从而让创造主/创造的二元论倒塌了。对神三一论的理解,也让静态神的观念消停了,让我们可以把神视为自我意识的精神。这让黑格尔可以把自己的神观与斯宾诺莎的区分开来,并让自己摆脱泛神论的指责(尽管我们不得不说,黑格尔并不认为斯宾诺莎是个泛神论者)。④

黑格尔认为,斯宾诺莎的神即绝对实体的观念,并没有把神视为一个绝对的人。⑤ 不过,我们也不应该急着拥抱这个绝对的人,因为我们并不十分清楚黑格尔的用词方式,是保留了其意义,还是另有含义。当黑格尔把两个术语等同起来的时候,我们就会对两个术语的意义感到有些茫然。例如,他宣称,宗教就是国家。人们很容易对这样的声明产生反感。但是,支配所有这类反应的,绝不是

---

① Hegel(1962), vol. 1, p. 157; Tholuck(1826).
② 黑格尔论三位一体,见 Schlitt(1984),(1990)。
③ "哲学不是取消而是肯定了一切通向终极阶段的形状;而且,思想(Denken)不过是概括再现内在动力学的能力",见 Ricœur(1982), pp. 86—87。"精神的发展从未超越基督教信仰:……信仰不断提供哲学思想的内容",见 Dupré(1984), p. 128。
④ Hegel(1988), p. 263.
⑤ Hegel(1975), p. 214.

第五章　黑格尔的哲学顶点：精神的单义性

思辨思维，因为我们都自认为自己知道什么是国家、什么是宗教。克制思辨思维，就是通过把两个明显不相干的术语相等同，悬置它们的意义。同样，当黑格尔说到神是绝对的人时，我们也不能自认为可以通过这种思辨经济认识人是什么。事实上，黑格尔对斯宾诺莎的主要看法，不是说他的实体完全是非人的，而是说它并不完全是思辨的，因此是定义不明的。黑格尔并未否认斯宾诺莎基本是正确的。他否定的是实体受到的一切限定，因为各种限定会限制这类哲学可以给予的东西。黑格尔称实体是一个主体，但是我们再次看到，因为这种等同，我们不再明白这两个词的含义。这种模糊性让黑格尔哲学永远保持着开放性。因此，他可以建构一种更加积极的虚无主义，可以给予更多。或者更准确地说，他可以不会给予更少。

黑格尔把泛神论定义为：主张"一切事物、整体、宇宙，这个一切实存事物的复合体，这个万物或个别事物构成的无限性，这一切就是神"。① 无疑黑格尔对泛神论的反驳是严肃的，② 而且他不是泛神论，因为在他的哲学中，"世界"在某种意义上是我们无法得到的。然而，如果认为黑格尔宣扬的是神死亡神学的萌芽，而且他不是泛神论者是错误的，那么我们能否认为黑格尔是一个万有在神论者（panentheist）？

万有在神论是克劳斯（Karl Krause）③造的一个词，表示神的位置，祂既未脱离世界，也未被世界穷尽。④ 一群评论家异口同声地说，黑格尔是万有在神论者；⑤甚至还有人认为，万有在神论是有关黑格尔的新正统。⑥ 有大量的文本证据支持这种解读。比

---

① Hegel(1988), p. 123. 黑格尔还认为斯宾诺莎不是泛神论者，见 p. 263。
② Williams(1998), p. 121.
③ Edwards(1967), 4. 363, 364.
④ Cross and Livingstone(1974).
⑤ Merklinger(1993), p. 160; Harvey(1964), p. 172; Whittemore(1960), pp. 134—164; Williamson(1984), ch. 12.
⑥ Harris(1983), p. 86.

如,黑格尔强调,没有世界,神就不能成为神。① 德语的无(ohne)一词,不一定可以排除一个超越的观念,②但是我们也必须认识到,它也无意招来一个超越的观念。同样,黑格尔也把普遍事物称为"绝对子宫"。③ 这个有限性寓于无限性中,因为它包含在无限性中,④且无限性吸收了有限性。⑤ 因此,里尔顿(Reardon)说,宇宙"必须被认为是存于神中的"。⑥ 这是否意味着,如巴特勒(Butler)所言,黑格尔只是重新表述了斯宾诺莎的万有在神论?⑦

黑格尔的立场,也许是因为他是按照本体论的区别解读创造主/造物之分的,神与世界之间的"亲近",是这种解读的必然结果。然而,我们必须问到,黑格尔哲学是否把三位一体中的圣父圣子还原为了圣灵?这种还原让我们无法看清圣灵是什么——这种窘状暗示了某种唯名论。(再引用一下鲍德里亚的那句话:"一直以来,都有教会来掩盖神的死亡,掩盖这一事实:神即万物,万物即一物。")⑧这种唯名论的产生,不仅是因为三位一体被还原为了一,也是表象与思维之分的结果。我们也许可以说,这种区分本身就犯了纯再现思维的错误。因为黑格尔只是再现了宗教思想及其与思辨的关系。这样一来,他就把语言僵化为一种有关精神的单义思想,这个思想只有两种模式上的区别(远远追随司各脱):有限和无限。如果我们重新思考一下黑格尔的格言,"神死了",这种单义性就涌现出来了。

---

① "没有世界,神就不是神",见 Hegel(1962), vol.1, p.200。
② Williamson(1984), p.258.
③ Hegel(1962), vol.1, p.95.
④ Hegel(1962), p.200.
⑤ Hegel(1975), p.73.
⑥ Reardon(1977), p.102. 科莱蒂认为"有限性在无限性中",见 Colletti(1973), p.16。
⑦ Butler(1992), p.138.
⑧ Baudrillard(1976), p.35.

第五章 黑格尔的哲学顶点：精神的单义性

上文已经指出，神死亡的观念，让黑格尔避免了从本体神学的角度理解差异。神，死了，不是高于且对立于世界的。这将超越再现思维，这种超越是由处于顶点的宗教带来的。但是，这句格言也可以用另一种方法解读，从而威胁到黑格尔工程的说服力。神，死了，不是高于且对立于创造的，但这也意味着创造脱离了神。这样解读这句格言，让创造恩赐有了差异，以及独立的现实。这个世界因为它的给定性，以及它与神的密切关系，所以如此现实，也如此不同，以至于神可以是在世界中被钉上十字架的。因此，在东正教中，被钉上十字架是实际的、现实的、血淋淋的，发生在一个身为神之子的人身上。因此，神的死亡，把神与世界等同起来，同时也把世界与神疏离开来，因为世界是如此之远，足以让神死在了那里。世界是"自在"的，这种看法再度引入了本体神学，因为现在，神活在无限中，死在有限中，它们构成了两个本体的层面。如果他一直与卡尔西顿正统（Chalcedonion orthodoxy）保持一致，认为神只是作为人而死亡，就不会如此了；一个作为神的生命的人的死亡，尊重了那种本体论的区别。因此，黑格尔保留了一种残余的本体性（onticity），因为他似乎认为，世界从本体论而言（不仅仅是偶然地，因为原罪），是神死亡的场所；这意味着有限性和无限性是两个"竞争的"空间，绝对在此有着不同的设定。然而，同样地，如果神只是通过这种有限性的死亡，才为自己获得真正的无限性，其中终究还是有泛神论的同一性。因此，黑格尔提供的，要么是与单义的有相关的本体神学上的有限-无限之分，要么就是半一元论的同一性，或者两者兼有。他缺乏参与的距离。

对黑格尔而言，无限和有限只会产生在他者的空间中，且产生在精神一元论的单义性中，有如对于斯宾诺莎而言，我们看到神显现在自然中，自然显现在神中，两者都显现在实体的单义性中。（下卷第十章重新审视了这种虚无主义，提出了一种更加积极的解读。我将指出，虚无主义可以给神学带来启发，因为神学，就创造而言，会竭力使无为有。因此，我们可以认为，虚无主义对于神学而言是哲学的顶点，而黑格尔无疑体现了这种也许是自虚无主义逻辑中流出的肯定元素。）

本章余下部分将主要参考黑格尔的两部著作，一是《精神现象学》，一是《小逻辑》，《哲学科学百科全书》的第一部分。

破除虚无主义：无即有

黑格尔用了很多一般策略，来建立自己的"积极虚无主义"。首要的策略原则是一场对抗一切二元论的战争，其次是内化一切是者。后者只有在是者即无的时候才能完成，但是这个无是为有。为何这个听起来十分奇怪的建议，却具有无上的哲学意义，原因在于，如果只有有物能是，或者如果成为有物才是有意义的，就会产生二元论：无/有。归给有物观念的意义，将会产生自己的对立面，以一种静态和僵化的方式：有物将暗示无物，它们永不相容，却也二元地联系在一起。如果是这样的话，虚无主义哲人将永远受制于这种二元论，无法完全把是者内化，因为这种二元论将会彻底废除那种努力，从而排除超越。"有而不是无"——这种形而上学的咒语将会可疑地（aporetically）规避黑格尔宣称的内在体系，因为它的关联假定了一个元层面，它无疑是无法定位的。（我在此不是鼓吹二元论本身是值得追求的。）① 相反，那个有必须是无，且这个无必须是为有。这两个术语都因此变得不稳定，也废黜了首要定位（即我们理解的一个术语的定义：蓝色是一种具有一定波长的颜色。次要定位是组织诸术语，让首要定位的意义可以得到考虑：颜色是一种首要的还是次要的品质？两种答案相应的哲学涵义是什么？）。关于有和无两个术语，我们可以问一个形而上学的问题：为

---

① 下卷提出了一种进入这些问题的神学方法，希望能克服虚无主义。

何是有，而不是无？要提出这个问题，我们就必须假设首要定位——即术语定义——的合法性，无法在首要层面上定位，将会妨碍任何这个形而上学问题的关联。我们为何要求助于超越？如果有即无，就没有什么可以言说或者求助的了。而且，如果无即为有，就不会有贫困，或者无给予了。因此，也就不会有任何丧失投射的影子了。这种丧失观念，会怀旧地与超越观念串通，从而排除丧失。这样让无为有，就根除了对超越的需求。也就是说，那个形而上学的问题就站不住脚了。

如上所述，让无为有的任务需要黑格尔破除一切二元论。每一种二元论都可能滋生一个他处的观念，他处又会涉及一个稳定的"此处"，与他处的"彼岸"相对立。因此，无将无法成为有，并将再度陷入与有的绝对对立。但是，要消除这种二元论，需要废黜稳定的术语，因为只要有一个稳定的术语，就会使让无为有的努力化为泡影。一切与"彼"对立的"此"，与"彼处"对立的"此处"，都会因为是什么而扰乱这种虚无主义的无。这些都可谓是黑格尔的苦恼二元论，苦恼是因为它们让一切性质都与自己对立。最明显的黑格尔的例子是苦恼意识。这就是宗教意识，它的自然天职高于并对立于超自然的天职，从而把自己一分为二。为了防止这一点，黑格尔竭力破除一切二元论，让每个术语都漂浮在绝对观念或精神的辩证发展中，精神则割裂自身进入了我们日常经验的特殊性中。此过程完全是内在的，且能够让无成为有（假如我能够把无表达为精神或绝对观念）。我们将简略地回顾下一个无为有的过程。

黑格尔认为，世界、自然和生命都是精神或绝对观念的显现或外化。特殊性（我们将看到，我们永远无法得到它）是精神自我异化的结果。绝对或精神割裂自身，因为绝对必须"产生结果"。[1]

---

[1] "绝对的本质是结果"；"结果在开头是一样的"；"结果也是开头"，见 Hegel (1977a), pp. 11, 12, 10。

黑格尔举的例子，是产生花朵的花蕾。花蕾是自在的（An-sich），尚不是自为的（Fürsich），绝对的任务才是成为自在自为的（Fürsich-ein），处于外化也全然内化的状态。① 因为这个原因，绝对不能完全在某种抽象的开端。

黑格尔中介这一开端的方法，是让我们认为绝对是要结果的。但是，有一个问题威胁到他的体系：如果是者必须产生结果，又怎么能说它与开端时的所是是同一个东西？为何有东西产生了结果，却又是那同一个东西？似乎它必然已然是它将要成为的东西，所以没有真正的形成过程。结果要成为结果，必须已经是结果了。如果它不是相同的，这里就有两个不同的东西：先于结果的东西和结果。

为了摆脱这一两难困境，黑格尔首先禁止了一种纯抽象或绝对的开端。相反，黑格尔主张的是一种经过中介的绝对，因为精神的力量在于成为自己的他者（other itself），超出自身进入他异性，却又在他异性中保持自己的完整性。在某种意义上，这种完整性不是始终如一的，因为它会被这个过程改造，因为它会得到中介。如黑格尔所言，"精神的力量只有在它的表达中才是伟大的，它的深度只有在它敢于扩散和迷失自我的论述中才是深刻的"。② 精神必须"赢得它的真理"，且它是在一种"完全解体"中完成的。因为在那里，在绝对的差异中，它找到了自己，所以它是绝对的。③

因此，精神通过在外化中保持为那个完全同一的精神而成为绝对。④ 这种自我异化破除了一种二元论，诸多二元论的第一种；每种倒塌的二元论，都将反映出黑格尔破除有无对立的整体工程。

---

① "花蕾消失在花朵的盛开中……然而，它们的流动性让它们成为一个有机整体的不同环节，它们在这个整体中并不矛盾"，见 Hegel(1977a)，p. 2。
② Hegel(1977a)，p. 6.
③ Hegel(1977a)，p. 19.
④ Hegel(1977a)，p. 490.

第五章 黑格尔的哲学顶点：精神的单义性

这样做时，黑格尔开始尝试让无异于自己而为有。这里涉及的二元论是主体与客体之间的二元论，通过自我异化，精神成为"自己的内在内容"。① 这意味着，通常设想的主体与客体两个术语受到了威胁；如果精神既是主体，也是客体，我们就会发现很难从哲学上关联一种稳定的二元论。黑格尔通过这种持久的自我异化与回归任务来定义精神："精神之所以成为客体，是因为它只是这种成为自身的他者，即成为自身的客体，以及悬置这种他者性的运动。"②

他性是由知性和反思的消极力量产生的。对于黑格尔而言，知性是绝对的消解力量。③ 它分离，所以允许一种消极的分化或消解形式，这是一种死亡模式，因为精神是一种"直面消极的［力量］……这种对消极的耽搁是将其转化为有的神奇力量"。④ 这样，就超越了一种抽象的形式主义，这种形式主义把我们束缚在直接性上，既是认识论的错误，也是本体论的不足。因此，黑格尔认为，精神必须被理解为（一个）主体，它不断地将自己外化为对象；因此，它是不安定的。⑤ 精神并不是居于某种静态、永恒、直接自我同一且绝对的静止中，而不停留在一种"真实的错误"中。相反，实体必须被重新认识为主体。不过，如果要做到这一点，我们对其意义的认识本身就不能停留在直接性上；相反，有限的思想必须呼应动态的现实，而现实也是无限的逻各斯。

因此，从作为实体的绝对到作为主体的绝对的运动，是思想不能回避的：我们必须与之共同进步。因此，对绝对的中介是绝对的真正实际到来，因为这是是者的给予。忽视这一历程的现实，就是

---

① Hegel(1977a), p. 32.
② Hegel(1977a), p. 21.
③ Hegel(1977a), p. 18.
④ Hegel(1977a), p. 19.
⑤ "精神从未平息，总是在向前运动"，见 Hegel(1977a), p. 6。

通过放弃所有的分化、所有的中介,来居于所有牛都是黑色的夜晚。这种放弃,将所有有限的构造都交给了直接的黑暗。① 正是由于这个原因,我们需要形式和本质;每种形式作为神圣本质的表达是必要的,并且在某种意义上是不可替代的。(下文将证明,这更多是一种诡计,而非现实。)黑格尔称之为"发达形式的全部财富",②正是这种财富再现了绝对痛苦的忍耐。③

我是:无

每种得到关联的认识——每种异化——都是绝对必要的。由一切皆精神这一事实而产生的同一性,本身就是经过中介的。然而,它不能被简单地断言,而是必须被发现:绝对只有经过中介才是绝对的,尽管它是必然性的场所。因此,神作为绝对,需要"世界"(Ohne Welt ist Gott nicht Gott)。④ 有限的体现是必要的,神需要它;但如果神需要它,那么作为绝对的神岂不是被折中了吗?必要的中介似乎威胁到了神的地位。

那么,似乎已然有着斯宾诺莎的双重举动。有限性必须被假定,所以在某种意义上还原了神;但与此同时,有限性也被还原为神,因为只有在这里,神"成为",从而"是"。有限限定了无限,无限限定了有限。⑤ 辩证法的必然性在起作用,使有限性成为无,因为它除了神——当然是在经过中介的意义上说的——之外,什么都

---

① Hegel(1977a), p. 9.
② Hegel(1977a), p. 11.
③ Hegel(1977a), p. 10.
④ Hegel(1962), vol. 1, p. 200;"没有世界,神就不是神"。
⑤ 这与斯宾诺莎相似,我在上文指出,对斯宾诺莎更好的理解是,他主张我所谓的泛(无)神论无宇宙论。意思是,神与自然显现在相互的缺席中。法布罗称黑格尔哲学是"先验斯宾诺莎主义",见 Fabro(1968), p. 108。黑格尔自己也说,"成为斯宾诺莎主义者,是哲学思考的关键",见 Hegel(1959), p. 337。

第五章　黑格尔的哲学顶点:精神的单义性　　　　　　　　　　　　　　　131

不是。世界必须是无物,但它也必须作为有物而是无物。黑格尔说:"当我们认识到事物,作为其直接的所是,不包含真理时,对神的真正认识就开始了。"①事实上,有限世界是恶的,因为它在其直接性中假设它是不同于神的(这是内在版本的神即本有[ipsum esse])。② 一切有限事物都涉及非真,因为它们的概念与它们的实存并不相符。③ 因此,它们必须消灭(这实际上是与创造有关的本质与有之间的实际区别的"异教"版本)。死亡,在此意义上,是一种本体论和认识论的解脱,且在此意义上,对有限性具有真实性:"单个个体是不完善的精神"。④ 因此,它必须经历解体,必须超越自身,走向无限。黑格尔通过放弃主体,及一切有限事物的"固定性",来刺激这种解体。如上所述,它们被放飞了。我们努力定位纯粹特殊性,但对于我们而言,它是不可得的——下文我们将明白为何如此。⑤ 因此,对神的认识,就是从失去特殊性开始的,但特殊性在这种消解中得到保存,尽管是在相反的方向(Aufhebung)上。正如它必须被消解,它也必须被假定,因为它是绝对的必要体现。特殊性向我们"显露"神的知识,保持在"它"作为神的消解中,作为经中介的无限中,有如神保留在"祂的"体现的必然性中,因为体现的是无。

我们来重申一下上文的一些要点。有限事物必须被设定。因此,它们是无,什么也不是,只是神。但是,神只有通过那必要的东西,有限的东西,才是神。我们知道,被设置的是无,但是神需要这个无;事实上,这个无就是神。就像在斯宾诺莎那里一样,神和自然都是通过对方的缺失,被方面地"给予"的。对于黑格尔而言,似

---

① Hegel(1975),p.164.
② Hegel(1977a),p.588.
③ 下卷第十章指出,虚无主义的特征是费希特式的一切对一切的战争。
④ Hegel(1977a),p.16.
⑤ 泰勒指出,"赤裸特殊性的不可得性,不只是认识论真理,还反映了本体论真理,也就是说,特殊性注定要消失",见 Taylor(1975),p.144。

乎我们是通过认识有限性来认识神的。但是,在认识有限性的过程中,我们认识了有限性的无性,这种无性被部分地保存在神的自我异化的必要性中。他认为,绝对是同一性和非同一性的同一。

设置有限性和同时消解同一性的双重运动(因为被设置的东西的真理本身即这种消解),有助于我们理解进入无限性和有限性的不同方法。有限性可以被描述为一种设置消解(positing dissolution),因为在宣告自己,在是其所是(即那个是者)时,一种消解被激活了。在这个意义上,有限性是一个消解的场域;这个场域让绝对得以到来。因为绝对利用这些必要的体现(它们不过是无限精神的流溢)来促成自己的中介。因此,有限即黑格尔在《小逻辑》中谈到的消隐要素。① 有限事物的实存,只是无限中介的标志,有限遵从这种中介,并在某种意义上促成这种中介。有限事物会说我是。这种声言的实在性,让绝对得以在那儿,征服这个场所,但这种占据揭示了这个场域的本体论地位,我们看到有限事物其实说的是我是一无。这种积极的消解,恰恰是一个依附性的神对其有限的流溢发出的要求。另一方面,无限性可以被定性为一种消解的后设(dissolving postulation)。无限是谓词的有(predicative being,霍格利博[Hogrebe]的术语),也就是扩张性的,总是说得更多。②

从无限向外的运动,即从无到有的运动,从有限到无限的运动,是从有到无的运动(这是代词的有[provisional being],是收缩性的)③这样,每种有限的定位都被问题化了。如黑格尔所言:"无限只是表达了有限的应该被消灭。"④这意味着,比如自我的"固定性"被

---

① Hegel(1975),pp. 133,134,213. 这些只是消隐的元素,或消失的要素,黑格尔明确称之为大有、大无、形成、内容。早期《精神现象学》中的那些术语与它们发挥着共同的功能。所以,我在讨论《精神现象学》时,也用了这些术语。
② 谓词的"有"的说法来自 Hogrebe(1989),pp. 83—84。作者用谓词的"有"与代词的"有"对照,后者是收缩性的。
③ "有"是代词的,德勒兹重复了这一观点,见下卷第十章。
④ Hegel(1975),p. 137.

第五章 黑格尔的哲学顶点：精神的单义性 133

抛弃了。有限事物的非真性即它的无物性，它表面且临时的有物性（somethingness），被这一事实去定位（dis-locate）了：从本体论而言，这种有限性即无限性。这意味着，有限性总是在他处，它的失位导致解体，迎来了绝对的到来。因为我们找不到有限性，所以它是或者可能是无限性。因此，黑格尔可以大肆论证神的必然体现，毫不担心贬低它的神性。黑格尔无需担心有限，因为他不必害怕中介。

然而，在黑格尔的著作中，有限对无限的中介，可能建立起一种二元论，因为有限的非真性指向了一个他处，至少是合法地暗示了这一点。这意味着，它成为了"苦恼"，即二元论。或者说，它威胁到一种"直接的一元论"，而这种一元论将无法"给予"，所以它本身将允许一种二元论。"此处"暗示着一个"彼处"，或者他处。这样的话，就不会有无为有，现实也不会获得完全内在的称谓。为了解决此难题，黑格尔必须确保神性除了是这个有限性之外，什么都不是；不可能有任何剩余的同一性，让他可以诉诸于超越，设置一个他处。在有限性之外，不可能有剩余的神性，正如在有限性还原为无限性之外，不可能有剩余的有限性一样。在斯宾诺莎那里，这种双重举措，允许在二者明显缺失的情况下，给予无限（神）和有限（自然）。似乎黑格尔辩证法（下文将更多地谈及这一点）在对这两者的永久需求之间游走：同中有异，异中有同。这更加深刻地关联为这种要求：一为多，多也为一。必须有有限性，然而，有限性又是无，因为除了无限性，它什么都不是。反过来说，除了有限性之外，无限性也不可能是其他任何东西（这种构成关系，使无限性终归是本体的，与"神之死"一样）。对于黑格尔而言，无限实体变成了有限主体，同样，主体变成了实体。① 有限成为无限，同时，无限成为了有限。他

---

① 和斯宾诺莎一样，黑格尔用了"只要"这种表达，标志从实体到主体的过渡等。这样一来，每种肯定的断言都隐藏着否定的颠倒，否决了一切形而上学的真实性，因为这会允许二元论的构建。例如，可参见 Hegel(1977a)，p.10。

曾说，这种运动是一个"双重过程，也是整体的起源，在这样的情况下，每一方都同时设置另一方，所以每一方都在自身内部包含着双方；它们通过自我消解，共同构成整体，把自己变成了整体的不同环节"。① 诸如实体、主体、无限性和有限性等术语，只是开显的消隐场所；它们都是"消失的"点。和在斯宾诺莎那里一样，每个术语的关联都是同一性的消解，因为差异是部分地产生的。

消解过程，是为了让无成为有，它是绝对观念的运动的缩影，绝对观念本身就是一个过程。此过程努力把自己提供给作为一幅内在图谱的自己。② 黑格尔认为，世界是一种观念，它自我分化，成为自己的对象。非有的单义性，是此过程的基础，确保了一种复返，它在某种意义上是先于外离的，外离是它的另一面。③ 其实，我们可以认为，非有的单义性只是给我们提供了这些形式的区别。这些区别不是不现实的，但它们仍然低于现实。随着本章的展开，这种司各脱式的解读会越来越顺畅。把观念割裂为特殊性，这使得生命成为诸形式性（比如，有限即无限；无限即有限；主体即实体）之间方面性的矛盾。一切所是都居于矛盾中；可以说，这是无为有的结果。

我在思：无

> 黑格尔的人……是消灭作为世界实存的给定有的无性，它通过消灭所给定的并在这种消灭中消灭自己（作为现实的历史时间或历史）。④
>
> ——科耶夫

---

① Hegel(1977a)，pp. 24—25.
② 斐德勒(Findlay)的导言，见 Hegel(1975)，xxiv。
③ 这种非有的单义性，类似于法布罗所谓的黑格尔的"激进一元本体论"，见 Fabro(1968)，xxxi。
④ Kojève(1969)，p. 574.

第五章　黑格尔的哲学顶点：精神的单义性

黑格尔不断瓦解二元论，从而把现实内在化；我们已经见证了这一点。对于黑格尔而言，重要的是运用术语，让其产生消解的结果，促成隐象的场域。在《精神现象学》中，我们看到，黑格尔把实体变成主体，主体变成实体。这让每一个术语都漂浮、失位，从而被消解。在《小逻辑》中，通过考察使用的方式来让诸术语倒塌的努力，达到了新的高度。如我们在上文所言，对于黑格尔来说，要紧的是摆脱一切"此"或"彼"，以及一切"此处"或"彼处"。然而，这仅仅反映了摆脱有和无，从而使无为有这种纲领性事业。对于《小逻辑》中的黑格尔而言，问题在于现实和观念的剥离，以及它们不同一的观念。① 这意味着，有一种无法渗透的二元论，会抵抗黑格尔体系的内在性。

黑格尔的第一步是强调心智以思想为对象。② 在此，我们看到，黑格尔悬挂了一种关于思想是什么，以及对象是什么的典型看法。黑格尔认为，思想作为对象内在地是具体的。③ 这又使我们的观念受到影响。如果思想是心灵的对象，而且思想是具体的，那么观念与现实之分，以及主体与客体之分，就成了问题式。我们似乎不能不以一定的暴力，来定位这个二元关系中的任何一方。什么算作精神的，什么算作物质的，都变成了飘忽不定的。事实上，对于黑格尔而言，精神的即现实的，物质则完全是一个抽象的东西。因此，任何想定位"坚实的"物质，让其与短暂的精神或思想对立的努力，都会遭遇失败，因为它将不得不选择一种抽象的东西作为自己的物质性。

思想，是一种具体的对象，有时表现为主观的，也即人。但是，人本身是一种对象。如上文科耶夫的引文所言，对于黑格尔而言，

---

① Hegel(1975), p. 9.
② Hegel(1975), p. 15.
③ Hegel(1975), p. 19.

人是消解的场所。(上卷第六章表明,海德格尔的此在产生了类似的结果。)黑格尔认为,当我们说人是思想者的时候,我们的意思是他"感觉到"自己的普遍性。这种普遍性不是某种短暂的认识,而是一种具体的再认识,认识到人是一种普遍观念的表达,这种观念本身也是现实。当人感觉到自己的普遍性,他也感觉到了作为对象的宇宙。而且,人让对象得以"扩张":在感觉自己的普遍性时,他把一个有限的点扩大到包括一切点。那个有限的点,在自身的有限性中发现了无限性的在场。① 换言之,人因为思想普遍性——它就是给人思想的——扩展了"我",直至包含了作为对象的宇宙。(这是一种黑格尔版的普遍性[capax omnia]。)② 再一次,我们必须记住,思想是一个对象。因此,人作为思想者,可以说是"物质地"思想。有限的主体,"包括他们生命意识的普遍性,以及与之一起被否定的个体模式"。③ 因此,当人言说时,他说的是自己的消亡;人所是的特殊构造,是其自身解体的开始。而且,人作为思想者,把普遍对象作为思想的思想;思想就是思想此对象。但是,黑格尔却因为这种思想带来的改变,而冒着二元论的风险:不思/思。这一点是被规避了,因为这种改变,只是上文提到的"点"的扩展。人的思想就是对象的普遍性,而对象是异化的精神。在这种思想中,没有主体,因为思想者正是被思想者,或者只是在形式上、方面上与被思想者不同。同样,也没有对象,因为对象就是思想,或者所思。

在思想中,也就是在思想普遍事物的时候,人思想的是自己的死亡,因为他不过是被思想的对象。换言之,人这个被激活的有限点的扩展,只不过是它的崩溃点:"生命体内部拥有一种普遍的生

---

① 这类似于斯宾诺莎和康德的主体。
② 见下卷第九章,讨论了与成为万物相关的理智问题。
③ Hegel(1975), p. 92.

第五章 黑格尔的哲学顶点:精神的单义性

命力,它超越并包括了那种单一模式;因此,当它们在自身的否定中维持自身时,就会感到矛盾存在于它们内部。"① 人要把思想去思想为有物,认为它是物质的;我们有关思想的那些隐性的形而上学假设被落到了实处。思想是什么?我们必须假定它,才能问及它。这种必要的假设所呈现的形式,更类似一个"物体(object)"的形状。我们在思想中思想的其实是无,但这无是为有,某种普遍的有物,即"对象"。② 然而,此对象遭受了类似的还原,所以有了消解。

如先前所言,黑格尔策略性地把一种非同义性思想成命题(思辨思维)。③ 这意味着,任何两个术语在相等同的同时,也被悬置了,甚至消解了。比如,思想等于具体的东西。或者用《法哲学》中的那些众所周知的例子,宗教等于国家,或者现实的等于合理的,合理的等于现实的。黑格尔由此向我们提出了一些命题,它们言说着"去言(unsaying)",套用了一个拙劣的表达。比如,思想等于具体事物,这一命题并未告诉我们什么。相反,它阻止我们说什么。在某种意义上,此命题的体(body)占据了它提问的位置,阻碍了一切"信息"、知识等的实际交流。这些命题都是思辨命题,它们使用的每一个术语都遭遇了内爆。当它们在命题动态或方面的两极之间舞蹈时,它们真的是崩溃了。

我们不再知道什么是思想,或者什么是具体的。我们也无法摆脱此命题,到达另一面,直到我们回答或者重新定位了这些术语。但是,思辨的疑问形式,会把我们悬置在真实的断言中,挟持我们的术语,直到像卡夫卡在《法律门前》中的寓言那样,我们的话语老死,门被关上。通向法律的门是我们设计的,且只是我们在心

---

① Hegel(1975), p. 92.
② 见下卷第十章,讨论了用语言思无以及行无的观念。
③ 有关这种思辨神学更肯定的解读,见 Rose(1981)。

智中设计的,因为拥有话语的当然是我们。黑格尔的思辨让我们的言辞停止言说,让我们的话语停止说话。因此,可以说,在我们音节的起伏中,除了沉默,什么也没有。

我是:思辨

黑格尔的逻辑学包含三个方面和三个部分。第一部分是知性,抽象的。① 它是严格而固定的,通过假定术语是静态的来关联自己的意义。第二部分是否定推论,以辩证法形式出现。② 此模式扰乱和破坏了稳固的东西。因此,它产生了运动,类似于观念的分化,通过否定划分整体。然而,如果我们停留在否定的一面,辩证法就会堕入怀疑论。③ 更重要的是,如果我们只是消极地思考否定,可能会产生二元论,因为会让否定的高于且对立于肯定的(无物和有物)。相反,在辩证法的领域,"有限的特征描述(characterization)……超越自己,进入了它们的对立面"。④ 黑格尔认为,辩证法是"一切知识的灵魂"。⑤ 这样,最初的否定性又被否定了。辩证法会发现一切都处于矛盾中,所以,一切单纯按照知性对绝对的片面有限的表达,都会被迫超越自身。不过,这将滋生一种二元论,因为这种否定无疑会发展出由被否定的"此处"所产生的"彼处"这种"苦恼的"观念。

似乎黑格尔必须避免线性进展,因为它似乎允许产生"此处"和"彼处"的观念。因为进展离开此处达到彼处,否定的原因似乎是这种难以捉摸的"彼处",一个"他处"。这意味着,矛

---

① Hegel(1975), p. 113.
② 同上。
③ Hegel(1975), p. 116.
④ Hegel(1975), p. 115.
⑤ Hegel(1975), p. 116.

盾不能仅仅是否定的。在此,我们来到了黑格尔逻辑学的第三部分:思辨。① 上文已经提及思辨思想的形式。思辨思想是辩证法中的积极理由,即矛盾不是不统一的原因,因为思辨思想在同一性与非同一性中发现了同一性。这种手段中的奥秘是知性固有的,②因为只有知性使用术语的方式,才让奥秘有可能出现;比如,无和有的对立。

这就引出了三个分支。首先是大有论。③ 大有即直接的所是,所以它是空的。黑格尔认为,纯粹的大有标志着观念运动的开始。一般而言,大有是作为根本的,或者最重要的东西来接近的。但是,在黑格尔那里,它被作为单纯的大有来处理,因为大有是一个抽象的东西,它给予的不是"绝对的丰富性",而是"绝对的空性"。④ 大有的问题在于,它不能关联自己,因为它无法被定位。任何定位它的努力,都需要一个具体化的术语,一种"具体的特征描述"。换言之,大有要被定位,就需要成为"这个"或"那个"有,但这意味着大有要成为大有,就必须变得异于其所是。我们必须记得,大有是最一般的、纯粹直接的自我同一性。黑格尔说,"每种附加的且更具体的特征描述,都会使大有失去它一开始所具有的那种完整性和简单性"。⑤ 大有,要有,就必须成为自己的他者。但是,大有的他者是大无。这似乎意味着,大有必须成为大无,才能在某种意义上超越自己的空性(无性)。黑格尔相当有力地断言,大有即大无。但是,他也接受了斯宾诺莎的信念,即一切规定都是否定(*omnis determinatio est negatio*)。大有必须与大无相统一才能是,这种统一被称为形成(Becoming)。因此,有两个无:大有

---

① Hegel(1975), p. 119.
② Hegel(1975), p. 121.
③ 同上。
④ Hegel(1975), p. 128.
⑤ Hegel(1975), p. 127.

本身"原生的"无,以及否定大有的无。当然,同时,两个无也是一个无:因为大有即无,所以它在那个"他者"的无中找到了自己,也只有自己。这里依然是虚无主义的"双重穿梭",给予一切的无,总是只能通过被给予的才"是",而被给予的,因为是衍生的,本身也是无。

黑格尔认为,每个开始都涉及形成。这种对大有的消极决定是普遍存在的。每个有限的有都只是通过对比,通过其界限,成为其所是。[①] 大有通过远离抽象,获得"质",变得确定,这是大有的三个首要特征中的第一个。质是为他的有。[②] 它是为他的,是因为在某种意义上,它是交流的开始。为他的有,是"单纯的确定点或者某个什么的扩展"。[③] 抽象的大有与有限的大无统一:它因此成为为他的,但它进入了这个他者即它自己的阶段。被改变的是他者;"它成为他者的他者"。[④] 异于大有的他者,本身就是被他者化的,所以这种差异只是方面性的。黑格尔说:"二元论确立了有限和无限之间无法克服的对立,未注意到这样一种显而易见的状况:无限性因此只是二中之一,并被还原为一个特殊项,有限性成为与之相对的另一个特殊项……有限性的有变成了绝对的有,并通过这种二元论获得了独立性和稳定性。"[⑤]相反,我们必须认识到,大有,只是通过其他者即大无才是,并不真正异于其他者。他者是它自己的他化,所以每个他者都是一种方面的观念性。因此,黑格尔认为,有限性的真理就是它的观念性,所以真正的哲学就是观念论。[⑥] 有限的即观念的,因为从本体论而言,它就是无限的,

---

① Hegel(1975),p. 136.
② Hegel(1975),p. 135.
③ 同上。
④ Hegel(1975),p. 139.
⑤ 同上。
⑥ Hegel(1975),p. 140.

第五章　黑格尔的哲学顶点：精神的单义性

因此,要产生自己的确定性,它就必须成为观念的,自我分化,确立一个他者。

因此,黑格尔认为,一切是者必须成为其他者。如此一来,它的现实性就成为可能。因此,每个具体事物都是超越自身的。知性,稳定的自我同一的理性的东西,走向了辩证法,在这种辩证法中,它必须不是自己才能是。这把我们带入了思辨模式,在这种模式中,有限事物在他者性中找到同一性。他者是被他化的,因此是被方面地决定的,是一种功能性的观念性。

对于黑格尔而言,大有和大无的统一,思辨地产生了一种消解。两个术语都被悬置了,变得飘忽。而且,形成,作为大有和大无的统一,由于这两项的否定,很可能提供一种线性,通过产生一个他处而很好地容纳二元论。大有的在此,它自我统一的知性,因为他处而让步。在某种意义上,这强化了那两项。黑格尔必须通过保留这两项,来避免这种线性进展,正如每个有限事物的消解,也必须包含设置和重新定位一样。有限事物在持续的运动中,被重新定位,但为了避免线性,它本身也必须是另一面到达的一个阶段。被克服的有限事物,必须被永久地重新定位在对另一面的克服中。否则,辩证法将完全是线性的和空间的——空间的,是因为它会将被克服的东西当成给定的、稳定的和完全可定位的。这将使下一阶段与上一阶段相同。在此,黑格尔必须扭转方向避免污染。这意味着,每个事物,和每个方向,都必须方面地设想。每个事物都是可能性的无限集合。因此,一种可能性的任何实现,都只能在特殊的、方面性的、悬置其他可能性的范围内才能得到关联；这是一种认识论的悬置(*epoché*)。如果黑格尔要在没有二元论的情况下拥有真正的中介,那么事物与方向都必须缺乏实质的形式(这与司各脱相呼应)。也就是说,它们必须在任何赤裸的意义上都是不可得的,无论它是特殊事物还是过程。

第二个特征是量。量是纯粹的大有,且量是这种得到明确表达的大有。① 量对大有的表达,仿佛它是外于大有本身的,而大有作为质是内在的。第三个特征是尺度,它是一种"质的量"。② 尺度把内部和外部统一起来。因此,尺度隐含地是本质,因为本质结合了同一性和他者性。本质是逻辑学的第二分支。尽管大有是直接的,本质则是中介的。事实上,本身是"进入中介的有"。③ 因此,本质是同一性的形式。因此,它是同一性的展现,是所是的显露——因此,它是确定的,不那么抽象。④ 其实,本质最好的特征描述是差异。本质是一种内在的自我中介,因为本质否定了大有在离开抽象的过程中必然会经历的否定性。换言之,大有所是的无性本身被否定了。

现在,我们不再认为,大有在失去自己进入无性时失去了什么。因为否定中产生的决定,被本质改造成了同一性的基础。否定之否定即自我同一的显露,它的展现。本质作为自己的显现,因为它经过中介的同一性这一事实,消除了否定的贬义内涵。这种界定本质的自我反射,包含着一种相对性,因为它涉及到一种持续的自我排斥,因为它必须排斥异于自己的东西。因为被排斥的就是它自己,因为就无限性而言,没有任何真实差异的可能:"本质不是抽象地反射入自己,而是反射入他者。"本质在静止状态中是一个根据:"这样定义的本质的内在性即根据。"⑤本质提供了一种构造,带来了同一性的显露或显现:"根据是在自身的内在性中的本质;本质内在地是一种根据;只有当它是某个什么、一个他者的根据时,它才是根据。"⑥黑格尔想说的似乎是,本质,因是其所是,方

---

① Hegel(1975), p. 145.
② Hegel(1975), p. 157.
③ Hegel(1975), p. 162.
④ 在某种意义上,这是我们在海德格尔和维特根斯坦那里看到的显现,见 Conor Cunningham(1999)。这种显现也出现在巴迪欧那里,见 Badiou(2001), xi。
⑤ Hegel(1975), p. 175.
⑥ 同上。

第五章 黑格尔的哲学顶点:精神的单义性

面地概括了自己的静态构造,并且把它视为实存的。这种构建性反射的诸范畴就是同一性、差异和根据。①

这是《逻辑学》的《本质论》中尤为深奥难懂的部分。我将尽力让这异常棘手的部分变得简单明了。提炼精华有利于导航。

> 根据完成了自己的悬置:一旦被悬置,否定它的结果便是实存。实存从根据中流出,也把根据包含在内;根据没有留在实存的背后,而是因其性质而超越了自己,转化为实存。②

本质,在其自身的自我反射中,通过被标记的差异,形成一种同一性。这种差异的标记,构成一种内在根据。但是,此根据是在自己的悬置中,完成此任务的。让我试着来阐明此问题。一种本质只有从一个根据出发,而一个根据是统一与差异的结合。③ 因为两者的结合,大有的简单直接性就被克服了。一个中介必要的他者的根据,努力维持那个依赖于他者的东西的同一性。这是方面地实现的,因为一切有限性的真理就是无限性。也就是说,他者永远不是真正的他者,因为每一个有限的有就是无限。因为,根据中隐含着这样的理解:无限需要有限。但是,根据也包含这样的事实:每一个有限的有都是无,不是别的,只是无限。这就是根据在自身中统一的差异,从而使得一个本质从它那里出发。但是,如果根据没有悬置自己,或者不是通过悬置自己发挥功能,这就行不通。为何? 因为,如果根据不是通过自身的悬置起作用,那么诸根据提供的东西将只是一个直接的无。这样一来,绝对无法得到真正的中介。这种失败将在缺乏给予中得到见证,因为绝对不会给

---

① Hegel(1975), p. 180.
② 同上。
③ Hegel(1975), p. 179.

予任何丰富意义上的实存。绝对将只是一个无性的黑夜,纯粹的缺乏。黑格尔似乎通过悬置根据避免了此问题。这意味着,这种给予既丰富又现实,丰富,是因为给予了差异,现实,是因为根据不存在;否则,实存者就无法逃避根据。也就是说,从根据出发的东西将无法与根据区分开来,那就意味着,没有真正的差别,只有纯粹的直接性。

然而,同时,它又是在悬置自己中起作用的根据;根据不是被实存者悬置的。这一点很重要,因为它无疑会提醒我们:在本体论上,只有无限者是,有限者不是。当根据呈现本质时,它仍然超越了自己,这样一来,根据就把自己转化为实存。[1] 在将自己转化为实存的过程中,有了有物(some-thing):"该物即整体性,是根据和实存范畴在明确的统一性中的发展。"[2]实存者是在这个构造中所提供的整体性,而这个构造是方面地维持的。[3] 因此,这个实存者是相对的:"实存者……包括相对性。"[4]该物是这个"凝固的"构造,而该物所具有或显示的本质,就是一个实存者的展现,也就是显现的事件:"显现或者显露是本质与有相区别的特征——是让本质成为本质的特征;而正是这种展现,一旦得到充分发展,就会显现自己,也就是显象。"[5]

下文,使用了"反事实"一词。诚然,这个术语不是黑格尔提出的,但是我们用它来展示黑格尔逻辑学的核心内容:每个实存者即是,也不是。"反事实"这个术语是为了引出无限性的每个有限构造所处的状况:一个有限的有是反事实的,因为它不实存,但它又不是不实存。因此,有限性同时经历着消解和重置。

---

[1] Hegel(1975), p. 180.
[2] Hegel(1975), p. 181.
[3] Hegel(1975), p. 176.
[4] 同上。
[5] Hegel(1975), p. 186.

我是:反事实

每个实存者或事物不仅展现自己,也展现一个他者:本质"拥有反射大有的有(Being-reflected being),一个他者展现在其中,并展现在一个他者中的有"。① 如泰勒所言,"每个对象都是一个缺乏内在联系的对象的集合体"。② 就此而言,每个实存者都只是方面地决定的,因为它总是一个可能性的集合体,所有这些可能性都不是在此构造中实现的,它们似乎必须方面地实现。这就确立了一种内在的反事实。因此,每个事物都缺乏实质性的形式。这样一来,无限性的每个表达,都会被重新认识为一个事物,它本身就包含着无限的同时事物以及事物的集合体。它们不仅仅是等待实现,而是不断地被实现,却又未实现。也许正是因为这个原因,黑格尔才说"实存者包含相对性"。③

这种相对性如此深刻,以至于对于本质而言,"没有真正的他者,只有多样性,一者与其他者的参照。本质转化的同时也无转化"。④ 反事实的说法本身颇具争议性,因为它作为概念,也经历着反事实的实现和消解:因此,反事实的概念,在某些方面,本身就是反事实的。要更好地理解这一点,我们就需要认识到,对于黑格尔而言,可能性只是"现实性单纯的内部,所以也是单纯的外于现实性,即偶然性;偶然者是……它的有的根据不在自身中,而在别的什么中"。⑤ 可以说,这就是偶然性的偶然性。这听起来有点像司各脱,他说:"我说事物是偶然的,不是

---

① Hegel(1975), p. 165.
② Taylor(1975), p. 321.
③ Hegel(1975), p. 180.
④ Hegel(1975), p. 161.
⑤ Hegel(1975), p. 205.

因为它不会永远或者必然如此,而是因为当这发生时,其对立面是现实的。"① 他还说:"我不会说事物是偶然的,而会说事物是偶然造成的。"② 我们只有通过去限制我们所调查的东西来定位偶然性;我们通过创造一个位置来定位偶然性。这种构造是偶然的,是无限性偶然的表达,而无限性本身是无。如黑格尔所言,有限性的可能性是现实性的内部。它必须在现实性之内,它必须在现实性中,然而,这样一来,它也是无(因为它是必然的,且必然是无)。因此,黑格尔认为,它也外于现实性。诸可能性的实现,总是完成的,因为它们总是早已发生,既然非有的单义性只给我们提供了形式上的区别。因为缺乏实体的有(substantial being),可能性驻留在每一个现实性中,但是可能性的军团是方面地实现的,而不仅仅是通过此构造(它本身是无)实现的。此构造只不过是另一个现实性内部的那些可能性中的一种。如黑格尔所言,在现实性内部,就是在现实性外部,因为它没有实现。此现实性,具备此可能性,并未实现它。然而,每种未实现的可能性,在现实性之内,所以也在其外,都是通过无限性实现的。因此,作为可能性的可能性不是可能的。这是偶然性的方面构成,是偶然性的偶然性。

因此,我的偶然性就是你的必然性,它包含着我的偶然性的必然性,这样,我们各自都具有了我们所是的构造的同一性。正因为如此,黑格尔才抱怨对偶然性的无端拔高:③"偶然性是在它的自我直接性中的事实性。"④ 这似乎意味着,一种同一性所需的直接性是偶然的,甚至是任意的。同一性是实存的现实性,它是偶然

---

① *Ord.*, I, d. 2, p. 1, q. 1—2, n. 86; cited by Knuuttila and Alanen(1988), p. 35.
② *Ord.*, I, d. 2, q. 1, a. 2, ad. 2. 这让布尔称这种有关偶然性的看法是"意志论的":Burrell(1990), p. 252. 关于司各特的偶然因果性,也有不同的看法,见 Sylwanowicz(1996)。
③ Hegel(1975), p. 205.
④ Hegel(1975), p. 207.

第五章　黑格尔的哲学顶点：精神的单义性

的，因为它不是，即它不实存。而且，因为它是绝对的有限表达，所以无实际差异，任何现实性都是偶然的，因为它在建构构成性限定的地方是偶然的。而且，这种限定要被看见的话，就必须依赖于一种特殊视角的偶然认识；换言之，正在被认识的实存的现实性，是以有限的术语重新认识无限性的结果。但是，从本体论上讲，这误识了有限性。

我们在以有限的术语重新认识无限时，误识了有限，因为有限性，被方面地提供的，是无——什么都不是，只是无-限。正确的认识，可以揭示这种无性，进而揭示所谓有限性的偶然性就是无限性的必然性。这显现在有限的无性中，这种无性被重识为偶然性。有限性将是无限性的一个"现实方面"，在这种消解中被保存下来，进而防止可能产生二元论的线性。① 和斯宾诺莎一样，黑格尔认为，自由即必然，我们意识到了这种必然性，就解放了自己。这样，我们就发现了自己的无性，因为我们不过是无限精神的一种有限表达。黑格尔说，"当人认识到自己完全是由绝对观念决定的时候，他是最独立的。这就是斯宾诺莎所言的对神的理智之爱（Amor intellectualis Dei）的思想和行为的阶段"。② 必然即自由，因为认识到我们是被决定的，也就认识到了我们是绝对的，或者说，什么都不是，只是绝对。所以，我们摆脱了对自我的需求，对免于决定的需求。如果我们是无，但是，是一种无为有，那么我们就不再需要任何自律性；我们的无性把我们从这类需求中解放出来。③

如果真正偶然的偶然在某种意义上是偶然的，而自由是必然的，那么反事实的观念就是反事实的。如果一切所是皆是无，无为

---

① Taylor(1975)，p. 325.
② Hegel(1975)，p. 220.
③ 这种自由是一种哲学佛教。

有的无,而且如果一切是者都是必然的,那么反事实的思想就是必然的。而且,事物"占据"的空间展现出无限未实现的可能性。因此,此空间本身就是反事实的,因为它只以反事实的方式实存。一切实存者都缺乏实质性的形式,可以容纳其他的安排。因为一切事物在本体论上都是无物,所以它在一切实现中都是一样的(非有的单义性)。而且,无限性必须以无限的方式,无限地实现自己。这种实现必然会把一切"此"或"彼"、"此处"或"彼处"问题化。这意味着,就"此处"与"彼处"交替的进展而言,必要的空间稳定性和线性是不可得的。

因此,反事实的实现本身是反事实地实现的。未实现的事物要在其中实现的空间,它本身只能实现在一个包含着这种可能性未实现的、非实现的、反事实的实现的空间中。① 如果一个事物有无限未实现的可能性,而诸可能性又可以反事实地实现,那么它就必然是某个在"此处"而非"彼处",是"此"而非"彼"的有物。但是,无限任何有限的表达,都是一种特殊构造,它从来不是孤立的。它在实现自己的构造时,本身就在无限的方式和方向上经历消解。(因此,认为黑格尔主张一种简单线性的历史发展观是错误的。)该构造将参与无尽的构造和再构造。一种同一性的具体侧面的概念,似乎可以让我们谈论反事实,这是错误的,因为每一个替代性事态既是实际的,又不是实际的。一个替代性事态既是替代性的,又不是替代性的,因为认识的缺乏会产生未实现的可构成状态的显象。对黑格尔来说,一切都在发生,已经发生了,并且正在发生。反过来说,什么都没发生,什么都未曾发生,也没有什么要发生。

---

① 未实现的(unrealized),是因为它是有物的更多,是事实的反事实;非实现的(non-realized),是因为无物实现;反事实的实现,是因为一切都是反事实地实现的:这是无限、绝对,或者海德格尔那里的去基础(Abgrund)或大无(das Nicht)。事实上,绝对似乎类似于德里达的无物,外于一切文本。因为无限在一切有限构造之外,是那种构造的真理。同样,文本外的无物就是文本的真理。见上卷第六、七章。

黑格尔必须同时断言这两方面区分开来的命题,才能避免二元论,让无为有。

我是:消隐

本质是显象的展现,我认为,它是无为有的显象,把这种展现呈现给我们。但是所呈现的一切消隐了。我们已经知道,黑格尔认为,大有、大无和形成都是消隐的因子,自我擦除,也是每种展现即显象的内容。显象的显现①消失,是因为内容是"消隐的元素"。② 每个对象都卷入了扩张,向着无限运动,这就是它到来和消隐的原因。这是一种消隐的显现。无限显现的是它的无性。当本质进入观念(思想的思辨秩序)时,我们就到达了第三个分支。观念就是本质复返大有的简单直接性。这类似于《精神现象学》中从 an sich(大有;知性;严格的直接性)到 für sich(本质;辩证法;中介)再到 An-und-fürsich(观念;思辨)的运动。第三分支在同一性和非同一性中找到了同一性。观念,作为复返的本质,在自己中并且为自己展现自己:异中的同,同中的异。观念是无经过中介的复返作为有物甚至万物的自身。如泰勒所言,"一切都是概念的流出";③这里,泰勒将"Begriff"一词译为"概念",而非"观念",华莱士(Wallace)则将其译为"观念"。亨利(Michel Henry)认为,这种流出是一切的消隐:"概念本身就是消隐,是隐象的黑夜……显现是消灭运动。"④

"观念"有三个环节。一是普遍性,二是特殊性,三是个别性。

---

① "显象的显现"是康德在《遗著》中的用语,见 Kant(1993b), p. 109。关于康德的讨论,见上卷第四章。
② Hegel(1975), p. 213.
③ Taylor(1975), p. 301.
④ Henry(1973), p. 698.

判断是处于其特殊性中的观念。这是有限的一种表达。泰勒认为,"除了构成判断,概念可能毫无用处"。① 判断"产生自分离",因为无限的从观念中的有限流出,包含着不同程度的完美或不完美,按照它们与概念符合的多少。这又让我们想起了司各脱:"从其丰富的'虚拟性'中,无限衡量一切其他事物的大小,以其接近或远离整体的程度为标准。"②

一种有限性,如果不能认识到自己只不过是普遍性的表达,就是一种贫瘠的"符合"。进入概念的也进入了普遍性,同时还进入了自我消解。从定义上讲,差异把自己重新认识为有别于。这样一来,多样性产生了,它将通过判断活动,与自己的本源重新统一,判断活动将宣布异中的同。但是,这种宣布本身就是差异的到来。判断区分事物。因此,预见了统一性。对于黑格尔而言,如果现实性从根本上而言是一种观念的分裂,那么判断在分裂中重新促成了这种现实性,这同时强化了那种统一性。这种统一性,或者异中的同,是经过中介的无限性。因为每个判断,强调的都是分裂的即统一的,都面临这种根本的不可通约性。一切判断都会发现,它努力统一的这两项,是完全不同的,也是无法通约的。具体的(比如"这朵玫瑰花")不是普遍的("红色")。问题在于系词"是"。这个系词总是太过狭窄、确定或僵化:它还原自己描述的现实性。为了克服这一点,我们从判断进入了推理,即进入了三段论的王国,我们通过必然判断进入三段论。黑格尔的例子是,"这栋房子……是这样建造的……是好的或坏的"。这样,就带来了一种"中介性的具体化"。③

对于黑格尔而言,一切都是三段论。④ 我认为,原因在于一切

---

① Taylor(1975),p. 308.
② *Quodlibetal Questions*,q. 5. 57.
③ Taylor(1975),p. 312.
④ Hegel(1975),p. 244.

第五章 黑格尔的哲学顶点:精神的单义性

皆是无为有。这意味着,不可能有绝对的特殊事物,或者二元论的区分,允许"此"或"彼"之分。每个事物,作为一个三段论,从来都不是"此"或"彼",也从来都不是"此处"或"彼处"。我们拥有的只是经中介的具体化。三段论"统一了观念和判断"。① 泰勒说:"现实性是三段论,因为它本身是多样化的,但是,此多样性的诸元素内在地联系在一起,把自己统一起来。"②具体有限的表达,只能通过推理来定位。也就是说,黑格尔采用的是强烈的描述性方法,因为三段论逻辑的核心地位,把我们带入了持久描述的展现中,我们称之为显象。③ 如果我们想到了普遍性、具体性和个别性,我们就可以看到,三段论完成的任务就是通过其他两者的中介,来给予其中的每一个具体化。我们可以认为,普遍性给予整体,具体性给予差异或区分,个别性则给予统一性。普遍性需要特殊性,使它的普遍性不仅仅是直接的不确定性;它还需要个体性,才能具有自己作为普遍性的自我统一性。普遍性,作为个别性,是作为自我同一性的普遍性。而且,这种个别性,把具体差异统一在那种普遍性的同一性中。每一项都可以作为整体起作用,因为每一项都会引出其他两项,因为它要得到关联,就需要其他两项的中介性在场。任何特殊性的观念,都需要个别性和普遍性的作用。这里只有形式的、方面的差异,因为黑格尔把每个术语都限定在它自己经中介的缺席中。这就是无为有。

三段论帮助实现观念,因为它把每一个作为无的方面都带入了绝对。黑格尔称这种观念的实现为"客体":"一般客体就是那个整体,在其自身中还是未具体化的,它是作为整体的客观世界,神,绝对客体。"④客观性包含三种形式:机械性,即直接未区分的对

---

① Hegel(1975),p. 244.
② Taylor(1975),p. 313.
③ 这类似于维特根斯坦的描述性显现,见 Conor Cunningham(1999)。
④ Hegel(1975),pp. 256—257.

象;化学性,即分化或者中介的倾向;目的性,它统一了前两者。目的性是三段论的,因为它统一了整体的客观性和分化活动,让我们可以思考作为整体的整体。"主观目的与外在的客观性凝聚在一起。"①我们在对象形式中看到的差异倾向,被称为化学性,把我们引向设计概念。② 我们在此见到的是主观与客观、思想与现实的结合,这是黑格尔的观念论,即观念。观念是自在自为的真理,是观念与客观性的绝对统一。所是即概念,作为客体和主体的观念,方面地区分开来。观念的"理想内容不过是观念的详细表达:它的'现实'内容不过是观念以外在实存形式给自己的展出,同时又通过把这种形状封闭在自己的观念性中,使它保存在自己的力量中,从而使自己保存在其中"。③ 这是经中介的直接性和直接的中介——同一性的外化,是先于外离的复返,非有的单义性,带着无为有产生的诸形式区别。无为有就是黑格尔的绝对,它只是那个深渊无限的自我回归和自我同一。威廉斯认为,黑格尔与费希特不同,因为没有同一或绝对的复返。④ 这没有错,不过仅仅在于绝对无法被定位,从而带来这种复返;但这意味着,有限和无限都是不可得的。因此,它只是深渊的复返(费希特那里也是如此)。

在黑格尔看来,我们经历的所有阶段都非持久的,只是观念的动态元素。因此,它们消隐,随之消隐的还有一切现实差异。这是现实的观念性。一切是者都不过是绝对观念的分裂,意思是,一切

---

① Hegel(1975), p. 270.
② 机械性、化学性和目的性,这些术语虽然很奇怪,但和黑格尔在别处用的那些神学术语却一样得当。这一点非常重要,因为这样就可以认为这类术语只是有名无实的,在一种单义的、缺乏质的强度咒语中记录它们的"真理"。我的意思是,当黑格尔提到化学性或体现时,两者都被还原为量上的实现。因此,我们不能用具体质的术语思考它们。就是因为这个原因,我们无法得到赤裸的特殊性。那些分析黑格尔如何运用神学术语的人,在其中寻找神学的东西,因此,面临的风险是忽视黑格尔唯名论的单义性去差异化的结果。
③ Hegel(1975), p. 274.
④ Williams(1992), p. 75.

都只是观念。而观念什么都不是，只是这些有限的消解。观念就是具体性，因为它是理想的。我们在上文看到，思想只是那个被称为人的客体的扩张，通过对普遍性特殊的或方面的感觉。这种扩张终结在人的消解中，因为他必须意识到自己的无性，意识到他只是绝对的一种必然表达。这种有限表达，扩张自己进入普遍性，通过消解自己来占有自己。思想变得具体，这种"客观的"消解的事件。但是，这种有限表达将会得以保存，因为绝对只是其有限性的无限性。无法保存有限性，就会"苦恼地"言说作为一个他处的绝对，因为它将在消解活动中假定一个"此处"。有限性则必须保存在其有限性中，它是无限性的场所。否则的话，我们就会同样假定一种给定的、可定位的有限性，一个"此"，它在"此处"，与被认为是居于他处的无限性平行。这当然会带来一种苦恼的二元论，所以黑格尔必须不断把有限生成为无限，把无限生成为有限。

要完成此壮举，思想必须倒塌。这就是为何有主体和客体在观念中的统一，因为思想即现实，现实即思想。这样的话，思维就没有别的路可走。它只能内在于自己的活动，具体性就发现自己的定位丧失在它与思想思辨的等同中。绝对观念，作为概念与现实的统一，没有留下超越的空间。一切真实差异的场所都被消隐的点带走了。和斯宾诺莎一样，黑格尔使用术语的同时也抛弃了它们：每个术语都持久地消灭在它的思辨用法中。这种死亡是永久的，因为它从未充分实现，过去也没有。一切定位都是暂时的，所以也是消解。我们在这种消隐中看到了展现或显象。有、无、形成、本质内容、人、无限、有限、实践与理论、实体、主体、客体、现实与思想，一切都消失了。这是根本的，因为观念作为"过程"，给予我们的只是形式差异。如黑格尔所言："各种把观念把握为观念与现实、有限与无限、同一性与差异的统一的方法，或多或少都是形式的。"[1]

---

[1] Hegel(1975), p.278.

科耶夫似乎是正确的,即人让思想"具体化"在人的死亡中。如果我们认为有限事物是,就无法将有限事物方面地把握为只是绝对观念有限因而腐化的表达。如果我们认为绝对是,就无法意识到它不过是有限事物。它们彼此都在对方的构成性缺席中。如果我们认为有物是,就无法意识到万物的无性。如果我们认为无是,就无法意识到无只是为有(无限需要有限)。黑格尔体系带来了无为有的实际性,因为万物皆无,但无为无是给予性的(在这个词的双重意义上)。我们无法定位一个具体者,也无法定位一个普遍者,因为它们都是不确定的集合体,一切方面的区分都会欢迎无限同样合法的可能性,这些可能性作为可能性是不可能的。因为它们只在一种实际性中,而非有的单义性统一了一切实际性:这是黑格尔的超本体论,他的精神的单义性。而且,这种单义性只提供形式上的区别,虽然它们并非不现实的,因为我们不能把现实定位为不现实的对立面。我们陷入了思辨"问题"的不断提出中。这里,在提问中,大有和大无的对立被悬置了。因为这种悬置,一种丰足的虚无主义得以产生:无是为有。(下卷第九、第十章谈到了这种可能性:这种虚无主义逻辑中多少会有点肯定元素。)

无疑,黑格尔与普罗提诺和斯宾诺莎十分相似。比如,泰勒提到,黑格尔和普罗提诺之间无疑有"很多类同",而且斯宾诺莎"对于黑格尔而言,是一个很重要的哲人"。[1] 吉尔森则用普罗提诺的术语,描述黑格尔的"观念":"和普罗提诺的太一一样,观念在自然中自我异化,在其辩证实现的连续环节中寻找复归之路"。[2] 阿伦特(Hannah Arendt)称普罗提诺为黑格尔的"奇怪先驱"。[3] 泰勒

---

[1] Taylor(1975), pp. 102, 280.
[2] Gilson(1937), p. 244.
[3] Alliez(1996), p. 82.

在界定了黑格尔和普罗提诺与斯宾诺莎之间的相似之处后,又说他们还是有很多"重要区别"。[①] 黑格尔与普罗提诺之间的区别在于,对于黑格尔而言,"有限性是无限生命实存的一种状况",[②]而黑格尔与斯宾诺莎的不同,在于斯宾诺莎所谓的无宇宙论。我对这三位哲人的解读会减少这些差别。关于普罗提诺,我认为,太一就是有限性本身的观念。对于斯宾诺莎,我指出,他的问题不在于简单的无宇宙论,而是泛(无)神论无宇宙论。我们认识到这一点,是因为我们看到,神与自然都在对方的缺席中实存,这种否定比黑格尔允许的否定更为平等。在黑格尔这里,我们似乎看到,他进一步加强了这种虚无主义逻辑:复返吊诡地先于外离,有变成了无,无又被视为有。

下一章将讨论海德格尔的著作,并将他的哲学解读为一种超本体论。这样,海德格尔进一步发扬了我们在上文见到的那种冲动:给予万物,却不给定一物。

[①] Taylor(1975), pp. 281, 102.
[②] Taylor(1975), p. 102.

第六章 子午线上：海德格尔与策兰

> 这条线被称为零度子午线。①
>
> ——海德格尔，1955

> 我看到一种东西和语言一样，不是物质的，却属于大地，属于地球，它是圆形的，经过两极，回归自己，在路途中宁静安谧地穿过赤道：我找到了一条子午线。
>
> ——策兰(Paul Celan)，1960.10.22

导　言

本章并不想对海德格尔或策兰进行全方位的解读。我将提供的是有关海德格尔哲学的简要分析，以及海氏和策兰之间微妙的离题万里的对比。我对海德格尔的解读将指出，虚无主义逻辑，至少是我们在这里定义的，是海氏哲学的根本。对比

---

① 海德格尔在此谈的是荣格尔的作品。海氏曾在荣格尔出版的一部著作中发表过一篇文章，原题为《越界》(Über die Linie)，修订后重新命名为《有问题》(On the Question of Being)，该文收录于 Heidegger(1998)，pp. 291—322。

第六章 子午线上:海德格尔与策兰

策兰和海德格尔,目的只是为了准确地引出海氏著作的虚无主义本质。①大多数策兰的评论者都表示,策兰和海德格尔关系密切(比如,巴尔[Baer]、菲斯廷那[Felstiner]、加达默尔[Gadamer]、拉库-拉巴特[Lacoue-Labarthe])。② 本书提供的解读认为,海德格尔和策兰分别是那条环线在奔向子午线的路途中穿越的两极。策兰和海德格尔无疑是两个极端:一位是犹太人,德国暴行的幸存者,一位是前纳粹党成员。这样的两个人怎么会臭味相投?我将先回顾海德格尔的著作,然后集中讨论他是如何运用石勒修(Angelus Silesius)之花——无理性之花,并进而指出策兰也借用了类似主题。③ 本章的前两节将简要阅读海德格尔的《大有与时间》,使用的表达和术语基本都是海德格尔的。

女士们、先生们,海德格尔:照料大有④

灾难照料一切。⑤

——布朗肖

海德格尔……和司各脱一样,为有的单义性赋予了新的

---

① 策兰的诗歌,见 Celan(1995)。策兰的散文,见 Celan(1986)。上述引文来自策兰的《子午线》演讲,收录于 Celan(1986);另见 Celan(1978)。
② 见 Felstiner(1995),pp. 72—75,140。"说策兰读过海德格尔太轻了",见 Lacoue-Labarthe(1999),p. 33;"海德格尔对策兰的影响远远超过了'背景'一词的含义,见 Fioretos(1994),p. 111;另见 Gadamer(1997),Baer(2000)。
③ 石勒修之花,无由而开,见 Silesius(1986),p. 54。
④ "女士们、先生们"是策兰在其著名的子午线演讲中的用语。他在演讲中说了15次"女士们、先生们";这可以理解,因为这是1960年10月22日,他领毕希纳文学奖时,对着观众的演讲。不过,策兰的表达似乎有特别的用意,让我们想起了礼貌甚至文明本身的虚伪,因为纳粹在把人群"驱赶"进车厢时,留下了他们的行李箱:"女士们、先生们,请留下你们的箱子,然后上车,您的随身物品将会提前送达。"
⑤ Blanchot(1986),p. 3.

光芒。①

——德勒兹

在海德格尔的整个生涯中,不断提出和思考的问题是:"为何是有而不是无。"海氏的观点是,整个西方历史中,有的问题都被遗忘了。哲学患了健忘症。我们对大有的一切理解,就大有的意义(或者后期的大有的"真理")而言,一直处于黑暗中。事实上,海德格尔称大有是最黑暗的概念,这种黑暗迫使我们再度提出有的问题。②我们必须重新唤醒一种对此问题的理解,这次将召回它的意义。③传统,把诸范畴和概念传给我们,从而阻碍我们进入它们的"原初源头"。④ 因此,我们需要打破这一传统,直到进入原初经验。⑤ 在原初经验的入口,我们本原地形成了有关大有的规定,只有那里才可能更好地理解大有的意义。传统在时间中变得坚硬,它开始假设大有,没能恰当地照料我们对其本质的规定。破坏这一传统,将会允许一种更加流动、古老却本初的认识大有的方式。⑥

按照海德格尔的看法,我们总是处于认识中。有些认识固守着僵化的健忘症,也有些没有。海德格尔运用了许多线索,帮助我们更好地理解大有:那些基本概念,如实存、畏、被抛性、照料和时间。⑦ 事实上,正是时间将指引我们进入原初意义上的大有,因为正是时间指引我们进入对有的接收,即所谓此在的实存论分析。⑧

---

① Deleuze(1997), p. 66. 我们必须记住海德格尔的教授资格论文,他以为自己读的司各特的著作,其实是司各特学派厄福特(Thomas of Erfurt)的作品,见 Heidegger (1970)。
② Heidegger(1962), p. 23.
③ Heidegger(1962), p. 21.
④ Heidegger(1962), p. 43.
⑤ Heidegger(1962), p. 44.
⑥ 在德里达那里,破坏(Destruktion)变成了解构。
⑦ Heidegger(1962), p. 25.
⑧ Heidegger(1962), pp. 38, 39.

这充当着我们的基础本体论,诸本体论就是由此产生的。

此在(Da-sein,在此)是一种有的方式,可以让我们进入原初意义上的大有。此在是在世中的有,与所有其他有者在本体上区分开来,因为大有对于它是个问题。即使在这个前本体论的阶段,进入大有的方式就是完全不同的,因为对于此在而言,本体的已经暗示了本体论的。此在促使(verhalten)自己趋向对大有的本体论认识。但是,这种前本体论的行为,可能无法进入对大有专有的理解,很可能完全落在实存者(the existentiell)的王国。实存者是此在必须经历的生活,这种生活无需考虑这种实存的"结构"。如果此在确实进入对自己的大有的研究,它就会成为实存的(existenzial)。因为这一独特行为,海德格尔给出了此在的三种不同特性。首先是本体的(the ontic):此在的大有具有实存的确定性。所以,大有对于它而言,已经是一个问题。其二是本体论的(the ontological):因为此在是前本体论的"本体论的",实存对于它而言是决定性的。① 第三个特征是,本体-本体论的优先趋向大有,因为正是此在的基础本体论,带来了各种其他的本体论。那种优先化的本体之源才是最根本和不同的。②

如果要突破传统,以新的方式重新陈述"大有问题",此在可以帮助我们。此在本体-本体论地趋向最本质的大有问题,因为时间,它就是此在在此的时间。这种本体论-时间的方法,可以让我们超越纯粹的"在场(Anwesenheit)",栖居在可谓是现象学的"到来"中。此在的"此"暗示了此在的时间,因为在此只发生在时间的到来中。大有与时间息息相关,这可以说明很多问题。海德格尔认为,我们知道它是一条"线索"。此在的大有是"历史

---

① Heidegger(1962), p. 32.
② Heidegger(1962), p. 34.

的",因为此在是其过去,但这个过去一直都是从未来中历史化而来的。① 这意味着,此在,因为是自己的过去,必须超越自己,至少在本体上是如此,而且这种超越是对那个历史的未来的超越。在此的到来,涉及本体论-时间性的接收,这种接收是连续的。② 这种接收必然包含着一个在那里将会被接收的过去,但这个过去是未来的,因为在那里将被接收的就是它的已经在此。所以,海德格尔认为,此在的过去"早已先于自己"。③ 被接收的,与在"此"接收它的,与先前接收的,是同一个活的生命。因此,来自未来的,就是过去的回响、踪迹。我们可以认为,这个过去是原初的,因为它是在此的到来,是那个"此"的有。但是,从根本上说,这种到来也是未来的,因为这种降临从未发生,总是绽出地(ecstatically)发生。

大有:在手与在场

我们知道,海德格尔指责哲学遗忘了大有。这是在手性(Vorhandenheit)的本体论的结果。换言之,大有被理解为有者纯粹的在手。这是坏的本体的,但更坏地是,它是本体神学或形而上学的。意思是,我们对大有的认识,没有就大有的本质本身提出本体论的问题,一切相反的现象都是方法论错误。哲学以假设地方式进入大有,假设它是在场的。假设大有是在场的,就无法提出那个本体论的问题。因为形而上学(本体神学)设问的立足点是"什么"? 这把大有还原为一个物的问题,从而排除了一切关联"为何"有大有在那儿的可能性。这种(就哲学

---

① Heidegger(1962), p. 41.
② "接收"一词不是海德格尔的。
③ Heidegger(1962), p. 41.

而言)非本真的提问方式,只是假装在提问,因为它的问题就是答案。① 理解此问题所需的框架,就是形而上学提问形式中已经给出的答案。这种提问假定了它占据的空间,并以同样的套路对待它要谈及的东西:只有答案提出问题。② 一切假装的提问,都包含着这种在手的概念,正是因为它知道我们有物可说。一切本体神学或者形而上学的提问,都假设了问题;它自问"为何是有而不是无"的方式,无法理解问题本身的概念。形而上学家会说,"只有形而上学的问题可提",这样一来,他们根本无法理解那个本体论问题的激进性。起点是遗忘,因为它已经是自明的。形而上学家进而进入自己建构的话语,坚信自己"提问"的效度,这种自信暴露了它的不足。只有当我们停留在提问这个点上,小心这种源头,才能克服这种狂妄。(海德格尔不会这样说,也许正是因为他落入了同样的本体神学,甚至超本体神学的傲慢,我们将在下文阐明这一点。)

众所周知,为了克服这种在手性的本体论,海德格尔想规避固化其谈论的东西的形而上学传统。这一传统如此熟悉是者,错失了对大有专有的理解。③ 为了把哲学从这种本体的囚禁中解放出来,海德格尔调用了此在的本体-本体论优先性。这种本体的优先性让他可以以"在世中"的方式进入世界。因为此在作为此在,是在世中的,且与世界共在的(mit-Dasein)。④ 海德格尔认为,不会有高于并对立于世界的此在观念。此在不是"什么",而是在世中的方式。⑤ 此在的大有是"我的(Jemeinigkeit)",因为所是是作为

---

① 在这一点上,我赞同海德格尔。神学无疑可以学习这一点,虚无主义肯定学了;见下卷第十章。
② 这是我自己的用词。
③ Heidegger(1962), p. 107.
④ Heidegger(1962), p. 155.
⑤ Heidegger(1962), p. 67.

历史化的未来被活过的。不会产生任何二元论,因为此在的大有就是此。① 而且,此在具有去远性(entfernen),可以理解为带近和定向性(Ausrichtung)。因为,作为"此"的有是趋向,因为它是未来的。② 我们可以认为,趋向来自此在的被抛性(Geworfenheit)。这种被抛性带来并且安置一切有关在世中并与世界共在的此在的理解,甚至世界在谨慎去远(circumspective de-severing)中对此在显现,去远否决了一切分裂或分离概念。③ 此在作为此在即共在,只是它是在其中共在。因此,此在并不外于自己言说的世界。这种亲在(closeness)无关距离,而是对关系的正确理解。因为在这种亲密性中,它将包含合适的如果不是确定的距离。④ 此在带入思想中的亲密性,让我们注意到一种整体性,因为此在具有整体性潜能。⑤ 这种整体性是原初的:"在世中的大有是一种结构,它原本而且一直是整体的。"⑥此在被理解为共在,实现为与世界共在;去远,以及定向,召来了此在自我认识中的世界。此在的被抛性,禁止一切高于并对立于世界的主体概念所需要的"距离":"我们需要被抛性,来表示被转交的[此在]的事实性。"⑦相反,对此在作为大有模式的正确理解,是认为它是一种特殊的消解。我们将在下文解释这种消解的性质。

我们知道,海德格尔想通过进入不同于形而上学的提问方式,重新表述大有的问题:"问题的觉醒更加本原。"⑧这种更加本原的提问,类似于胡塞尔的加括弧,想剥离一切有者及其所是,同时在

---

① Heidegger(1962), p. 67.
② Heidegger(1962), pp. 139, 143.
③ Heidegger(1962), p. 139.
④ Heidegger(1962), p. 141.
⑤ Heidegger(1962), p. 277.
⑥ Heidegger(1962), p. 225.
⑦ Heidegger(1962), p. 174.
⑧ Heidegger(1962), p. 232.

我所谓的"到来"中再-现它们,这种"到来"是持久的:"总是有东西需要解决。"①完成此任务的"工具",当然是此在。② 通过此在把大有带给我们,有很多方法。上文已经提到了在手性的本体论。在此,海德格尔想让我们对大有的知觉认识脱离纯粹的在手性,进入上手性(Zuhandenheit)。上手不能理论地把握,这种新的"实践"方法将会允许新的提问大有的方法。此在遇到上手,是因为一种工作,它自"带着"参照总体,让对上手的东西的认识到来。海德格尔认为上手,虽然无法被理论把握,却也不是非理论的。然而,上手物的承诺,作为现象,把自己提供为上手的,其中包含着一种回退。就此而言,我们无法解决此问题,没有任何假设,因为是者,只有在回退中才是。

从现象学上讲

海德格尔认为,"面向事物本身"的格言中包含的现象学观念,就是同时的在回退中显现,它带来了此观念。③ 海氏说道:"现象学意味着……让展现自身的东西以它从自身展现自身的方式,从自身中被看出来。"④因此,只有现象学才能让本体论得以可能。⑤ 事实上,作为有者的大有的科学,现象学其实就是本体论。⑥ 每个现象都是展现,它在展现的同时回退,因为大有是一种展现的到

---

① Heidegger(1962), p. 279.
② 然而,我将看到,这种重申问题的举动只不过再次以同样的方式重申了那种本体神学(超本体神学)的提问,它体现了上文提到的虚无主义逻辑。海德格尔将承接这种普罗提诺-斯宾诺莎主义,因为那个有物变成了无物,无物又扮演着有物的角色。
③ Heidegger(1962), p. 50.
④ Heidegger(1962), p. 58. 这听着像我们在前面章节中看到的显现。
⑤ Heidegger(1962), p. 60.
⑥ Heidegger(1962), p. 61.

来，一种涉及回退的展现。这意味着，每种现象的自我呈现，都超越了知性，这就是现象本身的过剩：这种过剩显现为回退。正是这种回退避免了堕入在手性。因为这个原因，现象学是诠释的，因为大有事件必然与一个绽出的过去的在此有关，这个过去把未来历史化了。① 我们停留在作为展出的展现中。②

从在手性过渡到上手性需要放手，发生在此在对世界的操劳中。要放手的是一种特殊的本体的稳定性。有者从其在手的本体孤立中挣脱出来，在世界中重新呈现自己——其参照总体暗示的世界：萨特和拉康都发扬了这一观念。③ 这个参照总体暗示了一种过剩，因为在场对于它具有某种"厚度"。④ 上手的可能丢了名声，变成不上手的。⑤ 海德格尔给的例子，是一件坏了的或者不见的工具。否定性中揭示一种纯粹的在手，引起了一种不充分的关心形式。在显见、强制和固执等认知模式中，就明显可以意识到这种不上手。这显示了上手的东西的在手。但是，上手的东西还是在其在手中把自己展现为上手的。⑥ 上手宣告了一个世界，但是，只有当它始终在一种显然在手中才是上手的，从而揭示了一种不可还原地抵抗纯粹理论凝视的东西时，它才会更加有效。总有某种重量逃避定义，一种蕴含一切的赤裸：对于拉康的和齐泽克而言，这种赤裸是一种剩余的排泄物，实在界（the Real）。⑦

---

① Heidegger(1962)，p. 62.
② 用显现的观念，可以把海德格尔与维特根斯坦和黑格尔联系起来，后两位都用显现概念讨论显象。关于维特根斯坦，见 Conor Cunningham(1999)；关于黑格尔，见上卷第五章。
③ 见下卷第十章。
④ 这类似于葛兹(Clifford Geertz)的"厚描述"。
⑤ Heidegger(1962)，p. 103.
⑥ Heidegger(1962)，p. 104.
⑦ 见下卷第十章。

海德格尔认为,"上手是'自在的'有者能够得到本体论-范畴地定义的方式"。① 紧接着他问道:是否"在手是上手的基础"?② 海德格尔没有回答此问题,但是他确实谈到了一种本体论的迫切性,也就是说,"释放一切上手的东西让它成为上手的"。③ 在某种意义上,是在手的东西的上手性,呈现为上手的;这暗示了一种超越在手性和上手性的第三种状态。就本体论而言,关键的是,是者是上手的;这有点类似于此-在的"在此":大有不是纯粹的在场,但是出现(presensing)在此。现象的"陌生性"是本体论线索,带来了重新陈述渴望的问题的可能性。现象来到了一个不断重新带来那种到来的世界。因此,每个有者都显露在此在的操持中,成为那个在回退中显露自己的东西;这是在场的过剩,它的本体论分量。它回退,因为一切现象都缺乏本体论的稳定性,就本体的定义而言。此任务就是去知(unknow)是者,通过把大有认识为一种到来。这样,此在进入那个本体论问题的方式会更有前景。因为此在现在问的不再是它知道的什么。因此,从本体上说,一切有-物开始消解。相反,此在把自己的问题置于一种绽出的到来的视域中。如果我们理解了此在进入死亡的方式,就会更加明白这种方式。

有与无:时间与死亡

对于此在而言,确定的是"操心(Sorge)",但是我们需要时间去理解其真正涵义。此在通过"照料",开始带着某种操心进入大有。这种照料来自一种特殊的情绪的到来。此在总是处于情绪中,情绪把此在带入它的"在此"。④ 情绪暴露了此-在的"在此",

---

① Heidegger(1962), p. 101.
② 同上。
③ Heidegger(1962), p. 117.
④ Heidegger(1962), p. 173.

因为它让大有得以显现。这样,此在在某种意义上开始注意到自己的有。也就是说,情绪标志着大有的在何处。因此,此在意识到大有在此,这当然也是一个在此(Being-there)。然而,每一种情绪激起的"在此"意识是不同的。比如,一种情绪在展现"所是"时,并未显示"从何处来"或"到哪里去"。恐惧,作为一种心理状态,让我们接近畏(Angst),它是无(das Nicht)的显现,后者又呈现了"在此"的源头。此在,通过恐惧,变得焦虑。此在恐惧的是无。此在显示了焦虑,感觉到不寻常,因为它意识到在某种意义上大有即无。① 因此,此在开始操心大有。它无法再假设大有的事实性,因为显出的无性禁止这种不操心。事实上,正是这种操心展现了此在的大有。如海德格尔所言:"此在的大有将作为操心被看见。"② 被抛性(Geworfenheit)唤来了操心,把此在交给了这种大有的到来,这种大有必须被理解为无:操心"就其本质而言,透着虚无,完全彻底的虚无"。③ 焦虑导致了大有的无,这种无性(大有被显示的无性)成为大有为无的源头,只是"时间"的问题。无中生无($Ex\ nihilo\ nihil\ fit$)。这是此在的第一定律,因为此在的畏,这句老话有了新的涵义。对于此在而言,这是赤裸的"所是"的无性。④ 从无来的确实是无,这种无带来了某种本体论的分量:"对于此在而言,'什么都没有随之产生(that nothing ensues)',表明了某种肯定的东西。"⑤我认为,对于海德格尔而言,必须以新的,但更古老的方式理解"$ex\ nihilo\ nihilo\ fit$",必须这样理解它:$ex\ nihilo$

---

① "那个无始终如一地与大有相同",见 Heidegger(1962),p. 318。关于大无,最有意思的文本是《何为形而上学》(1929),《何为形而上学·跋》(1943),《何为形而上学·序》(1949),《有问题》(1955);均收录于 Heidegger(1998),pp. 82—96,231—238,277—290,291—322。
② Heidegger(1962),pp. 83—84.
③ Heidegger(1962),p. 331.
④ Heidegger(1962),p. 321.
⑤ Heidegger(1962),p. 324.

omne ens qua ens fit(无中生有,一切有者)。

此在因或者被畏唤起,它因向死而有(Sein zum Tode)而诱发了应有的操心。① "此在召回到自己的被抛性,以便把这种死亡理解为它必须带入实存的虚无基础。"②此在因为认识到自己的向死而有,回想起了自己的无性:"原本完全支配着此在的大有的虚无性,在本真的向死而有中被揭示给了此在。"③这样,此在的向死而有就解释了大有的无性。在此,死是已有的东西的回声,因为此在的死亡,是其无性的结果。死让此在把自己理解为无:拉康赞同这一点,认为主体即有的缺席(manque-à-être)。这样一来,死(作为无)不仅是确定的在此,还是构成性的在此。因此,我们可以认为,死即大有,即大有的到来。我们知道,只有当它的无性显现出来时,才能正确地、操心地进入大有。因此,死亡揭示了这种无性,但它是作为大有的到来而做到这一点的。死亡言说着大有所是的无性,并且是作为大有的开始而不是结束做到这一点的。死的无性让大有作为大有得以显现;只能通过死亡,我们才意识到大有在此。海氏强调,"死亡是大有的一种潜能"。事实上,"随着死亡,此在在自己最大的大有潜能中站在自己面前"。④ 此在,理解了死亡,就可以把握自己的无性,从而开始用本体论的方法进入大有,这对于海德格尔而言,就是进入为无的大有。我们可以认为,大有即死亡,只要我们没有把死亡事件放错位置。死不是发生在生之后。相反,死在"生"之前到来。(下卷第十章讨论了萨特、拉康、德勒兹和巴迪欧的类似理解。)海德格尔谈到,此在通过召来而召回,表达的就是这一点。⑤

---

① "照料即向死而生",见 Heidegger(1962), p. 378。
② Heidegger(1962), p. 333.
③ Heidegger(1962), p. 354.
④ Heidegger(1962), p. 294.
⑤ Heidegger(1962), p. 333.

海德格尔说,死"站在我们之前"。① "之前"的概念可以理解为"在我们面前",即未来,但这样似乎会让此在高于且对立于将产生的大无(the Nothing)。但是,死亡,作为大有潜能,必然会作为大有的开端走进。海氏认为,"以死为终,是次此在的成因"。② 如果死亡是根本的或构成性的,它必然是在开始之前就在那里了,就是那个开端。

如果我们开始把死理解为大有,是大有的无性的显现,让大有可以在此,我们就可以理解时间。海德格尔表示,"大有并不异于时间",③而且他坚持认为,无应该"被理解为大有本身"。④ 如果死亡作为大无的显现,等于大有,且大有和时间在某种意义上是相等的,那么时间本身就必须被视为大无。海氏至少表示,时间本身不是,或者是大无,因为他谈到了"时间性的时间化",这一点被后来的德里达吸收了。⑤ 我们必然记得,大有并不异于时间,现在,我们又知道了大有即大无。因此,如果我们确实认为死对于我们而言是大有的开始,且认为死的无性是大有的在此,因此时间本身是浸满了死亡。如果我们要把死亡和时间区分开来,那么用德里达的说法,死亡就是"文本"外的无物,而时间是"文本"内的无物。⑥ 这种"内在的"无性可能就标志着大有为无的历程,抵制了所谓的"熵"(下文会解释这一点)。

语言:言无

海德格尔认为,此在是大有成为去蔽的真理也即无蔽(alethe-

---

① Heidegger(1962), p. 294.
② Heidegger(1962), p. 284.
③ Heidegger(1962), p. 285.
④ Heidegger(1962), p. 290.
⑤ Heidegger(1962), p. 278.
⑥ 这类似于斯宾诺莎的属性的内在-外在无限性,见上卷第三章。

ia)的"空间":"在场的东西的去蔽性,它被揭示的大有,它的自我展露。"①在场者的展露发生在或者发生为语言。在某种意义上,海德格尔并不认为有展露活动(showing)之外的东西被展露,因为展露只是言说,即语言活动:"此在本质上是由话语潜能决定的。"②事实上,此在引发的那个本体论问题的"提出",就是"一种大有"。③ 但是,展露活动就是语言活动本身。展露,作为言说,是语言的说出,语言说出此在时说出自己。海德格尔说:"不是我们游戏文字;而是语言的本质游戏着我们。"④在此在的言说中,我们必然希望理解那种言说中的、作为那种言说展露的东西。其实,我们要聆听的就是语言的展露,"听到语言言说时真正在说的"。⑤这种展露,即言说,让我们看到进入作为语言的语言中的东西的到来。海德格尔说,"展露[是]……让显现"。⑥

对于海氏而言,"有东西进入了语言"。⑦ 什么进入了语言,这种东西是什么? 似乎进入语言的是语言本身。我们将"把语言带入作为语言的语言"。⑧ 正因如此,在语言中必须被听到的就是语言自己的言说,这样"语言展露了自己"。⑨ 来到语言中的是语言。正如时间不是,但是时间性被时间化了,语言也被语言化了。一切言说都是展露,开始暗示某种"实体化",即语言作为语言的到来几乎成为"物体的"。我们知道此在从本质上讲是语言化的,此在的展现是语言的说出。因此,随着此在的到来,语言也被带入语言。

---

① Heidegger(1972), p. 79.
② Heidegger(1962), p. 47.
③ Heidegger(1962), p. 27.
④ "What Calls for Thinking", in Heidegger(1978), p. 388.
⑤ Heidegger(1962), p. 389.
⑥ Heidegger(1962), p. 401.
⑦ Heidegger(1962), p. 408.
⑧ Heidegger(1962), p. 398.
⑨ Heidegger(1962), p. 399.

言说语言时,此在言说自己,但是此在并不控制这种言说。当此在言说语言时,此在展露了自己。语言,因为语言化,在此在言说语言时,同时言说此在;在同一个展现中,两者都被带入了自己。因此,我们可以开始认为,两者都是显现为有物的无物,通过一种特殊的朝向彼此的运动。(这也许类似于斯宾诺莎的"神即自然"?)①

第一条座右铭,是无中生无,第二条座右铭,是没有根由便一无所有(nihil sine ratione)。如果一切都是有根由的,如果我们以一种特殊的方式来解读这一点,就可以将其理解为言说/展露到来的场所。从无生无,这种无作为大有的原则,是无根由的;这样,我们就可以重新表述那个本体论的问题。这个问题便没有了结论,事实上,我们可以合理地认为,这个重新表述的问题是对无为有去问题的提问,如果可以这样说的话。这种提问方式的典范便是石勒修的玫瑰:

> 玫瑰本无由;花开因自开;
> 孤芳我自赏;不求世人见。②

这朵玫瑰将表示一种话语形式,它"无言"或"不说"。对于海德格尔而言,我们"必须首先学会无名而存"。③ 他要说的,似乎并不是我们最初实存于无名中,后来不是了,而是最基础的起点是实存于无名中,且一直实存于无名中。在此,我们可以清晰地看到,海德格尔将变有为无,又编造了一通"话语"让无为有。玫瑰被展现的方式,是一种无"语"而言。在某种意义上,这是无语言的语言,就

---

① Heidegger(1962), p. 69.
② Heidegger(1996), p. 35;Silesius(1986), p. 54.
③ Heidegger(1998), p. 243.

是语言的到来本身。换言之,它是语言的语言化。这是把语言带入语言,那个有物进入语言。玫瑰展露自己,是无名之物的言说,没有文字,是言说的无言。我们知道,只有把大有视为无,才能理解它,但对于此在而言,这种无是"肯定的"。时间也是如此,因为时间性必须被时间化,时间并不异于大有。同样,玫瑰呈现了一种无语之言,因为它从不言说有物。因此,这种话语总是在语言之前,是无言,非言,无名。不言而言,无有而大有,从而把那个大无时间化和语言化——这是纯粹到来的展露,到来的到来。① (下卷第十章将指出,这种到来是对一切特殊性的根除,因为它是"一切对一切的战争"。因为每个实存者同时被禁止和允许了——套用黑格尔的话。)

海德格尔认为,玫瑰与根据既有关系,又去关系。石勒修说,玫瑰"花开本无由",我们意识到,这里有一种根据的抛弃——那个"为何"显示了这种缺席。然而,它并不贫困,因为有"花开因自开"中的"因",让这里浮现出一种"与根据的关系"。② 在此,玫瑰缺乏根据,但是这种缺乏依然显示了一种与根据的关系,因为根据的言说,是玫瑰作为玫瑰的实际展露,或到来。③ 这里发生着什么?海德格尔认为,发生的是发生本身:"发生本身……是唯一的事件。大有就是。发生了什么?什么都没发生,如果我们追问的是发生中发生的东西。无发生了,事件生出(event e-vents)。"④这是到来的到来。确实,无中生无,生出的一切都不是无根由的。这是作为展露中(show-ing)的话语。大有的本体论问题,我将其描述为去

---

① 可以说,这有点类似于康德所谓"显象的显现",见 Kant(1998b), p. 117;另见上卷第四章。而且,这种显现与黑格尔也有关系,他在解释本质概念时也用了这个词;比如,见 Hegel(1975), pp. 186—187。
② Heidegger(1996), p. 42.
③ 这有点类似于奥卡姆的单一性,以及意义隐秘的产生,在"假设"范围内的普遍东西。
④ Heidegger(1984), p. 485.

问题的提问,让我们居于永久的到来中:确实什么都没到来。① 作为那个到来的到来的这个是什么？也许"生无的无(the nihiliative nothing),那个先前与'有'关系密切的无的本质,可以到来并且提供给我们"。② 到来的到来展露给我们,就是无为有的永久言说:"大有不再多于无。但有两者的给出。"③我们可以从大有的擦除中看到这个"玫瑰色的"话语:"和大有一样,无也必须被写下了——这意味着思维也必然如此。"④这就是无为有;作为基础的去基础(Abgrund)。

海德格尔正直面着一个一般的疑问,它渗透在所有的思想中,我们在上文已经提到了。然而,重申一下这一逻辑,可能会很有帮助。思想需要增补,或者说,如果我们不给思想以增补,就会始终停留在纯本体的之中,即我们的答案问问题。同时,如果我们要给思想以增补,只能以另一个思想来完成此任务,这会引起无限回退,或者,我们可以用不是思想的东西来增补。不过,这将意味着,思想以思想的缺失为根据,因为它将以不是思想的东西或者非思为根据。德勒兹后来就采取了此立场,认为生产意义的是非意义。⑤ 海德格尔在此采用了类似的逻辑,把大有的根据设定为大无。⑥ 而且,他还把这一逻辑与玫瑰无由而开联系起来。这很重要,因为海德格尔正在把思想或语言带出那些本体的假设,以及形而上学的提问路线。我们将看到,策兰的举动与之类似。我将简要解读一下我在策兰的著作中看到的一种特殊的冲动,这种冲动让策兰走近海德格尔,然

---

① 德里达说过类似的话:"这种遮蔽……这种显现必要基础的消隐",见 Derrida (1978), p. 138。我会认为,这种在构成性消隐内的显象的显现,是康德式的。
② "On the Question of Being", in Heidegger(1998), p. 310.
③ "On the Question of Being", in Heidegger(1998), p. 317.
④ "On the Question of Being", in Heidegger(1998), p. 311.
⑤ Deleuze(1990), p. 71.
⑥ 海德格尔称这种基础为去基础(*Abgrund*)或"深渊",他还称无为大无(das Nicht)。

后又必然地离开。最后,我将通过对策兰的阅读,重新审视海德格尔。

语言:石头的

> 策兰完成了海德格尔的志业。①
>
> ——巴迪欧

无视阿多诺的箴言,奥斯维辛之后不再有诗,策兰投身于书写大屠杀的阴影中。② 事实上,策兰似乎是为大屠杀而写;他因为这一场恐怖形成了自己的语言。策兰寻求语言的庇佑,他对语言的特殊理解和运用,让他可以与海德格尔相提并论。

策兰使用语言的方式很特殊,他赋予了语言某种自治性:具有潜能的生命,自己的生命。语言带着被言说的东西的伤疤,但是这种勾结留下了一个空间,造成了一种可能性,即这种勾结不是完全的合谋。对于策兰而言,这种可能性给诗人或人带来了某种东西,和大屠杀同在的东西,因为那里有一种语言,它不同于大屠杀的语言。在某种意义上,语言抵抗被还原为对欧洲犹太人的迫害。如策兰所言:

> 在各种丧失中间,只剩下一种东西可以达到、靠近和保障:语言。对,语言。忽视一切,它仍然稳妥,不会丧失,但是它必须经历自己的无答案,经历可怕的沉默,经历那些谋杀一

---

① Badiou(1999), p.77.
② 阿多诺在1950年代下禁令说大屠杀之后再写诗是野蛮的,在1962年和1965年又重申了这一点。但是他在1966年收回了这一禁令:"Zur Dialektik des Engagements", *Neue Rundschau* 73/1(1962), p.103; in *Noten zur Literatur* III(Frankfurt, 1965);见 Adorno(1966), p.353;(1973), p.362.

切的言说的万千黑暗……它让我无言以对正在消逝的一切，只能经历它。经历然后重现，完全被它充实。①

在策兰那里，这段引文传递给我们的是对某种依然"现实的"东西——大屠杀之后依然在那里的东西——的需求。策兰想承认大屠杀不可思议的恶，同时又不想它失去一切现实性。这揭示了阿多诺的禁律中非常重要的一种含糊性：奥斯维辛之后不再有诗。这是否意味着，依然有诗，但不会出现在奥斯维辛的阴影之外？这样一来，就不会有任何诗歌不是从大屠杀的边界内言说的。语言必定居于那里，从创伤、伤痛内部言说——伤疤塑造每一次的关联，它是根底上的洞，漂浮在空中的坟墓，因为尘埃笼罩着一切知觉。另一种解释是，该禁律也许就是强调不再有诗（阿多诺后来在读到策兰时，收回了这一说法）。我们对此的担忧在于，奥斯维辛成为现实，因为它定义了什么是是。这样的话，在某种意义上，大屠杀没有发生，而这正是纳粹宣传的形态。策兰似乎意识到了这个问题，并坚定地拒绝不再写诗——尽管他更清楚在大屠杀后言说，会面临的各种更加严峻的危险和矛盾。他在一首诗中问道："我们／如何触摸／彼此——／彼此用／这些／双手。"②我们可以想象，策兰看着自己举起的双手，仿佛它们犯了屠杀的罪恶。我们如何使用语言言说，言说无数生命死亡的语言？我们如何使用文字言说死亡，而不是文字言说死亡？策兰的方法似乎是不断追逐别的东西，真实的东西；其实，策兰是在寻找现实。

如果我们可以说策兰确实在追逐一种现实，那么无疑这种现实并非不复杂，因为策兰言说的是陌生者。如果在一切发生后，语

---

① 节选自策兰的布莱梅演讲，见 Celan(1986)。
② "The Straitening", in Celan(1995), pp. 141—153, 尤其 p. 145。

言依然还在，那么它就必然具有某种自治性的观念，因为它必然居于人的完全控制之外。如本雅明所言："语言有自己的文字。"① 这样的话，就会储存上文所提到的潜能，可以在大屠杀之时和之后言说。这种话语采取的形式十分高明、十分精美。

策兰提出了所谓的石头的语言，阿多诺称之为封闭的或者无机的。② 这是死亡的东西的语言。原因在于，它在论题之前，在话语或者真实断言之前，在可谓是"抑扬格修辞"的润饰之前。石头的语言向我们提供了一种坚硬性，可以经受屠杀的灾难。策兰谈诗歌，就仿佛它是一颗石头的语言。③ 语言的发生，在"是与否区分"之前，文字不会分裂。④ 在此意义上，策兰追求的现实，将会给予一个不同于奥斯维辛的场所，在法西斯话语的火焰中幸存下来，带着其必要的还原。策兰谈到了"被现实折磨并寻找现实的"有。⑤ 对于他而言，诗是与一个他者的相遇。他说，那也许是一个完全的他者。

诗歌是一种对话，因为它的趋向。诗歌在希望中言说，希望一个他者，希望一种现实，并且和那种现实对话。送出的诗歌却有方向，满怀希望。向着什么？策兰问。他回答道："向着某种开放、可栖居的东西，一个可以到达的你，也许是一种可以到达的现实。"⑥ 一个现实的"你"，一个人本身。有评论者认为，我们应该用人称代词言说，因为这是幸存者的语言。⑦ 我们应该谈到一个人，因为大屠杀就是人的不可能性。因为大屠杀无法让犹太人是人；因此，人

---

① Benjamin(1979), p. 117.
② 策兰确实在一次谈话中拒绝了隐士的标签，见 Felstiner(1995), p. 253；另见 Adorno(1997), pp. 443—444。
③ "Radix Matrix"; "Confidence", in Celan(1995), pp. 191, 107.
④ "Speak, You Also", Celan(1995), p. 101.
⑤ Celan(1986), p. 35.
⑥ 同上。
⑦ Felstiner(1995), p. 152.

被还原为灰烬的同质性。这也许就是策兰无法赞同写诗禁律的一个原因。他举了毕希纳(Georg Büchner)的《丹东之死》中的卢西尔作为诗(Dichtung)的例子。① 当卡米尔要被处死,经历抑扬格的死亡时,卢西尔抗议他的被捕。她的抗议采取文字的形式:"国王万岁。"这些文字不言说政治,不表达对共和国和国王的看法。在说出它们之前,卢西尔说:"当我想到它们——那个头颅!……世界是宽广的,包罗万象,为何只有那一个?它们想要它干什么?"痛苦的现实和生命的特殊性,把话语甚至艺术的戏剧性还原为荒诞。对于策兰而言,卢西尔的抗议语言就是诗歌。它们作为自由的行为,言说现实。

卢西尔的文字非常在意日期,即它们指向的是此时此地,不可或缺、不可替代的此时此地。策兰希望把文字还给诗的现在,还给特殊性:"我用文字把你带回来,你在此/一切都是真的且在等待/真理。"②真理即现实,这对于策兰的无机诗歌非常重要:"一种怒吼:真理/它已经自己出现/在人群中/在他们混乱的隐喻的迷雾中。"③真理必然在是否分明之前,它必须居于话语之前,却不在语言之前。策兰不断探测着这样一种现实的可能性,这种现实是卢西尔承认的,是那些进过奥斯维辛的人相信的。石头的语言在此,是为了言说那些言说者。这是被一个他者言说,被一种现实言说:"一棵树必须再度是一个树,它的枝头,曾经吊死无数战争的反叛者,必须在春天再度开满鲜花。"④人,作为言说者,不能被允许去定义现实。语言,作为一种无机现实,必然会取消说出的东西:"绞刑架,曾在这一刻认为自己是一棵

---

① Büchner(1979).
② Celan(1995), p. 165.
③ Celan(1995), p. 271.
④ Celan(1986), p. 5.

树,因为没有人抬头仰望,所以我们不能确定它不是。"①不能让人类话语的非人性确定下来,否则,我们在话语中见到的那些缺点和危险就会变成现实:"依然／有歌可以唱／在人类的彼岸。"②策兰使得诗歌"把自己从一种已然的'不再'拽回到'依然在此'"。③ 这种努力把文字交还给唇齿,让现实回归。仿佛火车站被拖走的行李箱,带着礼貌的保证,它们会被送往前面,策兰似乎把这些"行李箱"还回来了。被塞入开往奥斯维辛的火车上的人拥有现实性,是大屠杀的非现实性偷走了它。(事实上,我们可以认为,策兰希望那里曾经有屠杀,有盗窃,这样,生命和行李箱才能被还回来,不是实际地,至少也是潜在地)。与之相反,区分了是与否的话语,似乎让文字脱离了唇齿,不断把它们运往别处。④ 仿佛承诺会还回来的行李箱,被提供的只是死亡无限的无名性。策兰谈到了 Atemwende,换气。⑤ 文字被说出,发声,离开唇齿,但是它们的意义,它们的生命,需要文字之间的换气。这是重新填满空气,提供给文字,从而促成并激活文字的流动("从我到你")。这是交谈的场所,就是上文提到的相遇。话语不能脱离生命,有如卢西尔的文字,它必须产生并且回归一种重新扎根的生命。这种拒绝放弃文字,甚至承诺了以后的还回,将废黜国家社会主义话语中因为放弃"行李箱"、生命等而要求的无动于衷。文字,作为诗歌,只居于换气的间隙中。我们似乎可以把这种换气概念描述为吸、呼、再吸之间的运动。文字的意义始终在胸腔的起伏中。这是诗歌陌生的可能性,一种大屠杀之后的交谈。

---

① Celan(1986), p. 13.
② Celan(1995), p. 235.
③ Celan(1986), p. 49.
④ 可以说,德里达的延异带来了同样的撒播。
⑤ 这是一部诗集的名字。

花儿:不为谁开①

我的实存不欠任何人。②

——贝克特,《不可名状》

诗歌的流出,就是"替陌生人说话"。陌生的是石头未分裂的文字,卢西尔的现实,归还的行李箱。策兰诗歌的封闭性,显示了话语的危险。策兰完全明了什么是大屠杀,但是他拒不承认那就是定论。③ 然而,他抛弃了陌生者一说,强调"我不能再把这个词用在这里——代表他者,他了解,甚至了解一个完全的他者"。④ 这个完全的他者,就是无机语言的可能性,未分裂的现实。在此,我们再次遇到了石勒修的花:"石头/空中的石头/……我们保证黑暗是空无的,我们发现/夏天升起的文字:/花儿"。⑤ 策兰的一个儿子说出的第一个字是花。这似乎是他写下这首诗的原因。"花"这个字,这样说出来,似乎和卢西尔的"国王万岁"一样诗性。

花未分裂的石头抵抗还原。⑥ 相反,它表达了自己的身体现

---

① 下卷第十章指出,对于萨特、拉康、巴迪欧等人而言,这个无一(No-one)是对一的否定;无一。
② Beckett(1955),p. 294.
③ 同样,在策兰的影响下,巴迪欧认为,因为大屠杀而提到"哲学的终结","无异于与让犹太人再死一次",见 Badiou(1999),p. 31。
④ Celan(1986),p. 48. 作者将其译为"全然他者"。这似乎很有道理,因为策兰刚刚买了奥拓的一本书,并在这次演讲前已经读过,奥拓在书中就用了"全然他者"的表达,见 Celan(1978),pp. 29—40;Otto(1925)。
⑤ 'Flower',in Celan(1995),p. 117.
⑥ 受巴迪欧的影响,我认为,不可分割的石头语言,是"无对象的主体"。巴迪欧认为,诗歌是"去对象化的",见 Badiou(1999),p. 72;另见 Badiou(1991),pp. 24—32。

实。这朵花似乎不断出现在策兰的诗歌中,有时是否定地:"我看见了毒花/完全是文字和形状的样子。"①我们无法确定是毒在开花,还是他说的是有毒的花。更重要的是,与海德格尔有关的是,花出现在《赞美诗》这首诗中,它写于1963年,在海德格尔的《理性的原理》之后,此时,策兰已经读过了《何为形而上学》,向无人,无人的玫瑰致敬。② 这是不为任何人开的玫瑰。策兰和海德格尔一样,大肆强调这一点。③ 这朵花确实盛开了,但不为任何根由,只为自己,不为任何人。这个无人,和海德格尔的无一样,具有一种特别的肯定性:"赞美你的名字,无人。/为了你/我们将盛开。/向着/你。"④无人(Niemand)被人格化,成为一种欲望,带来一种方向、形状和趋向,即诗。

正是无人再次用黏土捏造我们。无人,有如海德格尔的无,"创造"了我们:"一个无/我们过去、现在、将来/都是,在盛开——,那朵/无人的玫瑰。"对于策兰而言,这个无人似乎表明他一直在寻找的可能性,即诗歌未分裂的现实,石头封闭的语言,或者石头的书写——卡伊瓦(Roger Caillois)的用语。⑤ 想到海德格尔曾说,"只有神可以拯救我们",还有他对无的敬畏,我们就会明白,策兰的无人就是对这个神的渴望。策兰用话语理性的提问和回答,把我们带出它的距离,或者带到它的距离之前。这种理性预设了其意义,让它可以"旅行",把所有的本原都抛在后面,把它的诸根由带入新的天地中;这种动员是一切入侵的前提条件。相反,策兰的石头语言,让我们想起了"思想的思想",它是非思想的,或者是思

---

① Celan(1995),p.169.
② 拉巴特认为,"没有海德格尔对无性的思考,就无法解读《赞美诗》……没有《理性原则》的那几页,就无法解读《赞美诗》",见 Lacoue-Labarthe(1999),p.33.
③ 哈马切尔指出,策兰早期作品中有把无性具体化的倾向,他还说其晚期作品就不再这样了,见 Hamacher(1997),pp.344,348.
④ Celan(1995),p.179.
⑤ Caillois(1985).

想的去思想。对于策兰而言,这个思想的他者招来了一种亲近性,它限制思想却又让它运动起来。这种运动不会把思想带走,尽管它是一种运动。它展示的不是一种完全无根的思想超越的动态性。无疑,"无人的玫瑰"这种语言深受海德格尔的影响,尤其是他有关大有即无的看法。不过,这种影响并不是始终如一的,也没有让两人殊途同归。

等待:在线上

犹太人在战争中的生活如何,不用我提起。[1]

——策兰

海德格尔邀请策兰去拜访他,策兰接受了邀请,于 1967 年 7 月 25 日前去拜访海氏。他写了一首诗,题为《托特瑙堡》(Todtnauberg),海德格尔居住的地方。可以说,我们从这首诗里看到,策兰不再像先前那样赞赏海氏的作品(尤其是考虑到,对于策兰而言,他与海氏,是子午线穿越的两极,承诺了一种新的语言)。策兰也许是间接受到霍尔德林(Hölderlin)的影响,给予了海德格尔肯定的解读,因为霍尔德林有一句诗表明,有毒的地方就有解药,海德格尔引用过这句话。[2] 策兰阅读海德格尔,这个前纳粹,也许是因为他在等待解药的出现,希望海德格尔对语言的描述,尤其是在他后期著作,能够带来这种可能性。有一篇论文,用了"零度子午线"这种表达,是为了纪念荣格尔(Ernst Jünger),是他写下了这句话。策兰很可能极度讨厌这位作家,以至于在 1965 年换了出版

---

[1] Quoted in Felstiner(1995), p.59. 人们常常谴责海德格尔不谈大屠杀。
[2] 关于这种情绪,见 Hölderlin(1998), p.243;在一首题为《帕特莫斯岛》(Patmos)的诗中。

社,因为费舍尔出版社把两人的著作编入了同一文集中。这次拜访发生在两年后。海德格尔有一本访者记录,策兰的那首诗几乎是紧挨着这次拜访记录出现的。我觉得我们可以认为,这句诗写在他即将写出作为他曾谈到过的子午线入场的那本书中。但是要把自己与这条线联系起来,他有些惶恐。他担心站在这条线上:"这条线/——这本书把谁的名字/登记在我的之前?"(菲斯廷那译为:"它接到了谁的名字,在接到我的之前?")[1]这条线并不关心先前发生的一切,冷漠地站在那里。先前有谁曾在这本书上署名(也许是纳粹)?谁让这句话名满天下?某种合谋的淫乱围绕着它的空白意愿,完全脱离时代。这个零点似乎是无时间的,策兰却很"在意日期",谈到了"诗的现在,且仅此而已"。[2] 零度似乎抹去了时代,在某种意义上,让文字脱离了唇齿的开合(这个零度,类似于海德格尔的无或去基础,以及德里达的延异。)策兰曾写过一句话,是关于一种即将到来的文字中的希望的。这种文字也许是海德格尔的祈求,祈求无法原谅的行为得到原谅,或者一种希望,希望打破海德格尔对大屠杀的沉默。

  策兰似乎在诗中隐射了法西斯主义。他提到了树林和草地。策兰用的德语是"Waldwasen, uneingeebnet",表示"树林,草地,不平整的"。巴尔指出,"Wasen"一词选得极不寻常,它只在北部德语中使用。[3] 而且"Wasen"可以与 Faschine 互换,表示"fascine",一捆柴火。这种柴火常常用作仪式道具。[4] 策兰也许想表示,海德格尔对德意志这片土地的理解,肯定超越了这片土地的现实,超过了它的边界、方言等。也就是说,那片土地是从德意志以及所有真实的土地中抽取的。这是法西斯话语建构所需的抽象。这样一

---

[1] Felstiner(1995),p. 246.
[2] 同上。
[3] Baer(2000),p. 229.
[4] 同上。

来,它的这片土地就有如仪式中用到的捆捆木材,因为法西斯话语"仪式",只能通过燃烧那片土地来定位自己的土地。这片土地被烧焦,夷平,沉默无言,有如备受战争蹂躏的土地,被抽离漠然的炸弹逻辑夷为一片焦土。海德格尔,热爱德意志的人,只能通过传递它的各种宗教、方言和人群,即它内在的分裂性,来热爱这个地方。因此,策兰和海德格尔并肩前行,但是只走了一半。策兰的文字必须回-归,而海德格尔的则不断地撒播,在无的大有的到来中等待。我们先解释一下海德格尔的这种到来运动,然后再回到策兰。

在这种永久的到来中,有东西阻碍了"熵的"同质性,这就是此处所言的"无的他异性":无为有。一切是者,比如此在,都趋向死亡(趋向无),也是趋向大有。是者,总是不断向前,因此它所是的一切都有点逃避它;这几乎是德里达的无限不确定性的延宕。此在,在有中,必须趋向大无,大无是大有的真理。我们知道,此在即大无,我们还知道,大有即大无。因此,随着此在向着大无运动,实现自己的无性,大有被带来了。因此,此在的无性——此在不断向着它运动——就是此在。一切所是的东西,必须把自己领会为无,正是这种无尽的领会,给予了作为运动的区分,在另一种熵的"体系"中。

是者在无的他异性中运动,这种他异性划出了两者的道路。首先,此在朝着自己的消解运动:实现了自己的无性。其次,此在的大无(或无性)自我分化为有物,呈现了自己内在的丰富性,拒绝任何贫困概念。这种方面的还原完成了区分的任务。这样一来,此在只会永远处于自己方面的消解-建构的正在到来的到来中。[①](这"结构地"类似于斯宾诺莎的属性。)此在把死亡当作外在无限性(无的无限性),把时间当作内在的无限虚无性。它让一切语言和意义,包括大有本身,都坍塌为大无,各自只作为这种内在丰富

---

① 关于海德格尔和维特根斯坦那里的方面感知,见 Mulhall(1990)。

第六章 子午线上:海德格尔与策兰

性的"肉体"表达而实存着。这是超越大有的大有,不贫困的无。它是对有物变无物、无物为有物的永久去提问的提问。① 海德格尔的文字在这种无尽的去提问的提问中撒播。

也许策兰并不愿意涉足这条线。这条木道他只走了一半;表示木头的词(Knüppel),还有一个含义是"棒打"。这两人,一个犹太人,一个前纳粹,终究是不同的:"兰花与兰花,单个的"。这条线,子午线,并没有如荣格尔所言,产生新的计算,因为这条线就意味着疏离的文字的缺席,被某种"抑扬格"的文雅赶走了:"女士们、先生们,您愿意为本书署名吗?"无和去基础,擦除了特殊性、传统和历史。正在到来的到来是空白,同一性的持续运动。策兰继续写道:"现在跪垫(hassocks)在燃烧"。"hassocks"既是草甸,也是教堂里的跪垫。似乎无需跪拜,不会要求原谅。海德格尔不会卑躬屈膝。他傲慢地保持着沉默。策兰宣告,"我嚼着这本书/包括它/所有的荣誉"。② 策兰也许在把文字还给唇齿,消除话语距离的虚假。也许他要回归的唇齿便是纳粹。所以,那些人,那些署名的人,那些踏上那条线的人,他们说出的文字专有的历史"现实"被记住了。因此,也被咀嚼着。但是,策兰嚼着那本书,也是为了消除这种疏离的话语,那个哲人的书。那条线没有被署名,而是被吃掉了,这就是诗歌的现实。(这样一来,我们就可以认为,圣餐仪式上的言辞就是这种现实,他们因为吃掉了圣言[the Word]才是——他们的文字只是这顿大餐的时间。)③

最终,那充满希望的文字,以及海德格尔文字中的希望,似乎是不可能的。策兰与这个谈论大有而不是有者的哲人分道扬镳。

---

① 海德格尔所谓的"不断提问",见"On the Question of Being", in Heidegger(1998), p. 294。
② Celan(1995), p. 302. 这让我们想起了《启示录》10 中的话,对比 9 和 10。另见 Lacan(1992), p. 322。
③ 见下卷第十章。

策兰的无人无法扮演海德格尔的神,它救不了他的大无的虚无性,还有他的正在到来的神或者作为纯粹到来的神的虚无性。海德格尔想入大有问题的增补,超越了这个本体的哲人,无法抵抗还原,因为这种增补是大无的增补。每一个有者都被还原为这个大无,它既在前,又在后。这种还原的表现,就是海德格尔把哲学与诗歌"缝合"在一起——结果是让思想易受"诗歌"的感染,国家社会主义就是一种诗歌。[1] 策兰的诗歌没有这样,因为现实这一观念(它在那里,我们却无法触及)阻止我们落入一首诗,却不取消诗本身的可能性。在策兰的世界里,情形更加混乱,事物不仅到来,它们还分裂、离去等等。[2] 这样,策兰就是在阿多诺所言的"非同一性"的影子中书写,即思和有的不同一;这是策兰的无一(no-one)。[3] 海德格尔不是这样的,他终究需要一个本体神学的神,去救赎大有,以及他有关大有的文字。然而,这个神似乎始终是那条空白的线,零度,无的去根据。持续的到来,仿佛从未到来的行李箱,这是大无的大有。神学既不能相信这个神,也不能相信这种对大有的理解。但是,海德格尔有一点是正确的,只有神能救我们。

> 我用文字把你带回来,你在此
> 一切都是真的且在等待
> 真理。[4]

下一章将讨论德里达的著作。我将指出,德里达把虚无主义

---

[1] Badiou(1999),pp. 61—77.
[2] 海德格尔的"回撤"(das Sichentziehende or Sichentziehen)概念只是永久到达中的回撤,因为到达的是无。
[3] 我不会这样讨论非同一性,因为认为非同一性来自思与有的不一致,太绝对。相反,非同一性是因为思和有并非不一致的;这是我们的黑格尔遗产,即思辨思想。
[4] Celan(1995),p. 165;"Your / being Beyond."

逻辑带入了新的极端。德里达似乎采用了海德格尔的无,把它放在一切文本之外。这样一来,他就把普罗提诺那种超本体神学冲动和斯宾诺莎的二元论结合在了一起。因为德里达有一种文本和无之间的二元论,我认为这类似于斯宾诺莎的自然和神。因此,我将指出,德里达的哲学是普罗提诺和斯宾诺莎的结合,进一步发扬了我们在康德、黑格尔和海德格尔那里看到的虚无主义源头。也就是说,德里达把自己的哲学建立在无是为有的逻辑上。

第七章　德里达:斯宾诺莎式的
　　　　　普罗提诺主义

外面无物:文本

　　对于普罗提诺和海德格尔而言,无激励我们接近世界中最真实却超越了本质和实存的东西:太一或大有。这一点在德里达的分析中也非常重要。①

——戴蒙德(Eli Diamond)

　　在某种意义上,思想意味着无。②

——德里达

　　本章不会阅读德里达的任何具体文本,而是会分析公认的德里达的核心哲学观点的涵义,这一观点即文本之外,空无一物。③

---

①　Diamond(2000), p. 201.
②　Derrida(1987b), p. 14.
③　德里达对自己被指责为语言观念论者十分不满:"认为解构悬置了指示物是完全错误的。解构一直甚为关心语言的'他者'。我总是被批评家们弄得一头雾水,他们认为我的著作宣告语言之外,空无一物,我们都困在语言的囚牢中;但我说的其实恰恰相反。批判逻各斯中心主义,首先就是在寻找语言的'他者'或者异于语言的东西",见 Kearney(1984), p. 123。这种抗议漏洞百出,因为德里达(转下页注)

第七章　德里达：斯宾诺莎式的普罗提诺主义

本章将从这个近乎格言式的观点中，提炼出一种逻辑，这种逻辑把德里达带近斯宾诺莎和普罗提诺。德里达的哲学用语，常常会带来含混而复杂的解读。我则将尽量让自己使用的术语和运用的逻辑越简单越好。当然，遗憾的是，要批判这个最狡猾的思想家，我们不可避免地会用到许多艰深的方法。

德里达认为，语言不会有一个外部；他还强调语言即文本之外空无一物。因此，语言在某种意义上被剥夺了。语言，既然是语言的，就不可能有外部，但是在某种意义上，语言只是向外部的运动。语言是对外部的渴望的"体现"。确实如此，因为语言希望言说某物，因为语言希望自己的意指确实有意义。那个外部也许是这种欲望的隐秘名字。语言，努力传达或者言说某物，希望自己言之有物。在这种欲望中，语言欲望的是无法被还原为它的东西。因此，语言是对异于语言的东西的欲望。但是，德里达禁止了这个他异的东西。而且，声称它是不可能的。不可能的，是因为语言是语言。语言为语言，就是自己的界限。语言，要有一个外部的话，就需要异于语言。但是，语言始终是它自己，语言始终是语言。因此，一切意指都在内部。语言外部是无物。没有可得的外部，语言就必须生成一个。事实上，德里达认为，语言就是这种生成运动。

外部：在内

思想即无……对于这种思想而言，没有确定的内外

（接上页注）——也被指具有一致性——根本无法承认这些对立。诚然，解构并未说我们被囚于语言中，因为这意味着接受形而上学的内外之分。对于德里达而言，语言并非纯语言的。也就是说，语言必须异于语言，才能超越形而上学的二元对立。其中当然有一些积极的东西。下文将展示我对德里达的反驳，而有关德里达的批判，最精彩的要数 Pickstock(1998)。

之分。①

——德里达

语言是由无界定的,界定的方式有两种。首先,语言是对外部的追求,这个外部就是无。其次,语言因为无法有外部,是无。因此,语言和外部同一,因为都是无物。这样,那个外部,被禁止了,又在某种意义上获得了,它就是语言本身。就此而言,德里达认为,语言就是有物的分裂,把它变成了无物;它之所以这样做,是因为外部被禁止了。因此,当语言言说有物的时候,这个有物就是无物,因为它什么都不是,只是语言。然而,吊诡的是,作为无时,它与那个外部其实是同一的。因此,这个无,语言在每一个意指中言说的东西,就是无为有。那个被追求和禁止的外部就是语言本身。这意味着,语言言说的不是有物,而是作为有物的无物。(德里达呈现问题的方式并非消极的。)

因此,言说、意指或者述行(do),并不需要我们言说、意指或述行某物。事实上,意义恰恰开始于有物的缺席,因为一个有-物可能是死亡,至少德里达是这么认为的。就此而言,语言是后语言的。德里达也是如此。因为德里达把握语言。② 这样,德里达就超越了语言。在该禁令的关联中,我们就见到了这种后语言的沉思:文本之外空无一物。德里达是后语言的,因为德里达用了内/外之分,来表示语言明确划分的界限或范围。这意味着,德里达使用语言的方式是非语言的——不是以前语言的方式,而是以后语言的方式。但是,两种立场的形而上学是相同的,因为这种语言,一种语言,其实是一种声音——德里达的声音——定义了所有的

---

① Derrida(1987b), p. 12.
② 在下卷第九章中,我区分了认识(knowing)和领会(comprehending)。我的意思是,当我们认识某物时,我们对其的领会就会减少。举个例子:我们对爱人的认识越多,对其的领会就越少。这样的话,我们能否在享见神中认识作为爱的神? 我们认识神的全部本质,因为神是单一的,但是我们无法领会那种本质。

第七章 德里达:斯宾诺莎式的普罗提诺主义

语言,它假装把握了语言的一切,因为它既定位又划分界限,一种始基性的界定。因此,只有一个单义的文本,因为只有一个文本,因为德里达的普罗提诺的遗产,只允许从那个无物中流出一种结果。《内部:在外》那一节将回到这一点。

现在,我要认真审视德里达认识的这个文本之外的无物了,我将努力证明它进入每一个文本。这种到来产生了一个结果,就是把一切意义还原到区分的层面。

有(There is):文本内无物①

> 暴力地写入文本中那曾努力从外部支配它的东西。②
> ——德里达

在此,我们回到了普罗提诺的非有,它可能是虚无主义的无物。我们可以把这个无比作德里达的文本外的无物。德里达希望的是:"延异生产其禁止的东西,让被它变得不可能的事物变得可能。"③我们无法希望一个比这更加"现代的"陈述,可以包含那个让无生成为有的有物的消解。至少有四条路径,可以进入德里达-新柏拉图主义的无(它深受拉康、萨特、海德格尔的影响,甚至包括胡塞尔、黑格尔、谢林、康德、斯宾诺莎和笛卡尔)。④

---

① Derrida(1974), p. 158.
② Derrida(1987b), p. 6.
③ Derrida(1974), p. 143.
④ 这些哲学家在本书中都会得到充分讨论,除了笛卡尔、谢林和胡塞尔,行文中只会偶尔提及他们。我简要说明一下,德里达受益的无物出现在笛卡尔的著作中,披着他的全能神的外衣,祂带来了夸张的怀疑;这个神,在某种意义上,是从司各特和奥卡姆那里继承来的。笛卡尔可以构建我思"文本",是因为其他的一切都是无,或者可以被视为无。这样,我思之外的无,允许了笛卡尔式主体的"文本"。同样,在《世界时代》(The World of Ages)尤其是第二版中,谢林认为,(转下页注)

首先，对于德里达而言，我们知道"文本之外，空无一物"，正如对于普罗提诺而言，有"一个"外于有的非有，[①]超越有的"太一"。其次，这意味着，有"一个外于无的文本"，正如对于普罗提诺而言，理智（nous）的"文本"来自太一的非有。所以，在类似的意义上，德里达的文本来自那个无，没有这个无，语言就无法言说任何东西。其三，有一个"文本内的无"。这种无性是那个实际上是的文本的结果；因为有是一种少于非有的模式，既然来自"太一"的文本或者理智，以弱于非实际的参照物的方式实存着。文本中有一种无性，因为文本本身并不以真正的方式实存着，即超越有的方式；文本"不"是，因为它具有（能意指的）有。我们可以在德里达的延异经济中看到这一点，因为在此，一切实存者都必须居于无限差异和推延的影子中。这意味着，一个实存者，当它说"我是"时，是与这种无限性的真理对立的。[②]其四，有一个"无内的文本"。如果文本之外，空无一物，那么我们可以认为这就是围绕着文本的外在性。这样，说"文本之外，空无一物"，就是说文本在围绕着它的无之内。在无外的文本，就是在无内的文本。这样的话，每个文本都被无性渗透，既然无是在文本之外的，而文本又是在无之内的。这样，我们就会看到，语言言说无，思想思考无。德里达的文本无有而是。因此，它始终是无（是在每一个文本内的无性）。[③] 在《论书写学》中，德里达说，"外即是内"。[④] 我认为这句话的意思是，无，居于文本外部，也进入了每一个文本，因为

（接上页注）神言在神后。这样，神，作为绝对自由，充当着无基础（Ungrund），当然是无，但是，是无为有。与之相比，海德格尔的去基础（Abgrund）就是小巫见大巫；因为谢林用了"无为有"的表达，见 Schelling（1994），pp. 114—118。关于神是无根据，见 Schelling（1997）。胡塞尔悬置了有的问题，否定了实存王国。所以，现象"文本"呼之欲出。

① 对于巴塔耶（Bataille）而言，这是游戏外的无；欲望所求的就是这个无；我们知道，德里达对于游戏也很敏锐，见 Bataille（1993），pp. 377，379。
② 见下卷第十章。
③ 这有如奥卡姆的绝对现实，见上卷第二章。
④ Derrida（1974），p. 44.

每个文本实际上言说的是无。我会在下文回到德里达与语言的关系。首先我要指出，德里达的"文本"出现了许多与斯宾诺莎和普罗提诺的相似之处。

德里达的斯宾诺莎主义普罗提诺主义

德里达的立场阐明了斯宾诺莎的立场。①
——哈兰德(R. Harland)

我们可以认为，德里达是一个普罗提诺式的斯宾诺莎的门徒（这里的师承关系，指的是超本体神学）。读到下面这些的时候，我们就可以看到这一点：德里达认为，"为了超越形而上学，必然需要一种踪迹被铭写入形而上学的文本，该踪迹不断⋯⋯向一个完全不同的文本发出信号"。② 正是这种铭写，可以允许"一个完全不同的问题"。③ 但是，这个问题始终在原处，只因为这一事实：它是一种铭写。我认为，此问题就是为何是有，而不是无？既然无物就会是绰绰有余的，为何我们需要有物？此问题的产生，是因为"移置了一个问题，或某种系统，此系统在某个地方开放面对一种无法确定的源头，让这个系统运转起来"。④ 这个问题就是去问题的(un-questioning)延异问题；去问题是因为它并不问有物，却是个去问题的问题，因为它确实问到了无。⑤ 德里达认为，这个问题比本体论差异更古老。⑥ 延异将"给予"或者生成作为有的无。延异

---

① Harland(1991), p.154.
② Derrida(1982), p.65.
③ Derrida(1982), p.173.
④ Derrida(1987b), p.3.
⑤ 这一点在下卷第十章会更清晰。
⑥ Derrida(1982), p.22.

的问题会冒险"表意无"①——一种让意义随之产生的去表意(unmeaning),但是这种去表意,这种延异,不是在前,因为它在一切的前之前。(这类似于德勒兹,他认为意义的根底在无意义中。)②因此,"本原这一名称不再适合它"。③ 正是这个去问题的问题,将带来在场和缺席的可能性。④ 此外,它将允许语言言说无,允许思想思想无;我们将无有而是。作为对立的对立进入积极的延异运动。⑤ 如果延异让无为有,那么首先出现的就不可能是有的问题,本原的概念也将成为问题式。作为有的无将是"首先"出现的,但是这种无为有摆脱了这些对立逻辑。德里达在此努力摆脱诸本体的范畴,但依然给予了它们似乎给予的东西:语言、思想和有。(有是一个本体的范畴,因为它落入了有物概念的陷阱中。)⑥

德里达似乎不断给予⑦无为有的语义表现:药(*pharmakon*)既是疗,也是毒,处女膜(*hymen*)既是婚姻,也是贞洁。(两面互补,让德里达的文本给予它在擦除之下所做的一切:无有而是。)最重要的例子是普罗提诺的踪迹(*ikhnos*)。去问题的延异问题"不言而喻……保持沉默"。⑧ 也就是说,语言确实在前进,却不言说有物。它追求的不是有物,而是无为有。这让它摆脱了本体神学,却没有匮乏。延异(*différance*)中不发音的"a"悄无声息地走过,

---

① Derrida(1987b), p.14.
② 见下卷第十章。
③ Derrida(1982), p.11.
④ Derrida(1974), p.143.
⑤ 同上。
⑥ 下卷第九至十章指出,神学对待有的方式可以不是本体神学的或者超本体神学的。
⑦ 如《序》中所解释的,"给予"一词在本书中会越来越重要,我用它来描述虚无主义的超本体神学,即无有而是。"给予"一词来自 *pro*(意思是"之前")和 *videre*(意思是"看见")。我将该词与虚无主义联系起来,为了表明虚无主义先于或者无被给出物而给予。比如,虚无主义先于或者无有而给予实存。这是虚无主义的给予(*provenance*):无有而是。
⑧ Derrida(1982), pp.5,4.

第七章 德里达：斯宾诺莎式的普罗提诺主义

一如这个现代问题的腔调：为何是有，而不是无？这种被铭写的踪迹，"不断发出信号"，就是我们在普罗提诺和斯宾诺莎那里看到的非生产性的生产。（在普罗提诺那里，太一即万物，万物即太一；在斯宾诺莎那里，神即自然，自然即神。）在德里达这里，踪迹即"无"。① 因此，"在某种意义上，思想的含义是无"。② 一如"解构即无"。③

在某种意义上，踪迹，和延异一样，在在场和缺席之前，因为它是一个本原性的非本原。④ 这是无为有，德里达认为它是一种遮蔽，"显现所必需的基础的消隐"：⑤这听起来像黑格尔，而且我们将在下文看到，这也像萨特和拉康的招数。没有本原，踪迹从何而来？来自普罗提诺的著作，他告诉我们，"太一的踪迹构成了本质，有是太一的踪迹"。⑥ 我们知道，对于德里达而言，踪迹即无，但对于普罗提诺而言，踪迹即太一的踪迹，它本身是异于大有的，因此是无。这种双重束缚居于延异内部，而延异是"原初的非自我在场"。（也许这是一种超级的非有，一种内在化的否定，它变得"丰足"。）⑦德里达谈到了这种普罗提诺式的僭越：

> 形态（*morphe*）、远古（*arche*）和目的（*telos*），依然以一种也许未听说过的方式发出信号。在某种意义或者非意义上，形而上学也许已经从自己的场域中排除了形式，同时又依然保持着与这种意义不绝的隐秘关系，这也许本身就是某种非在场的踪迹（*ikhnos*），未形成的东西的残余，它宣告-召回其

---

① Derrida(1991), p. 47.
② Derrida(1991), p. 53.
③ Derrida(1988), p. 5.
④ Derrida(1978), p. 203;(1974), p. 143;(1982), pp. 66—67.
⑤ Derrida(1962), p. 138.
⑥ *Enneads*, V, 5, 5.
⑦ Derrida(1973), p. 81.

他者，和普罗提诺一样……形而上学的终结，《九章集》的大胆僭越暗示的终结。①

德里达认为，我们必需认为"延异是时间化，延异是空间化"。② 这似乎是另一种普罗提诺的踪迹。③ 普罗提诺最先提出了一种"新的主体性"，一种新的时间性。这种时间性是"主体性"的无畏。无畏，作为灵魂的职能激起了一种欲望，开启了一个进程。灵魂因为拒绝瞬间洞察一切，作为太一的整体，生成了无穷的他异性，这种他异性即逐步离开他者（aie heterotes）的行为。④（我们在巴迪欧的"二"的概念中，看到了这种普罗提诺主义。）⑤普罗提诺说："时间始于心灵运动。"⑥普罗提诺用了 parakolouthesis，"一个可以被译为'意识'的词就在哲学中出现了"。⑦ 而且，synaisthesis hautou——意思是"自我意识"，或者"自我感知"——最先也是出现在普罗提诺的文本中。时间不再是永恒的影像，没有宇宙时间，或者永恒真理的回忆。⑧

普罗提诺告诉了我们这种新的时间："它从静止中动起来，静止也随之动起来；它们搅动自己，进入不断革新的未来，不同于先前状态，永远不同，永远变化。经过了一段外离之路后，它们产生了时间。"⑨心

---

① Derrida(1982)，p. 172，fn. 16.
② Derrida(1982)，p. 9.
③ 德里达使用"踪迹"一词，是为了回应列维纳斯，后者和普罗提诺一样，异于有（otherwise than being）；因为他对有的思考异于哲学，见 Levinas(1991)；"一切哲学想表达的一都超越了有"，见 Levinas(1996)，p. 77.
④ "无尽它异性"（endless alterity）出现在巴迪欧那里，见 Badiou(2001)，p. 25。
⑤ 见下卷第十章。
⑥ Enneads, III, 7, 13.
⑦ Alliez(1996)，p. 32.
⑧ Alliez(1996)，p. 42.
⑨ Enneads, III, 7, 11. 普罗提诺在文末提到，这种时间构成依然包括 anaionos eikona，但是阿利兹认为，这是为了"掩盖他反传统的无畏"，见 Alliez(1996)，p. 48。

第七章　德里达:斯宾诺莎式的普罗提诺主义　　　195

灵无畏地带动自己离开,进入差异;他异性即进程原则。① 运动度量"主体性"。我们看到,时间是他律性即无尽的意识的深切表达。这种表达见证了所是沉默的给予。这个所是的意思是,在有的缺乏中给予有。沉思带来了时间的流逝,它生产了物体的生产:"我沉思,物体的轮廓就自我实现了,仿佛它们来自我。"②但是,那个产物产生在"沉默的视野"中。③ 在此,我们注意到了延异传承下来的遗产。延异沉默地生产语言(它让语言噤声),因为它"不言而喻",有如 différance 中写的那个"a","言说"一个在言语中无法听到或把握的字母。④

延异是普罗提诺的太一的踪迹,是非有。而且,延异时间化和空间化。为此,德里达将宣告:"我在此时此地的功业中。"⑤斯宾诺莎和普罗提诺在此刻融为一体。延异"超越地"为时间生成了空间,为空间生成了时间,因为某种接收的"主体化"。时间的时间性和空间的空间化都在"我在"中,"它不言而喻"。"我即时间",这种占有也是进程,让空间可以在无尽的到来中度量自己:占据自己的空间。空间占据的那个空间是一种无畏的"功业",一种活跃的(ergetic)不断生成的变异。(我用这个词是为了暗示功业:笛卡尔的"我思故我在"就是这样一种例子,因为我思要是,就必需做什么。所以,我思必须思想。)这个"我在"可以与斯宾诺莎《伦理学》中的神相比。神内化在一种"功业"的到来中,我们可以认为它是"自然"。自然和神一同到来,分别是彼此的他者。这种神性就是踪迹的结果,正如在普罗提诺(和阿维森纳)那里,太一需要有限事物,只会在有限王国中到来(作为有限事物到来)。这些结果的到

---

① Alliez(1996),p.35.
② *Enneads*, III, 8, 4.
③ 同上。
④ Derrida(1982),pp.3,5.
⑤ Derrida(1991),pp.403—439.

来,总是早已在延异运动中,掩盖了所"来"的一切的分化和延迟。神是分化和推延的,因为神是自然无尽的活动,自然则是永恒的神。因此,它永远是分化和延迟的。有如在斯宾诺莎那里,两个词相互取消,却因此"允许"了一个显象。这就是无为有。

内部:在外

重申一下:我们知道,语言对它无法拥有的东西具有欲望。而且,无法拥有这种外部参照,导致语言言说的是无,这种无就是德里达文本外的无物。这样一来,语言在言说无时,言说了其外部;语言也因此拥有了一个外部"参照"。然而,只有通过一种基本限定,才能获得这些奇怪的可能性,因为德里达已经超越了语言,才能告诉我们外面是什么。他带回来的是坏消息,告诉我们外部无物。

不要这种僭越的界划,这种对语言怀疑论的理解,必须意识到,我们永远无法把握语言(在这一点上,至少应该持不可知论)。因为语言既然是语言,就无法领会自己,因为它的无限可能性、丰富性或缺失。任何简单的语言表达,都会让语言超出自己的控制。换言之,在言说中,我无法说语言,语言也无法言说自己。事实上,我们的特征恰恰在于无法界定内外,因为这种界定需要一种先在的语言,它是非语言的(比如延异)。这样,语言,作为语言,总是超越自己的;语言作为语言本身是过剩的。但是,这种过剩并不会打开语言进入更多。相反,这是已然的东西的过剩。(打开它进入更多,纯粹的他者,会把语言和他者孤立起来,从而失去两者。)①因此,我们意识到,异来自同。(下卷认为,对于神学而言,创造来自神的内在性的同一性,以至于阿奎那认为,创造不是变化。就神学

---

① 见下卷第十章。

而言,圣言成了肉身;我们会看到,这让语言避开了这个哲学疑问。)

回到德里达,我们看到,德里达在一种颠倒的意义上意识到异来自同。因为德里达让语言(即无)成为有。不过,这仅意味着,语言是它欲望的外部;语言是文本外的无物。这是虚无主义逻辑中最复杂的因素(下卷第十章探讨了这一点)。因为它指向一种可能性:语言无需有物便可言说。如果是这样的话,虚无主义就可以摆脱本体神学的有物造成的限制,有物先于一切问题。因为先于一切问题,有物扼杀了一切落于其同一化原则中的实存者。如果虚无主义成功避免了这一点,还可以给予意思、意义等,那么神学无中生有的创造说就有了一个合理的对手。甚至,无中生有的创造,看上去可能还没有虚无主义有创造性,因为无中生有的创造,似乎仍然可以到达或者落入未曾质疑的一个空间中。①

在德里达看来,文本外的无性,是意指活动必需的空间。这在一定程度上是对的,但是德里达仍然在一种形而上学的——因此是二元论的——体系中运作的:文本/无。这种形而上学就是上文所言的超本体神学。之所以这样命名,是因为德里达等人认识到了上述的疑问。因此,他们努力规避,从而避开了本体神学的范畴和逻辑,它们抑制了增补思维的需求。否则,每个被提出的问题,都只是由答案提出的。但是,这种规避的方式是超本体神学的;因此,那个问题就只是被转移到了另一个层面。下卷将审视和解释这种超本体神学。在此只需提到,此逻辑取代了本体神学的有物的还原和僵化,那个有物有无限的答案或回答,而超本体神学的无物,只有无限提问的无限同一性:持久的问,凝结成沉默。

---

① 这几乎就是康德的先天。如果创造(有物)得到描绘,它就是在空无中具形化的,这种空无本身就是一个空间,它在概念上先于创造。虚无主义可以拥有一种更加激进的无中生有的创造,只要创造不仅来自无,而且一直是无:无为有。见下卷第十章。

这样,德里达的问题,和那个本体神学家的问题一样,什么都没有问,因为这些问题都是以一种始基的无为基础的。当我们意识到,对于德里达而言,一切差异都是相同的差异,因此无差异时,就明白了这一点。德里达的超本体神学让他超越了语言,超越了有,超越了言说有物的努力。相反,他居于后语言的超越大有的太一中。这个一给予了德里达的一元论,悄悄地取代了他的文本与无的二元论。超越大有的一,只不过是一种差异,一个被问了无数遍的问题:德里达称之为延异,"原初的非自我在场"。① 这种一元论的结果是消除了一切特殊性,因为那里有一种"一切对一切"的战争。因为差异是同样的差异,他者也是同样的他者,为了这种空白的无名,消灭了一切实存者,以一种更大的他异性之名(见下卷,第十章)。因此,我们可以同意杜伊(Peter Dews)的看法,他认为,德里达"为我们提供了一种关于延异即绝对的哲学"。②

　　本书的下卷将呈现一种神学,它可以取代虚无主义。第八章对虚无主义做了粗浅的批判,可以给我们带来一些启发,但远远不够。这一章还将运用类比语言、超越概念、神学观念以及参与说等,构建一种神学逻辑学。这种神学逻辑学将在第九章得到充分解释,我们将审视认识,指出它涉及一种末世论的享见神(beatific vision)的实现。这一章将概览神学是如何允许差异的,哲学是不会有这种可能性的。第十章则将重新审视虚无主义,揭示一种隐藏在无为有逻辑中的肯定因素。最后,我将展示一种三一论的神学,它可以克服虚无主义,因为它竭力避免似乎污染了哲学的二元论。这样一来,它也避免了一元论,因为如上所述,这些哲学二元论都堕入了一元论。

---

① Derrida(1973), p. 81.
② Dews(1990), p. 24. 作者将延异和谢林的绝对概念进行了对比。

下卷 神学的差异

甚至我,神,都对希望惊叹不已。

——贝矶(Charles Péguy)

只是因为无望才给了我们希望。

——本雅明(Walter Benjamin)

第八章 言、行、见：类比、参与、神的观念和美之理念①

本章指出，虚无主义不是缺失，而是以极端的方式给予认识、价值、神等。但是，它给予的终究只是无。也许应该回想一下我们在此赋予"给予"一词的特殊涵义。我们在上文中提到，从词源学的角度来看，"provide"一词源于两个词：*pro*（意思是"之前"）和 *videre*（意思是"看见"）。由此，我们可以推断，虚无主义的给予是应该给定（given）的事物缺席时发生的一种给予。比如，无有者而是（to be without beings）（第十章将谈到这种给予概念）。这一给予在它给予的东西被看见之前，即在它们的缺席中，给出它给予的东西。我们在现代话语的窘况中看到这种无性，即不导致它言说的东西消隐，它就无法言说。② 与之相反，我将指出，神学话语却可以让我们能够言、行和见。

起初，有人认为虚无主义是不可能的，后来，他们让步说，对于某些人而言，它可以是"一种"可能性。由此，我们可以概括出一种神学话语。第九章阐述了这种神学的理解。最后一章将重新审视虚无主义，在我阐明了自己对神学的最终理解后（希望这种理解现

---

① 此标题回指康德的三大批判。
② 我们已经在前面章节中见证了这种消隐活动。

在可以认识虚无主义的复杂逻辑),重估它的遗产。

那种选择:虚无主义

*无性或神……有关无物的哲学知识。*①

——雅各比

弥尔班(John Milbank)明确指出,虚无主义是知识分子的一种可能性,这很好地解释了许多现代思想中的虚无主义。在弥尔班的著作《神学与社会理论:超越世俗理性》中,虚无主义被称为"知识分子的姿态"。② 因为,弥尔班认为虚无主义是知识分子的一种姿态,他称之为"虚无主义的可能性"。③ 虚无主义是可能的,虚无主义中涉及一种可能性,甚至虚无主义是一种"可能的选择"(弥尔班),这种观点值得怀疑。④ 这不是要反对弥尔班的整个看法,只是为了澄清一些细微的差别。

虚无主义是最"神秘的客人"(尼采),我们该如何进入它?我们该如何选择虚无主义?诸如此类的问题都是"执迷不悟",因为如果虚无主义正是如此,它就不可能是任由你选择的。事实上,虚无主义是一切选择的缺席,但是这种缺席却是以一种特殊的"丰足性"的形式到来的。要让虚无主义成为"可能的",它就不可能是一种选择,而是在某种意义上,它必须是全部选择,因为每一种选择都必须为其所用。原因非常简单,对虚无主义的典型描述是"缺失"。虚无主义被认为是诸价值的缺失,神、实体、视域等等的缺失。这样的话,虚无主义就没什么意思了。如果虚无主义被认为

---

① Jacobi(1994), pp. 524, 519.
② Milbank(1990), p. 213.
③ Milbank(1990), p. 217.
④ Milbank(1990), p. 213.

第八章 言、行、见:类比、参与、神的观念和美之理念

是"想要的",我们就可以很容易战胜一种攻击,使用这种认识到的缺失,作为这种冒犯的基础。这完全是瞄错了靶子。如果虚无主义真是这样的话,它不会缺乏任何东西,或者更准确地说,它不"在缺乏中缺乏"。这个谜题完全指向一个明显的事实,虚无主义也许缺乏神,但是它也缺乏这种神的缺乏。伴随着一切激进的缺席的是缺席的缺席,所以把一种否定性归给虚无主义是有失偏颇的。这种指责只是在一种形而上学归因的"范围内"表达自己的抗议,因为它必须首先假设虚无主义的缺席,才能指责它。这种指责采取的形式,是认为虚无主义是虚无的,但其实并非如此。事实上,第十章将指出,我们也可以认为虚无主义向我们承诺了某种肯定的东西。

我们要严肃地讨论虚无主义,就必须把虚无主义恰恰理解为虚无主义的缺席:虚无主义不虚无。甚至,最好的做法是用丰足而非否定的术语描述虚无主义。意识到虚无主义可以被理解为一种否定的丰足——就是本书不断提到的无为有——我们才能意识到虚无主义完全可以给予我们通常认为它会排除的东西。虚无主义可以给予价值、神,甚至可知性。事实上,我们将看到,虚无主义生成了一种过剩的可知性。如果虚无主义无法给予什么,那么我们就可以认为它是缺失的,因此有了批判产生的空间,恰恰是因为它由此表现为一种选择、一种可能性、一种知识分子的姿态。我们从虚无主义的话语形式(在"现实"中是话语的虚无主义,因为无物可讲)中,可以看到"一切选择"的恒常给予。虚无主义不是一种选择,而是一切选择。它因为努力避免缺失才这样的。这是"可能的",因为所给予的是无为有。我们必须认识到,对于虚无主义而言,恰恰是无物给予了有物,正如有即无,或者它是将是的无。这是虚无主义的复杂化,超出了惯常可笑的做法。认识、信仰、言说、看见,这些意味着什么?虚无主义能够以最精致的方式给予语言、可知性等。要认识这一点,我们只需要听听任何一个无神论宇宙

论者所说的话。这种人会给予某种可以被典型描述为超越虚无主义领地的东西，但是这里也没什么矛盾。宇宙论者可以无需创造，就给予一个宇宙，那么我们该如何批判虚无主义？答案也许是，让虚无主义得以可能，也就是说，它终究是一种选择，而非所有选择。作为一种选择（"异端[heresy]"的词源来自"选择[hairesis]"一词），①它将是一种现实。作为"一种"现实，它将只是一种反动话语，更好的称谓是"罪"。在这些粗浅的批判之后，第十章将重新审视虚无主义，指出它可能会质疑本章展示的对虚无主义逻辑的消极解读。我将继续用这种方式尝试初步理解虚无主义和神学，随着对两者的深入理解，它们会相互促成彼此、逐步成熟。在试图批判虚无主义之前，让我们先考察一下虚无主义的形式，如果有这种东西的话。

虚无主义的形式

在根特、司各脱和奥卡姆构成——无论多么无意——的轴线上，实存的东西被带出了神本质。然后，这被驱逐的东西变成了无，一种让他们可以虚构各种先天王国，以及那些被称为逻辑可能性的东西的故事（一种司各脱式的幻想）的无物。它还生成了一种有毒的共时偶然性，把实存去实存化，它先是被本质化，后又被事实化。这又带来了一种方法论上的偏侧，因为非实存被与实存并列在一起。我们将看到，这种对神本质外的实存者的排斥，让他们腾空了一切内在或者"自然的"神学的实存。

这种偏侧把有者变成了实存论中性的。这其实是一个给定者的到来。这种给定者很快就会彻底把自己内在化，无视一切虔信派-唯意志论者的反对。在某种意义上，正是中世纪晚期的唯意志

---

① Borella(1998)，p.3.

第八章　言、行、见：类比、参与、神的观念和美之理念　　205

论才会在讨论神的力量时，把创造变得无足轻重。然而，正是这种在神的命令下对创造的还原，在一种颠倒的意义上让造物具有了残留的独立性。造物如此轻微，脱离了与神的一切关系。① 这种奇异的结果，反映在讨论脱离神之本质的逻辑可能性时，随之产生的是对先天的东西的敬畏。造物的无性是神的全能性的反映，避免了对因果性的需要，因为它是无。逻辑可能性在某种意义上就是这种空无，它背离有，复返自身，直到形成一种内在的丰足。先天性是这种内在实现的表达。现在已经没有了超越发生的空间（除非作为一种完全可以内化的私密信仰）。我们"现代人"在我们的话语中，不断暴露给定者的运作。给定者重新激活了堕落的逻辑：拥有一个远离神的世界的一部分。这个给定者扩展开去，包含了一切创造，这里有提出一种否定的丰足的始基，这种丰足自这种有毒的内在性范围内流出。此内在性在其自我关联中，带来了内在性的缺失，因为一切特殊性都会经历擦除而被消隐或消失（如我们在康德和黑格尔那里所看到的）。现代话语提供的一切描述，都会导致这种消隐。我们来看看是为何。

举个例子也许会有帮助。比如，我们要描述一片树叶，用现代话语进行描述，我们看到的就是无。在每个"词"的发音中，我们看到的只是那片树叶的消隐。那片树叶将永远由各种结构和次结构支配。② 那片树叶永远不会被看见或言说。任何表面的看见都只不过是唯名-本体的形式，即概念或观念的附带结果。（我们在此见证了从司各脱到笛卡尔以及康德的发展脉络，虽然无疑有很多区别。）那片树叶因为在话语中受各种解释性描述体系的诸结构和次结构的支配而被带走了。解释性描述的意思是，一种特殊的有

---

① 奥卡姆否认这种关系是真实的，而且作为创造的创造与神没有真实的关系，见 Ockham, *Quodlibetal Questions* VI, q. 9; VII, q. 1.
② 或者元结构，比如一般类型。

者将被它的有经历的描述解释没了,因为它将被还原为一系列的谓词、属性等。一个有者内在的过剩性将被忽视(第十章将讨论这种过剩)。①

我们在一个有者(比如树叶)中看到的一切差异,都不会被记录下来,除了在数据的虚拟层面。要描述这片树叶当然需要某种任意的选择和分辨。为何是这片树叶?为何是树叶?为何仅纠缠于一片树叶?我们必须决定,有些武断地决定,把一片树叶与一截树枝区分开来,把一截树枝与一棵树区分开来,把一棵树与一切实存的质料区分开来。我们会发现,现代话语的虚无主义形式根本无法为这种选择提供标准,也无法给予真正的差异、个别化、具体性等等。似乎只有一种赫拉克利特式的静止状态,只会记录下其单一-多元性(整体-部分)的任意表达。在那里的树叶,不是一片实在的树叶,而是一种形式区分,由诸解释描述体系武断却成功地建构——更准确地说,生成——的形式区分。(这些可能是形式的、概念的、唯心论的、经验论的,却也是有差异的。但是,从本体论上说,这里的一切差异都是名义上的。)葛农认为有限性是不确定的,这带来了一个结果,即它总是容易陷入常驻的多元性。因为不确定的东西是分析无法穷尽的,而且葛农认为这个区分过程就是地狱。② 其实,我们可以认为地狱是一种坏的无限性,是"另一世界的"无限,提供一种虚假的禁欲主义,因为每个欲望的对象都消隐入这种多元性无尽的黑夜里。这样一来,欲望就是被禁止的"交媾"。地狱是这种解体的暗夜;是内在性在量统治下的丧失。③

反过来会是什么样子?应该是内在事物的样子,一片树叶;一种不受语言体系支配的显象,因为它的可见性落于神的本质中,是

---

① 我曾在别处指出,维特根斯坦主张纯描述哲学,这背后是一种解释冲动,以及由此产生的解释描述,见 Conor Cunningham(1999)。
② Guénon(2002).
③ Guénon(1953).

那种超越的丰足一个可摹仿的例子。它是一种居于圣子(即逻各斯)中的可摹仿性。因此,我们可以谈论细胞、分子等。在虚无主义话语中,甚至一片树叶的细胞都在方法论上被进一步还原了,无休止(令人作呕)的还原。这就是天堂所在的位置——是这个世界、内在事物的一个场所。只有用超越性作为内在性的中介,内在事物才能是。

这种认知消隐的话语形式,类似于斯宾诺莎的属性的内外无限性。每种描述其实都取代了其所描述的东西,将其还原为无物,除了认知意指的形式差异。这也类似于德里达文本外的无物——一种以被产生的消隐形式出现在文本内的无性。① 可知性,或者意指,落在这种内外的虚无性上。②

体系描述的风,吹走了那片树叶。然后,我们有了无为有。可以说,体系对事物的擦除是现代知识——带着其全副后现代伪装——的基础。到第十章才能彻底明白这一点。现在,让我们试着粗浅认识一下这种消隐;一种可谓是"大屠杀"的消隐,因为这种描述下的一切有者都丧失了,一切踪迹都被擦除了。③ 这种表达并不尽如人意,但在一定程度上,却有助于表明本章一直在讨论的观点(第十章指出,本章的论点并不完全公正,情况实际上要复杂得多)。

那些被消失的人

我们可能已经开始认识到,虚无主义的话语形式其实与某种

---

① 我们在上文奥卡姆的直观认识中见过这一点,见上卷第二章。
② "冒险表意无,就是开始游戏,开始进入差异的游戏";"在某种意义上,思想意味着无",见Derrida(1987b),pp. 9, 14。
③ 关于现代性、理性和大屠杀之间的联系,见Bauman(1989);对此解读的批判,见Rose(1993),pp. 22—24;当然,也有对其感兴趣的,见Rose(1996),作者在此界定并批判了"屠杀虔诚"。

"大屠杀"异曲同工。它会言说"大屠杀"。但是,我们如何言说一场大屠杀?① 只有当我们言说时有物(有人)消失了,或者说,我们的话语是以这种擦除为基础的,我们才能这样。我们必须想到那些"太多消失了的"人。他们必须被消失;或许我们可以在鼓励言说"大屠杀"的现代话语中,找到三个明显的环节。②

第一个环节出现在体系描述导致了一种消隐的时刻。通过把所描述的东西置于神的心智之外,使它变成本体论上中性的东西,一种给定的(given)而非神赐(gift)的东西。给定的概念让语言可以虚构这种中性,"是"者成为结构上可以经得起实验、解剖、无限的认识研究的东西。③ 这里首次出现了可以让疏离、无爱欲的研究观念得到认识的东西。现在有了一个对象,它就自身而言是中性的,是"客观性"结构性的前提条件。这种"大屠杀"是现代知识的先天条件。第二环节出现在现代话语描述那初始的消隐(即第一环节)的时刻。因此,第一个环节(即消隐事件)消失了。现代性将问我们:"消失的含义是什么?"一切"洞"都被填满了,一切踪迹都擦除了。④

更明显却更加如履薄冰的是,我们看到,现代话语通过那些完全中性的东西,描述了"太多"无法消失的东西的消失。它无法用不同于上述描述树叶的方式,来描述这种残-裂(dia-bolic,意思是"切分")事件。⑤ 只能用中性的言辞描述无数生命的丧失,无论多

---

① 这就是希特勒的所作所为。也许这就是为何《圣经》会把有杀人的念头或言辞的人等同于杀人者。这种罪无需外在行为来证明。不是要杀人才能成为杀人者。
② 我们必须十分谨慎,不要太过图式化,否则就会摹仿我们希望批判的逻辑。而且,我们必须确保不能让现代话语消隐。讨论神学话语时,我们将看到,神学不会执行这种消隐。事实上,这种不可能在某种意义上会干扰本书展开的批判,从而产生某种不可知论,见下卷第十章。
③ Guénon(1953),(2001).
④ 只能用另一个洞来填满这个洞,这是一种属性"丰足"的形式,我们在斯宾诺莎那里看到了这一点,见上卷第三章。
⑤ 这种在场-缺席有点类似于司各特那里的现实-可能,或者奥卡姆那里被直观认识的东西,海德格尔的此在的大有,黑格尔的普遍思想者,以及康德的主体-对象。

么情绪激动。① 然而,话语产生的基础,便是把每个有者都还原为一个无物。②(比如,人被还原为基因,意识被还原为化学元素、原子等。)

我们对"大屠杀"的认识,让"大屠杀"消隐了(有如树叶在烈火中从树上消失:kaustos)。我们看到"大屠杀"的消失,它在通过现代描述的走廊时被擦除了:社会学、心理学、生物学、化学等。这些话语都言说着它的消失。③"大屠杀",和冰淇淋,它们之间只有知识上的差别,一种纯形式的差异。两者都必须是可以还原为无的;现代话语的可能性紧紧依附在这上面。就此而言,一切"大屠杀"都是现代的。那些结构、次结构、分子和分子量全都带走了每个有者以及有之整体(holos)的"实体"。

第三环节建立在前两者的基础上。我们看到现代性让其所描述的一切都消隐了,接着,我们看到这种消隐消失了。④ 我们以这种方式见证了生命的丧失,死亡的丧失。就是在此,我们看到了最后一个环节。如果我们想到一场具体的大屠杀,历史上六百万犹太人在二战中的丧生,我们就会看到,国家社会主义者对犹太人的描述,带走了他们的生命,也带走了他们的死亡。那些被屠杀的都以解决之名,消除了、清洗了。犹太人失去了生命,因为他们已经失去了自己的死亡。⑤ 死亡的丧失,让纳粹可以"移走"犹太人。也就是说,如果犹太人失去了他们的死亡,夺走他们生命的纳粹就没有屠杀。这种认识,即国家社会主义,将在带走他们生命的同时带走那个生命丧失的可能性(死亡完全被自然化)。必须如此,才

---

① 有关道德观念的神学批判,见 Milbank(1997), pp. 219—232。
② 奥卡姆式的认识。
③ 神学话语一定不能让现代话语消隐。我们将在下卷第十章看到,这是我们的结构性"不可知论"。届时,我将指出,神学和虚无主义在某个环节上是一致的。
④ 这不过是颠倒的康德的显象的显现,见上卷第四章。
⑤ 正如虚无主义必须让它的缺乏缺乏(lack its lack),见上卷第十章。

不会有意为否定的丧失。这样一来,国家社会主义拟仿了虚无主义话语的"形式"。那里根本什么都没有,甚至不止如此。那里有的是缺席,以及缺席的缺席(这是尼采快乐的虚无主义采取的形式)。因此,我们不会有会玷污形而上学意义的缺失。

> 这个世界的雄伟庄严,一切的
> 严肃庄重和永远的严肃庄重
> 都在他者手里;他们渺小
> 不能奢望帮助,也不会得到帮助
> 他们的敌人为所欲为,他们的羞恶
> 早已无法指望;他们丧失了尊严
> 早已亡于身死之前。①
> ——奥登(W. H. Auden),《阿喀琉斯之盾》

生命的丧失总是先于生命的死亡。那些丧失生命的人早已丧失在认知描述中。当他们的生命"肉体地"丧失时,已无法阻止那个生命的消隐,以及那个生命死亡的消隐。活死人是永远无法死亡的;死亡在他们生命之前已经被带走,从而让他们的生命毫无踪迹和"丧失"地消隐。所以,可以用描述死人的方式描述活人。现代话语似乎无法辨别两者。在某种意义上,需要生命的丧失和死亡的丧失才能产生"大屠杀"。因为正是这一点禁止了任何意义的记录——生命与死亡之间一切有意义的差异。"现代"描述无法以不同的方式言说失去的生命,因为在一切肉身事件之前,"解体"早已开始发生(剩下的只是清扫身体),早已精细地做好了准备,不会有"未发生"发生。

我们在此最能看见现代话语中根本而始基的中立性,它无法

---

① Auden(1994),p. 597.

第八章　言、行、见：类比、参与、神的观念和美之理念　　*211*

有意义地言说，言说"真正的"差异，带走了一切族群和个体。在"现代的"死亡中，没有族群死亡，也没有个人死亡。在此，我们看到了虚无主义去差异化的结果。身体四分五裂，因为不同的话语带走了残肢。这种对酒神式狂热的冷静的知识认知，塑造了所有那些解释描述系统。

举一个例子说明虚无主义在本体论上的短见。让我们想象一双虚无主义的眼睛凝视着一片土地；虚无主义凝视的这片土地，具有各种丰富的形状、陡峭的坡度、芬芳、比率、比例、气味、音声等等。现代话语无法看见或者言说死亡。① 因为它无法看见满是尸体和残肢的深坑，因为那里不能有丧失，就只有一种内在的"丰足"。如波特兰（Adolf Portmann）所言，"在前现代思想看来，死亡是人类实存最伟大的谜题；对于今天的我们而言，生命是最大的谜题"。② 看看生物学、化学、社会学、物理学等等提供的描述。它们提供的只是形式的区分，或者司各脱所言的差异。这些都必须一种丧失的丧失才能发挥功能。它们的虚无主义"形式"的内在还原论，它们用以填充世界的"洞"，只会让差异消失。例如，当生物学开始描述它面前的东西时，不会有任何可见性。一位评论家指出，我们不过是"由分子机器运行的肉偶，[这就是]将有机体转化为一种单义的生命语言，一种分子世界语"。③ 这就是科林-麦金（Colin-McGinn）所说的"块肉主义（meatism）"。④ 事实上，一个获诺贝尔奖的生物学家也说："今天的生物学家不再研究生命，[因为]生物学已经证明，'生命'一词背后并不存在形而上的有者。"⑤一切都没有被看见，从这

---

① 关于此的讨论见下卷第十章。
② Portmann(1990), p. 258.
③ Doyle(1997), pp. 36，42.
④ McGinn(1999), p. 18. 麦金也有问题，鼓吹下卷第十章所谓的"裂隙之魔"，因此，他的观点只是一种"推延的还原论"，也许不是块肉主义，却可以称为"菜蔬主义"（vegetarianism）。
⑤ Jacob(1973), p. 306.

个意义上说,也没有被言说;因为从生物学的角度来说,一个有机体在生物学上现在是这种还是那种方式有什么区别呢？解释描述系统只会提供命名的或区分的差异,因为它的内在同一性,取决于这种无法看见或言说。道尔(Doyle)说,这种话语的前提,是可以说"这就是全部"。① 因为正如葛农所称:"现代思维的构成,让它无法能忍受任何奥秘,甚至无法忍受任何的保留……［这就是］压制一切神秘性。"②(这种神秘性类似于贝矶的神秘主义。)③同样,福柯也说:"西方人只有在他自己的消除所创造的开口中,才能在他的语言中建构自己,并在他自己中、由他自己赋予自己一种话语性实存。"④事实上,按照福柯的说法,生命"是有机体内的一个主权消失点"。⑤ 斯密(Smith)因此认为,物理主义应该采用虚无主义本体论:"诚然,物理主义的本体论在本体论上是简单的,但它在本体论上是否充分则另有一说。本体论虚无主义的本体论甚至更加经济:无物实存。如果我们的世界创造,完全受本体论经济考虑的支配,那么我乐于建议物理主义者都成为本体论虚无主义者。"⑥(第十章将会回到有关生物学的讨论。)

这些话语依赖于一种描述性还原,它把一种结构性的内在层面永久化了,这种内在层面就是一种同一事物的不变重复。生物学必须将其所描述的东西还原为无,即在其描述能力(DNA 等)之外,一无所有。这就是生物学所是的"文本",这个文本之外,别无他物(想起德里达的箴言)。⑦ 事实上,深受克里克(Francis Crick)

---

① Doyle(1997), p. 19.
② Guénon(1953), p. 107.
③ Péguy(1958).
④ Foucault(1973), p. 197.
⑤ Foucault(1971), p. 128.
⑥ Smith(1985), p. 73.
⑦ 物理学家变成生物学家后,会明确把生命称为"编码",见 Schrödinger(1967), p. 22。染色体编码包含着整个生命的方式。"基因"即"我们",见 Doyle(1997), p. 7。

影响的加莫（George Gamow）将 DNA 蛋白质描述为一种"翻译"。[①] 圣言（the Word）没有变成肉身，肉身变成了"语言"（以一种近乎黑格尔的方式）。生物学的生命（bios）研究是以这一公理假设为基础的：生命不存在。肯定生命的存在需要一个元层面，因为它要揭示一个过剩的环节，这一环节摆脱了内在描述，却又验证了内在的东西。生物学永远无法承受和给予这样的元级。所有现代话语，似乎都将所描述的东西还原为了描述及其特殊的"模式"（这些模式有点类似于司各脱主义的内在模式，它们区分了单义的有，本身却不必如此）。这就是上文提到的极端擦除。

每一种话语，似乎都在它们所预设的无物中召唤出可理解性——永远只会回到它们自己。因此，被描述的东西，只会成为那个话语的内在逻辑或可理解性（可以说是一种内在模式）。描述者与被描述者之分崩溃了，因为只有这样，虚无主义才能占据一切空间和一切事物。因为它言说，因为获得了可理解性，围绕和延续这种意指的无性总是把它拉回到一种双重消隐；这种无性总是在一切描述之内。生物学无法看见生命的丧失。死亡永远不会被看见，也没有人死亡。这是在重演一场"大屠杀"。在此，在这个现代世界里，什么都没有发生，无物是或者不是。我身体的"癌症"是一个自成一体的世界。我的腿与我的身体无关，它生长着，因为它重新描述了我的身体，以一种卡夫卡会感到骄傲的方式。我们的身体分崩离析，因为知识撕裂了它们，尽管它并未伤害它们。我们的有被带走，像"腐殖质"一样生存和呼吸（第十章将指出，活人被当成尸体对待。）

上文所阐述的指导性还原论，展现了虚无主义话语的"形式"。在某种程度上，这种形式是前几章所概述的遗产的继承者。普罗提诺有关有限性的超本体神学建构；阿维森纳的必然论；根特的阿

[①] Gamow(1954).

维森纳式的本质，以及概念类比，继阿维森纳之后，它将"现实(res)"作为最高的先验名称；司各脱的形式多元性、内在样态与其有的单义性；奥卡姆的认知，只出现在假设的范围内，以及命题术语的逻辑功能或性能。奥卡姆-司各脱-根特-阿维森纳这一条线的意向性模式，及其"延伸的"各种逻辑可能性的世界；斯宾诺莎的属性的内外无限性；康德的主体-对象，本体-唯名性——它致使一切现象性都在显象中消隐；①黑格尔的绝对是一个持续消失的场所，也是一种话语的终结；海德格尔的大有与时间作为内外的虚无性的展现，那就是死亡；德里达的延异经济学。

本章其余部分将先对虚无主义进行初步批判，然后再去阐述一种似乎不是虚无主义的神学方法。

接近虚无主义②

那么，该如何对待虚无主义？我们可以从两个方面来接近它；后者与前者处于内在的一致性中。首先，我们知道，虚无主义必须能够给予非虚无主义的话语能够给予的东西。③ 为了达到此目的，一切是者都必须是无，但是，是无为有。这就是虚无主义的残裂的无限丰富性。我们在上文看到，有人指责虚无主义是一种价值的缺失，但这并未说出什么有意义的东西；因为，虚无主义消除了一种被觉察的缺失的消极方面。因此，虚无主义并不排斥价值生成；道德性就见证了这一点。事实上，尼采的虚无主义呼唤价值，以便克服虚无主义。尼采的虚无主义恰恰是一种避免虚无主

---

① 还可以包括维特根斯坦的诸解释描述系统及其描述性显现，见 Conor Cunningham (1999)。
② 这有两重含义：首先，神学因为审视进入虚无主义；其次，神学进入虚无主义，是因为它们至少具有某方面的相似性；见下卷第十章。
③ 至少它不在缺乏中缺乏(lack in lacking)。

义的努力,所以我们不能一开始就指责虚无主义没有给予 x 或 y,但我们可以做的是,使它成为"一种"选择,一种可能性。如果能做到这一点,虚无主义可能就只是一种知识分子的姿态,一种可能是反动的姿态。

　　虚无主义要允许一切,禁止无,它就一定不能具有某种具体的形式可以排除这个或那个(我们在黑格尔的积极虚无主义中看到了这一点)。如果虚无主义具有某种形式,它就是可辨别的,因为它将展现出某些特征。这些将迫使它变得更加坚实和特殊。这样一来,它将成为一种选择,但是,如果虚无主义是一种选择,或者说,是一种姿态,那么做出这种选择,或者采取这种姿态,就有些反动。它之所以是反动的,是因为做出这一选择的理由,将是由其他选择等所左右的。我们可以将虚无主义变成一种选择,将其与某些话语形式的循环性相比较,例如信仰,信仰是一种具有一定语法规则的言说方式,表现为特定的话语形式。这种话语结构,给予的是一种不可还原的论断。① 比如,如果我们言说"某物",虚无主义会让其消隐,但如果我们说某物是,那么一种超越的循环性,就会抵制还原,甚至使之失效。② 因为一种过剩将被凸显出来。这种过剩将既带来又逃避描述,使得每种描述都对自己的成就一无所知。这种循环性将把一切创造都纳入其肯定的丰富性中,因此把一切所是再-现为不可还原的有物。③

　　当然,虚无主义的直接诉求会是,这是另一个形而上学归因的例子,纯循环的。不过,这并不重要,如果归因是一致的。问题在

---

① 诸如贝和(Michael Behe)和林顿(Alan Linton)等科学家,会用到"无法还原的复杂性"等表述,希望把达尔文的进化论问题化,不可还原的复杂性抵抗还原描述,见 Behe(1996)。
② 我要说的超越性是那些中世纪的超越范畴的超范畴性,这些范畴每个都与有同延。关于超越范畴说,见 Aertsen(1985),(1991),(1992a),(1995a),(1996)。本章下文会讨论这些超越范畴。
③ 不过,就论断而言,这种超越的循环也出现在虚无主义中,见下卷第十章。

于,虚无主义话语不能通过有和信仰的先验循环造成消隐的结果,这并不意味着信仰是正确的,只意味着它试图通过循环,获得一个差异的环节,①但这样一种"事件"的后果是,让虚无主义成为一种可能性和选择,因此,它不再是虚无主义。这样一来,虚无主义就是虚无主义的了,这就意味着对于此视角而言(甚至有点客观地),虚无主义就是一种异端,只能反动地建构;这使得它仍然是一种寄生话语,充满了与形而上学的共谋。这样,虚无主义者需要借用"信仰"才能是。虚无主义将指出,信仰是在自赋意义,建构自身的循环,但这将是它自己的信仰立场。它将是"此"而非"彼","此处"而非"彼处"(这呼应了黑格尔面临的问题)。所以,弥尔班说虚无主义是"一种"可能性,是正确的。我们将在第十章考察这种"可能性"的深度。

言、行、见

所有认识者在他们的一切认识中都间接地认识了神。②

——阿奎那

神是我思想和活动的内核……从我自己到我自己,我不断地穿越祂。③

——布隆德(Maurice Blondel)

---

① 此环节必然是无限的。正如就其"逻辑"而言,堕落可以通过拥有一"部分"独立于神的创造被同一地重复,救赎也可以通过一个不可还原的给定性环节产生。可以这样说,我们被一惩罚,也被一救赎。
② *De Veritate*, q. 22, a.1(以下为 DV);"拥有认知能力的有者仿佛神本身,在祂那里,一切事物都是先在的",见 *Super Librum Dionysii De Divinis Nominibus*, V, 1(以下略写为 *Comm. DN.*)。在本章中,我不会用出版年份标记文本或者文本版本;相反,就阿奎纳的著作而言,我将用它们的拉丁书名,适当略写。
③ Blondel(1984), p. 346. 每种行为,无论是认识行为,还是意志行为,都秘密取决于神,见 de Lubac(1996), p. 36.

第八章 言、行、见:类比、参与、神的观念和美之理念

本节研究类比语言、因果关系和参与,以提出一种不同于虚无主义的神学言说方式;它可以解释为何需要一种经中介的超越性。更一般地说,本节认为,不诉诸超越性,就不能有言、行、见。在某种程度上,我们已经见证了一切是如何消隐在现代话语的关联中,但是,话语根本无需刻意造成有物的消隐,才能与虚无主义同流合污。

例如,如果我们要问某人看到一棵树时看到了什么,他们会以一种最显见的方式回答。然而,同一个人却可能无法明确地诉诸超越。问题在于,他们没有意识到自己已经隐性地求助于超越,才能看见或言说这棵树。正是现象世界的显见性,鼓励我们假定它的实际性和随之而来的可得性。① 然而,我们要问,为何我们要求助于超验性,才能看见一棵树?任何人说到"我看见一棵树",或者"我说",或者"我做了"这样那样的事,都假定了这些有者或事件的实际性,更重要的是假定了其意义。在每种情况下,我们都假定自己看见、说了、做了某物。这个某物不是我们所认知的东西之外的东西,否则会引起无限倒退。相反,我们每次谈论的那个某物,都是有意义或含义的东西。(我所说的意义,并不涉及认识的关注,因为这是一个形而上学的问题。)要看见一棵树,我们必须看见有物,但在看着一棵树(因此看见一棵树)时,我们需要什么才能看见有物呢? 答案是 $eidos$,形式或"意义"。这看似很深奥,甚至古怪,但却是最重要的。如果没有认识到这种必要的意义,那么那棵树,和前面提到的树叶一样,可能完全消隐在我们的言语和观念的飓风中。要看到一棵树,需要一种意义,一种 $eidos$,它才能被认识,但也因为是这样,它才不可能成为纯粹的数据或给定物。看到一棵树所需的意义,以及在看着一棵树时看到的意义,是无限的。需要无穷微妙的意义,才能带来那棵树的呈现,需要无限超越的意

---

① 我们甚至假设了实际性的实际性,因为我们很容易假设实际性的意义和重要性。

义,才能把那棵树保存在那个认知中,让它成为不可还原的东西,需要一种永恒性才能得到完全认识的东西(见第九章)。这棵树因为是物质的,所以是时间性的,但是这种显现的限制暗示了永恒本身,因为树持存,也就是说,它占有时间(见第十章)。这样一来,我们就必须避免让信息的掩盖带走那棵树,因为树的时间需要时间,如果我们要"认识"它的话;其意义虽然有限,却进入了那个树在时间和空间中的无限联结,带着它们的无限延伸和无限可分性。此外,在每一个流逝的环节,树都需要一种认知,可以认识其无限的方式:它的阴影、轮廓、纹理、叶子、枝条、分子和子分子、根部和隐藏的土壤;一切都重新概括在它的动态静止(即它的有的时间形式)中。

那么,我们如何能说、做、见呢? 也许这样一来,只有神看到、知道、做到,而我们通过类比参与,部分地接收了认识的恩赐。神学话语将使我们参与到对象的丰富性中去。[①] 我们将看到,神学如何被认为是一种感知、认知和言说的教育。因为,神学教导我们说话的方式,将使我们更好地理解现实性的疑问及其时间上的无限性。

类比地:言

阿奎那没有提出类比理论。[②]

———布尔(D. Burrell)

至少在托马斯学派的圈子里,将类比与单义性对立起来是传统。我并不反对这一点,但在第十章中,我将指出,单义性似乎包

---

① Blondel(1984), p. 403.
② Burrell(1973), p. 109; Burrell(1979), p. 55.

第八章 言、行、见：类比、参与、神的观念和美之理念

含了类比的"精神"，而类比则有可能产生一种特殊单义性。本节将限定在按照传统的思路进行讨论；这种限定不是为了表明这种方法缺乏智慧。

类比，在托马斯主义圈子里颇受关注。[①] 神学家们常常努力使类比成为一种诚实可靠的言说方式，让造物可以言说造物主。他们认为，类比能够实现这种功业，因为它的构造和关联中涉及的许多机制考虑到了造物主的超越性。对类比的这种理解有很多问题，我没有篇幅去探讨；提到这样的类比学说是相当先天不足的，这就足够了。也就是说，它脱离了它所属的环境，它的解释群。因此，进入类比时，只考虑心智中的认识关切，且这些关切与类比在神学话语中的地位少有甚至根本没有关系。核心问题是中性的认识"情况"观念，其目的是给予有关神的"知识"。就神学而言，类比是形而上学教条的一部分，所以它是宇宙论的，而非认识论的，只有这样，我们才能体会到它的地位和功能；这种功能也更多是教育学的，而非认识论的。

许多当代神学家致力于解释阿奎那的类比说，主要标靶是德·维奥(Thomas de Vio)，又称红衣主教卡耶坦(Cardinal Cajetan)。几个世纪以来，卡耶坦的精短著作《论类比名称》(*De nominum analogia*)都被视为对类比真正的托马斯主义理解，[②]但有人认为，事实远非如此。[③] 卡耶坦对阿奎那的解读，集中在后者评论

[①] 关于类比见：Phelan(1967), pp. 95—122; Clarke(1976); Burrell(1973) and (1979); McInerny(1961), (1968) and (1996); Ross(1981); Lyttkens(1952); Mondin(1963); Mascall(1949); Chavannes(1992); Rocca(1991); Klubertanz(1960); Meagher(1970); Owens(1962); Bouillard(1968); Calahan(1970); Morrell(1978); Smith(1973); Chapman(1975); Nielsen(1976); Garriou-Lagrange(1950), pp. 87—94.

[②] Cajetan(1953).

[③] 吉尔森认为，卡耶坦对阿奎纳的处理无异于为圣托马斯的形而上学解毒，见 Gilson(1955), p. 134.

伦巴德的《句子》的一段话上。① 这段话提出了三种类型的名：一种是根据意向（或参照）命名，卡耶坦认为它成为一种归属类比；一种是类比名，根据有而非参照得来的，卡耶坦将其赐名不平等类比；最后是根据有和参照的名，对卡耶坦来说，这是比例类比。最后一种是唯一正确的类比名称；卡耶坦以它为基准。卡耶坦所做的似乎是过于拘泥于字面意思去理解阿奎那的话，"某个东西根据三重类比而得到言说"（aliquid dicitur secundum analogiam tripliciter）。正如麦金奈尼（McInerny）所言，阿奎那"给我们的并非一种类比名的三重划分"。② 阿奎那所做的不是这个，原因很明显，第一、二种区分根本不是关于类比的。因此，很难说它是一个确定的类名列表。据此，卡耶坦给托马斯主义对类比的理解套了一个"紧箍咒"，这个"紧箍咒"通向的是概念类比，而非判断类比。正如布雅尔（Bouillard）所言，如果我们向卡耶坦提出的是"有的概念只有一个含义（conceptus entis est univocis）"的命题，那么卡耶坦会将其重新表述为"有的概念是类比的（conceptus entis est analogus）"。③ 相反，类比应该在判断的层面上运作，因为有本身就是类比的，因为它是由一个超越的神所创造的，祂是本有（ipsum esse），将自己这不可给定的恩赐给了被造的有者，以确保每一个实存者（ens）因不像祂而像祂，因像祂而不像祂。④ 因此，类比本身就是类比的，因为它通过像和不像来追踪这种情况。

---

① Scriptum super libros Sententiarum, I, d. 19, q. 5, a. 2, ad. 1（以下略写为 Sent.）。
② McInerny(1961), p. 12. Meagher(1970), p. 237，这位作者也认为这种三重划分站不住脚。
③ Bouillard(1968), p. 106; Cajetan's *Analogy of Names*，这里有一个附录，题为《有概念》; Cajetan(1959), pp. 79—83。
④ 吉尔森对比了司各特和阿奎纳对此的看法，认为司各特有一种基本单义的概念的类比，见 Gilson(1952b), p. 101; 另见 Burrell(1973), p. 109; Chavannes(1992), p. 54; Mondin(1963), pp. 43—44; Clarke(1976), p. 65。

第八章 言、行、见：类比、参与、神的观念和美之理念

类比的核心在于因果性和参与。后者以一种特殊、有效的方式表达前者。事实上，参与、因果性和类比，在某种意义上，是一种动态的三元论(trialectic)，限定我们对每个事物的理解，帮助我们按照造物应有的方式理解它们。① 他有三篇大作都是把类比建立在因果性基础上的，我在此只考虑其中的一篇。② 在《神学大全》中，阿奎那首先认为，单义因果性允许单义述谓（同义词）。他认为，单义的理解是不可能的，因为这样的述谓，需要神造成一种与祂所是相同的结果，这又需要造物无需创作便拥有完美性。其次，阿奎那提出，等义述谓（同音异义词）将是不充分的，因为我们将无法认识神——甚至我们无法认识。此时，阿奎那才提出类比，意思是比例。既不能在单义也不能在纯等义的意义上言说神；相反，他采用的是类比述谓。原因在于，神被认为是一个超越的造物主，是创造的原因和原则。这是一种造与被造的秩序；*ordo causae et causati*，如果神是世界的原因，那么原因就把某种与它相似的东西传递给了结果。这不是单义地完成的，因为那会侵犯超越性，也不是纯等义地完成的，因为那会意味着神的创造方式不适合一个主体。不言而喻，阿奎那继承了酒神精神，认为"*omne agens agit sibi simile*（每个主体创造出与自己相似的东西）"。③ 神既用祂的理智创造，也用祂的本性创造；为此，新柏拉图式的神产生一种结果的原则是错误的，因为它完全建立

---

① 这是为了理解认识。我的意思是，我们有关认识的看法都不可靠，因为我们假设了它要认识什么，认为认识就是认识某物。因此，这个有物从一开始就作为起点在那里，所以我们从未摆脱此起点，也就是说，我们从未开始。我们从未认识任何东西，因为我们从未质疑那个有物。至少海德格尔不会反对这种分析。相反，我们必须开始认识认识所需的元设置，把认识置于某种更加确定却"不可知"的设定（即信仰）中。

② *De Potentia*, q. 7. a. 7（以下略写为 *De Pot.*）; *Summa Contra Gentiles*, I. 34（以下略写为 *SCG*.）; *Summa Theologiae*, I, q. 13（以下为略写为 *ST*.）。

③ *ST*., I, q. 4. a. 2; *SCG*., 1. 29, 2; *De Pot*., q. 3, a. 6. ad. 4; *DV*., q. 21, a. 4c.

在神之创造的后一方面的基础上。由于神是用理智创造的,所以把神称为类比主体(agens analogicam)是合适的。① 如果因果关系纯粹是等义的,那么因果关系的概念就很容易变成单义的,在颠倒的意义上。我们必须认识到,因的概念本身是类比的,因为除非有本体论的差异,否则就不会有因这种东西,不然的话,一个东西引起另一个东西将意味着什么？我们甚至在自然因果关系的本体层面上,也能看到这个疑问：例如,火引起热;可以说,要使这样的概念变得可理解,就需要有超越性。② 所有层面上的因果关系,都取决于类比因果性,或者说,取决于因果性是类比的。只有这样,才允许实际的认识因果关系,换句话说,才允许有效的传达。正是这一点为自然因果性提供了它可以在其中做或者是其所是的王国,所以阿奎那称神既是原因,又是原则。可能有人认为,我们可以通过证明神是首要因来证明神的实存,但这是有些错误的。因为这种观念会带来某种单义性,至少是本体性(onticity),因为神将被此观念的本体逻辑所包含。如果我们意识到,就因而言,即便是首要因,仍然把神置于某种祂与人共享的一个系列之中(有如普罗提诺、阿维森纳、司各脱、斯宾诺莎、康德和黑格尔那里的神),就可以理解这一点。要证明这个首要因的存在,人看见的只会是自己(见第十章)。在这一点上,费尔巴哈是正确的,因为如果把这条线(也就是这个共享系列)卷起来,我们就会发现钩子可以说是卡在了我们自己的手里；哈曼在谈到"拒绝有神论"时,可能也有类似的意思；③我们可以称之为本体神学。为此,阿奎那还诉诸善,视其为因果关系的原因,也就是援引了作为创造的原因和原则的神。

这有助于确保因果关系是类比的,因为它与理智具有本质上

---

① *Sent.*, II d. 8, q. 1, a. 2c. 阿奎那在此讨论了三种动因(agent causality)：单义的、等义的和类比的。神最好被归为最后一类,因为神既是有效因,也是范例因。
② 休谟似乎是正确的。
③ Alexander(1966), p. 66.

第八章　言、行、见:类比、参与、神的观念和美之理念　　223

的联系。因此,必须记住,神的因果性,是一切因果性可认识的源头;因此,类比因果性,即超绝的(*par excellence*)因果性,因为它是有意且智慧的,所以最好把诸结果视为技艺(art)的例子,既审慎,又特殊。如果因果性取决于技艺和自然的类比因果关系,诸结果就必然会向我们传达神的知识。阿奎那认为,一个结果如果低于原因,如果它不等于原因的力量,或不如原因的功效,那么它就参与了它的原因。① 阿奎那说:"一个结果的形式,以某种方式存在于更高的原因中,但是方式和性质却不同。"②阿奎那认为,有效传达也是类比的。因此,他认为,有多种不同类型的类似于因果性的传达:完美传达,以相同的形式、通过相同的程序和方式(例如,两个同样白的事物)传达;非完美的传达,与前者相同,只是方式(即手段)不同;由非单义主体给定的传达,形式相同,但遵照的程序不同。每个主体都是在其形式内活动,因此,它在造就时,必须把其中的部分形式传达给它的造物;这可以发生在同一个种内(人造成人),或按属(太阳造成热)发生。然而,神是超越属和种的,所以我们作为一个按照其形式引起的因果关系的结果,参与了某种相似性,但只是类比地参与。③ 类比在此表明了创造的特殊性,这种特殊性来自于接收者在接收中接收了自己——包括其形式、质料和有。在此,类比要求创造,而创造意味着智慧,以及参与的完全依赖性。"某种类比"这一词组所证明的距离,其实在距离中带来了一种终极亲密性;换句话说,我们只有参与神才是。因此,有即类比的,没有"关于有"的类比。后者总是会预设至少一个本体术语;因此,布尔及其同仁强调类比本身即是类比的,是正确的。④

一般而言,我们可以认为,阿奎那通过比率解释类比的方式,

---

① te Velde(1995), p. 92; Chavannes(1992), p. 18.
② *SCG.*, I. 29.
③ *ST.*, 1, q. 4, a. 3.
④ Burrell(1973), ch. 6.

广义地说,是"多对一(unum alterum)"、一对它,或二对其中之一(unum ipsorum)的关系。后两种模式可用于神学话语,因为它涉及派生,第一种模式却不能表示超越,因为它未涉及派生。二对其中之一的比例模式,与由参与而有,及由本质而有,是一样的。有一个"一对它"的例子,即有如何被说成是实体和偶然;偶然只有参照实体,才能拥有有,因此,当有被说成是两者时,这个有指的是实体,偶然只有通过参照实体才拥有有。尽管如此,还是有一个问题,因为,在造物的王国中,可以通过实体的优先性言说有,因为它是已知的,且在自然中。神学类比却没有这种幸运的巧合,因为造物只有先认识神的结果,才能认识神。这就是说,名的比率是属于神的,只是在认知上(gnoseologically)是后天地在造物之后到达的。完善,首先是对造物的认识,尽管它们在本体论上本属于神。正是在此,可以运用意指和被意指物之分。①

如前所述,对卡耶坦来说,只有一个类比命名的概念值得这样称呼,那就是适当比例的类比。简单提一句,有意思的是,阿奎那对单义述谓的定义,与卡耶坦对类比命名的理解几乎完全相同:"当某物被单义地表述了多样事物时,它就会按照其适当的比例,出现在每样事物中……但是,当某物被类比地说着多样事物时,它只会按照其适当的比例,出现在其中一样事物中,其他的都是以它命名的。"②麦金

---

① 有很多关于这一领域的讨论,本书没有多余的篇幅进行探讨,只是简短概述一下其含义。阿奎那用到过这种区分,他曾说:"我们给[神]的每个名字中都有不完美,因为该名字的意指模式不属于神,尽管被指物十分适合神",见 SCG., I. 30, 277。在 ST., 1, q. 13, a. 3 中,阿奎纳用这种区分去分辨比喻述谓和断言神的完美名字。前者首先指称造物的王国,其次才被归于神,比如"神是一块岩石"。后者表达完美,无需任何组合观念,而且这样一个术语的专有比率(ratio propria)在神那里。这种意指形式属于造物,但是被指物专属于神。有学者认为,此区分并不重要,见 Lytkkens(1952)。莫雷尔称之为"虚假区分",见 Morrell(1992), p. 114。更全方面的分析,见 Rocca(1991);Aertsen(1996), p. 386;Davies(1992);Chavannes(1992);以上作者都强调这种区分的重要性。

② ST., I, q. 16, a. 6.

第八章 言、行、见：类比、参与、神的观念和美之理念

奈尼在评论卡耶坦的类比命名时，想的是这一文本，认为卡耶坦提出的类比述谓对阿奎那来说是单义的。① 其结果是一种概念类比，而非判断类比。前者在一定程度上见于根特、司各脱和苏亚雷斯中。此外，从这一版本的类比述谓中，追溯出巴特（Karl Barth）对类比的理解，也并非不可能的，尤其是再加上他对知识明显是康德式理解的时候。正如夏万（Chavannes）所言，对巴特而言，知识涉及认识者对被认识者的把握。这种康德式的唯心论，离我们在卡耶坦、根特、司各脱以及苏亚雷斯那里看到的概念的单义运作并不遥远。苏亚雷斯那里有这样的理解，是因为他改变了对阿奎那的真实区别的理解。② 这里没有篇幅来讨论这个问题，只能说，似乎确实有一种遗产流传了下来，涉及那个概念的霸权。结果，和列维纳斯谈到有一样，巴特无法异于哲学（本体神学）思考知识，所以他的思考只能是异于可知的。③

对我们来说，重要的是，要认识到类比是建立在因果性上的，而因果性作为一个概念，已然需要创造的观念。出于此原因，罗斯轻易地就把类比使用称为"技艺约束"，即调节生命或活动的东西。④ 另一方面，麦金奈尼走得更远，认为类比不是形而上学的，而仅仅是一种逻辑学的考量。⑤ 如果我们所说的形而上学其实是

---

① 如麦金奈尼所言，"真类比和单义性是相等的"，见 McInerny(1996), p. 17。
② "巴特展现出某些借自司各特的特征"，见 Chavannes(1992), p. 252, fn. 11；"巴特被他引用的哲学观念［类别］排斥，原因在于，他对它们的理解太过单义，这也是他的康德遗产"，见 p. 260, fn. 142；"伍尔夫（Wolf），康德认为他是形而上学的代表，强调司各特的思想比圣托马斯的高级。与司各特的亲近使伍尔夫与苏亚雷斯联系在一起。巴特自然展现了许多借自司各特、苏亚雷斯和伍尔夫的特征"，见 p. 253, fn. 11；"如果巴特没有接受与启示无关的那些哲学真理……从一般理智原则中推论出神是不可设想的……我们就类似于我们把握的对象，我们都是自己把握的东西的主人"，见 p. 179。另见 Gilson(1955), p. 178; (1952a), pp. 84—120。此概念的类比是"司各特-奥卡姆对有关演绎推理和概念逻辑功能的需求的强调"，见 Clarke(1976), p. 65。
③ 下卷第十章简短讨论了一下列维纳斯。
④ Ross(1983), pp. 177, 167。
⑤ McInerny(1961), p. 35。

认识论的话,这似乎是正确的,但这需要一种康德式的形而上学观。如下文所见,一种可取的方式,是认为类比即形而上学的参与说的表达——对神圣因果性被调节和调节性的承认。参与防止给予一种对因果性纯本体因而单义的理解。正如法布罗(Fabro)所言,"托马斯主义建立在有(esse)中的参与观念,是最彻底的活动,使得通过类比话语,从有限有过渡到无限有成为可能,参与中有其的开端、发展和终结"。① 同样,利科(Paul Ricoeur)也说:"是创造因果性……建立了万物与神之间的参与纽带,使得通过类比建立联系在本体论上成为可能。"② 罗赛罗(Pierre Rousselot)也同样谈到了对神的类比参与,③ 克拉克则谈到了因果参与的类比。④ 参与,暗示了有的有效因果性,以及智慧或技艺创造的亲密性。如果神外并无因果性或有的观念,就可以避免一种纯本体逻辑。这又打开了因与果的类比关系,带着有效的形式传达,但不是在形式内。事实上,艾尔森(Aertsen)提出了这样的观点:参与排除了单义地把"有"述谓为神和被造物的可能性。⑤ 如阿奎那所言,"唯有神,是实存的有……因此,没有什么是单义述谓的"。⑥ 参与带出的是什么,它强化或丰富了我们对神作为实存的大有(subsistent Being)的理解? 似乎参与让"有"是类比的,就像它使得因果性是类比的一样。⑦ 我们是以"A"导致"B"的方式想象因的,但是有了参与,我们就认识了卷入因果关系中的完全给定性,因为神是作为

---

① Fabro(1974), p. 481. 关于参与的一般讨论,见 Fabro(1961); Te Velde(1995); Fay(1973); Hart(1952); Wippel(1984); Annice(1952); Clarke(1952)。
② Ricoeur(1977a), p. 276.
③ Rousselot(1935), p. 58.
④ Clarke(1976), p. 87. "类比的可能性,其基础在于这种参与的现实",见 Milbank(1998), p. 15。
⑤ Aertsen(1996), p. 384.
⑥ De Pot., q. 7, a. 7.
⑦ 因果性确保接收者在接收有中也被接收,参与会强化这一点。缺乏有效因果性,类比很容易变成新康德式的,更多是认识论的,而非形而上学的。

"善"而是的,是因的因。这使我们注意到了"B"发生的空间,它是被预设的或者并未说明的;因此,我们只能完全想象一种本体的因果性,因为我们已经假定了因果性(见第十章)。①

对于阿奎那来说,参与意味着有(esse)与本质(essential)的真正区别,因为这允许参与神的善,也就是祂的有,参与允许造物内在地拥有这种善性。② 有与善可相互转换,这需要我们记住因果性的类比性质;这种性质预先排除了对因果性量化地衡量或理解。换句话说,事物被造就的方式,与它的本质、它的力量相吻合,这就决定了实际产生的东西。阿奎那认为,"一个原因之力的量,不仅根据所造之物来衡量,而且根据生产方式来衡量"。③ 这种限定,废黜了对有单义或等义的理解,正如它将杜绝偶因论一样。阿奎那说:"神在赋予有的同时,也生产接收有的东西。因此,祂不一定要以某种先前就有的东西为基础。"④这样一来,神并不否认次要因,因为尽管神可能不依赖任何先在的东西,但造物被造的方式却让它具有一定的因果完整性:"首要因从其超绝的善性中不仅授予事物它们的所是,也授予它们的是因。"⑤因果性的性质在于,它不是扁平或单义的,而是多样的和具体的;神用诸本性自身之力等来造就本性。事实上,正如夏方所说,"我们归于诸次要因的每种完

---

① 有效因果性是有的给定性,终极因果性维持的给定性,因为它通过要求因果关系的原因,让因果关系摆脱了诸本体的范畴。这样就预先排除了对诸如因果性等概念的假定运用。终极性中涉及的人格论破坏了那些哲学范畴的自我确定性,这些范畴使用诸如原因、逻辑、真理等术语,认为会出现直接的意义。我们在终极因果性中看到,情况并非如此。然而,形式因果性的运用,排除了叙事始基主义的可能性。因为这种因果性模式给善提供有的场所。换言之,美赋予善一种广度,由有效因果性赤裸裸的给定性带来的宽度。但是,这种给定性现在已经是异于本体神学的或者超本体神学的。
② 当我说到真实区分,我指的是本质和实存之间的真正区分。
③ ST., 1, q. 65, a. 3, ad. 3.
④ De Pot., q. 7, a. 1, ad. 16.
⑤ DV., q. 11. a. 1. Gilson(1940), pp. 128—147. Aertsen(1996), p. 171.

善性,都会增加造物主这个首要因的荣耀,并给我们一个使他荣耀的机会"。① 创造被赋予的这种本体论或因果完整性,就是神圣源头的传达:这种传达显示了神的实存和造物的实存之间可能的类比,因为我们是确定的有者,有自己去是的行动,因此类似于我们的创造主。

这种关系并不危及超越性,相反,它迫使我们总是按照类比方式思考因果性。因此,这种亲密的类似关系,在次要因果性的层面上,同时排除了单义和等义的因果性观念。相反,我们实际上只能更多地从技艺意图的角度来思考因果关系。这确实使我们对因果性有了更多的认识,但我们对其的领会(comprehension)却减少了——因为现在不能简单地从力的角度来想象有效因果关系,因为它与终极性即因果关系更终极的原因合在了一起。② 像酒神一样,阿奎那确立善的首要性,③ "目的论秩序"中的首要性。④ 带来原因的就是这种目的论秩序,尽管在补充了终极实践秩序的终极理论秩序中,有具有首要性。正如阿奎那所言,"万物中的一切超绝性都是因为它的有而属于它的,因为一个人不会因为他的智慧而超绝,除非他通过超绝获得了智慧"。⑤ 然而,神在善性之外造就,因为一个目的或意图(第十章认为,神意展现出一种开放的终极性)。这种因果关系通过次要因果性造就万物,但同时神作为首要因——普遍因——是巫术因(*magis causa*);其影响力远远超出了次要因果性。⑥

在此,我们被邀请提出一种对因果性更复杂的理解(第十章会将其激进化)。一方面,这种理解更加丰富多变,也就是说,更加类

---

① Chavannes(1992), p. 194. 另见 Gilson(1994), p. 184。
② "目的是有效因的因果性的原因,因为它让有效因成为有效因",见 *De Principiis Naturae*, 1v. 22;"目的被称为因之因",见 *ST.*, 1, q. 5, a. 2。
③ O'Rourke(1992), pp. 85—116.
④ *SCG.*, III. 20.
⑤ *SCG.*, I. 28.
⑥ *Liber de Causis*, prop. 1.

比,另一方面,它又更加终极,因为我们被引导着通过对一个目的的技艺意图中获得的亲密性,来重新理解因果关系。这种亲密关系,使我们失去了对因果性的一切领会。这就是我们对首要因的类比参与。神给得太多,我们就像悬在了半空中——但不是像偶因论者所说的那样。创造的给定性,扰乱了我们所有的概念,因为它的亲密性——这种亲密性可以延伸到圣言成肉身。在德勒兹和瓜塔里(Deleuze and Guattari)那里,对创造的技艺意图的解释是贬义的,因为他们认为秩序是在"扼杀"创造:"[一个]神在工作,把一切弄乱了,或者通过组织它来扼杀它。"① 然而,德勒兹可以说是误解了意图概念,用本体的术语解释它。我们将在下面的章节中看到,神的智慧如何显现在一种开放的终极性中,赋予创造一种开放性,包含了共造的一面。

言归正传,有一点可以帮助我们理解,即传统上认为,信徒是按照三段论(*triplex via*)的方式接近神的知识的:通过肯定(*positivia*),原因是结果的原因;通过否定(*remotionis*),原因不是结果;通过超越(*eminentia*),否定的并未取消肯定的。因此,我们可以认为结果以更高级的形式包含在原因中。② 我们可以把这比作因果性、参与和类比。肯定地说,我们是被造的,否定地说,我们不是因,我们只是参与。即便如此,参与也并未否定因果性原则。相反,它给我们带来了对神的类比参与,因为,如果否定的取消了肯定的,也就是说,如果参与带来的是偶因论,就会假定一种等义的因果性概念,它在本体论上是单义的。在此,我们看到偶因论和泛神论之间只有方面的区别,因为这里是在技艺意图之外理解因果关系的,所以在

---

① Deleuze and Guattari(1987), p. 159. 两位哲人在此深受阿尔托(Antonin Artaud)的"无器官的身体"观念的影响;这个身体摆脱了"神的判断",后者会把它变成有机体,从而限制身体的潜能。有意思的是,类似的"无器官的身体"也出现在贝克特的《不可名状》中,见 Beckett(1955), p. 305。

② Te Velde(1995), p. 121.

我们完全等义的因果关系概念中,有一种未说明的本体论逻辑在起作用。除了仁爱的神从其神技中创造以外,原因还有什么含义呢?除此以外的任何概念,都会导致单义性,进而让本体论的区别倒塌。因此,即便一种"自然的"因果模式,也无法成功地被认识。换言之,如果作为被造,我们不是一种意图的结果——被爱的造物——就不会有任何因果关系;善在因果性秩序中的首要性已经表明了这一点。① 其实,我们已经开始看到,整个形而上学及其术语,都从属于神学(在第九、第十章中,我们将看到这种从属是如何起作用的,以及它如何诱发一种特殊的不可知论,为一种对话留下了空间)。

有作为有,只能通过爱来关联,② 也就是说,有必须从爱开始,然后才能获得形而上学层面的理解,这种理解在某种程度上需要神学的层面才能得到关联;因为只有爱才知道差异,而有作为有,是这种本原差异附带记录的东西。这种次要层面的问题在于,它遭受了哲学的失忆,假定它认识差异,实际上,它却必须被赐予这样的洞察力。这种洞察力当然未得到充分的发展,但这是因为我们的本性——它在次要因果性层面上运作——被造成了这样。因此,我们接近因果性的亲密性的方法只会让它深不可测。③ 要明白这一点,就需要意识到,终极因果关系让有"解脱"了,因为它维持了本体论的差异,因为一切有关因果关系的简单理解都被问题化了,因为因果关系需要因果关系。这就防止了一种纯本体的因

---

① 你可以说神无需因爱而造,或者说,神无需爱我们才创造我们。不过,这是一种误解,因为如果创造不是出于、来自和因为爱,就只有一种本体神学的创造观在起作用,因为这样就无法"发明"作为差异的差异;相反,它将始终在位,神只能从中借来祂的"创造"力,所以"创造"不是由祂决定的。因此,神是神只是因为权力,意思是神是神只是偶然的,因为我们与祂在同一平面上。也就是说,根本没有"真正的"创造。到本书结尾处,我们更能看到此观点的正确性。
② 见下卷第十章;"只有当我们爱或者一直在爱中,我们才能是,而神即爱,所以不能是",见 Milbank(1997),p. 49。
③ 我们可以认为,爱无疑知道差异,但是这并不意味着一切差异都是爱的结果。关于此的答案可参见下卷第十章。

第八章　言、行、见：类比、参与、神的观念和美之理念

果关系概念的产生,这种概念无意不会考虑那个有效造就事物的被忽视的——内在的——空间,以及所使用的术语和范畴,这些术语和范畴的意义,被认为是具有固有的自我给定的价值,它将遗忘那种本体论的区别,只在本体的层面进行分析。同样,反过来说,有效因果性把终极因果性从德勒兹所担心的封闭中解放出来,用给定性的蛮横"空间"将其打开。然而,必须记住,善与大有是可以转换的,这就告诉我们,大有和善给彼此带来了解脱,彼此都不陌生。这样,就提供了一种目的与自由——开放与有——之间动态、开放的平衡。此外,美,作为形式因,是有效性与终极性之间的空间——广度;它因此成为它们各自的空间(关于这一点详见第九章)。

形式整合了有效性和终极性。我同意德·韦德(te Velde)的观点:"形式是神的造物中属于神的东西。"① 为何如此呢？可以这样说,神作为主体,通过祂的形式,参照祂的形式,造就或者——类比地说——创制(make)。阿奎那持类似观点,认为事物是善的,只是因为它是实际的,形式则是事物的活动,因此,它是所是的万物中像神的东西。从本质上说,形式就是活动,而神是纯活动(actus purus)。② 正如阿奎那所言,"每个事物的形式越多,它就越强烈地占有有"。③ 此外,形式作为活动是可知性的源泉,只有具有形式的东西,才能被认识,或者是可知的。因此,神赋予造物形式,让它们能够认识和被认识。神给予人或者理性的造物的形式,具有这样一种性质,让人的灵魂作为身体的形式,在某种意义上,既可以认识万物,又可以是万物。④ 也许是因为这个原因,罗赛罗将

---

① Te Velde(1995), p. 233.
② "通过自身,该形式让事物得以实现,因为它根本就是行为",见 ST., 1, q. 76, a. 7;"一切都是因为某种形式",见 ST., 1, q. 5, a. 5。
③ De Pot., q. 5, a. 4, ad. 1.
④ "智力可以成为万物",见 SCG., II. 83;"在某种意义上,灵魂即万物",见 DV., q. 1. a.1,这直接受到亚里士多德的《灵魂论》的影响。

理性理智(rational intellect)称为"异能"。① 同样,皮埃尔(Pieper)也呼应了这种亚里士多德的观点,认为"认识就是变得不同"。② 这意味着,这种形式,即我们与神的相似性,及我们的理智,是我们的形式所特有的——即我们与神同形——能够引导我们享见神(下一章将展开讨论这一点)。正如乔丹(Mark Jordan)所言,"最丰富的因果性,是神由此把理性造物带入参与神之生命的因果性"。③ 而且,根据阿奎那的观点,三位一体的进程,才是"一切进程的原因和理由"。④ 因此,我们经由因果性被带入享见神中,⑤然而,如果这就是因果性,我们现在并未假设能够领会因果性,因为我们似乎成了三位一体即爱的永恒进程中的类比参与者。⑥ 因此,似乎可以认为,原因、参与、类比是一种三元关系,让形而上学需要爱(第九、十章将证明此命题)。

观念:属于神的

> 亚里士多德的活动观也许可以与柏拉图的参与观相结合。但是,只有基督教创造神学中诸观念的说法,才能解释参与者在参与的创造(the participated)中的多样性。⑦
> ——博兰(V. Boland)

阿奎那承袭了先前的悠久传统,认为神的理智中有无数观念,

---

① Rousselot(1935),p. 20. *DV*., q. 1. a. 1.
② Pieper(1989),p. 135.
③ Jordan(1993),p. 247.
④ *Sent*. I, prologue.
⑤ Peter(1964).
⑥ 是奥古斯丁教导我们,神的使命揭示了三位一体的永恒进程,这些进程不是神的使命构成的,而是永远如此,见 Augustine(1991)。
⑦ Boland(1996),p. 261.

都是祂要创造的东西，或者用思辨术语来说，是神可能创造的东西。① 诸观念都是神对自己的认识，因为在认识神本质时，神也认识到可以如何摹仿这种本质，这种有关可摹仿性的认识，构成了神的诸观念的基础。由此可见，每个实存且具有形式的造物，都是神本质的一个例子，不是那个在自身中的本质，而是一种贫乏的（privative）例子。也就是说，造物是根据它是如何"少于"神本质来界定的，这种"差距"才是它特有的形式；植物可能因为有生命而像神，却因为无法"认知"而不像神。神的本质是认识活动的原则（*principium actus intelligendi*），意思是当神来创造时，本质可以成为认识活动的目的（*terminus actus intelligendi*），即认识得到认识后，可以进而组合和划分这种认识。这就是说，神是祂自己的认识的原则，因此是每一个活动的终点，即因为神自身的本质发挥着目的的作用，从而避免了外在的多元性："神用祂的智慧创造了万物，是仿照自己的本质创造的。因此，祂的本质，即万物的观念，不是被视为本质的本质，而是被视为得到认识的东西。"② 观念即形式，作为形式，它是生产的目的。此形式可以根据主体的自然本质而提前实存，或者根据可知的本质而提前实存。③ 既然世界不是偶然造成的，或者由等义原因造成的，就必然有创制世界所根据的形式，存于神的理智中。神借以认识的就是祂的智慧，而祂通过智慧所认识的就是观念。因此，神完全认识祂的本质，并且知道自己认识自己的本质；因此，神认识了观念的多样性。④

然而，阿奎那的思想曾有过转变，因为，在《论真理》（*De Veritate*）中，例子的在场被扩展到思辨知识，但到了《神学总论》（*Summa Theologiae*）中，只有实践知识才有例证——而且，尽管

---

① 一般讨论，见 Jordan(1984)；Boland(1996)；Ross(1991),(1993)；Maurer(1970)。
② *DV.*, q. 3. a. 2.
③ *ST.*, I, q. 15, a. 1.
④ *ST.*, I, q. 15, a. 2.

神能创造的东西有比率,① 却可以认为比率完全由所是的东西决定。《神学总论》比其早期著作更强调神本质的可摹仿性。关于这一点,乔丹评论道:"托马斯正在远离'观念'一词,更强调被多样摹仿的神本质的统一性。"② 还应该注意到,阿奎那在《神学纲要》(*Compendium of Theology*)和《反异教大全》(*Summa Contra Gentiles*)中都未曾提及神的观念;尽管在《反异教大全》的一个早期修订本中曾提到过。③ 阿奎那似乎越来越强调神言是一切创造的范本。④ 博兰认为,这种重点的转移,是因为越来越强调神的单一性。⑤

圣言,即道(*Verbum*),是神的自我认识;因此,它是神的形象(*eikon*),神通过它创造一切,因为"道"就是有关创造的知识。道与神同在,与神同质,因此,道即神之子,这就是说,父不在子先,而是父子同在。⑥ 子是父的知识,因此,父中没有不是子的东西,子中没有不是父的东西。由于道是神对神的认识,是纯认识,因而也是从活动出发的活动。因此,神,作为纯活动(*actus purus*),不能无言而在,否则的话,神就会在潜能(potency)中,在潜能中认识。相反,言即神之理智,神即祂的理智。神遵照自己的言,祂也是子,父的技艺(*ars Patri*)。⑦ 此外,子作为父的技艺,是神荣耀的光芒,⑧ 而言作

---

① *ST.*, I, q. 15, a. 3; *De Pot.*, q. 1, a. 5, ad. 11.
② Jordan(1984), p. 28.
③ Maurer(1990), on the *Compendium of Theology*, p. 217. 关于 *SCG.* 的延伸讨论,见 Boland(1996), pp. 214—225。
④ 对于 *SCG.*, I, 而言 *Verbum* 作为范本的作用非常重要,但它并未出现在第一个修订本中,见 Boland(1996), p. 220。
⑤ Boland(1996), p. 224.
⑥ 是奥古斯丁指出,神的位格是它们的相互关系,这是它们真实而非徒有虚名的区别,见 Augustine(1991)。
⑦ "有如匠人通过脑中提前设想的形式或言辞创制万物,神也通过祂的言辞即技艺创制万物",见 Aquinas, *Commentary on the Apostles' Creed*, sermon II, b, 1;另见 Augustine(1991), bk. VI, ch. 2。
⑧ Hebrews I, v. 3; *SCG.*, IV, 12, 4.

第八章　言、行、见：类比、参与、神的观念和美之理念

为纯认识,是纯光明,因理智的形式而辉煌。① 如果如前所述,只有爱才知道差异,那么言作为父的理智,就是差异的知识,以及那种知识的传达。子是父爱的知识,所以子是神借以创造的知识,这间接表示,言即差异的知识,因而也是爱的知识。子告知父,父就是爱,而子作为三位一体的原始差异的形象,就是爱的形象。正因如此,创造是通过言完成的,并且把自己的有保存在言中。②

遵照奥古斯丁的看法,我认为,是就是被神认识。③ 在此意义上,创造是只因为在言中。此外,创造从来就是先在于言中的,因为言是其永恒的言说。创造先在于言中,这种先在的方式高于它在造物方式中(in via)的实存模式。为此,阿奎那说:"事物在道中得到的认识,比在其自身中得到的认识更完美,甚至就它自己的特殊形状和形式而言也是如此。"④事物在言中的知识,在许多方面都是更高级的;在言中,造物具有未被创造的有,即生命本身,特殊性也更清晰地表达在言中。然而,阿奎那指出,在述谓的秩序中,造物更好地实存于创造而非言中,因为它按照自己的实存方式实存。尽管如此,造物在言中的相似性,在某种意义上,是"造物本身的生命"。⑤ 更重要的是,由于造物在言中,它在某种意义上带来了自己的实存:"存于道内的造物,其相似性在某种程度上生产了造物,并在它实存于自身性质中时使它运动,在某种意义上,造物使自身运动,并把自己带入有。"⑥(我们将逐步审视此观点,特别是在第九、十章中,我将指出,此观念会让我们更好地认识创造,但也会使神学靠近虚无主义,虚无主义更靠近神学。这种相互的引

---

① *SCG.*, IV, 12, 5.
② John, I, v. 13; Colossians, I. v. 17.
③ Augustine(1984), bk XI, ch. 10;(1961), bk VII, ch. 4, bk XIII, ch. 38.
④ *DV.*, q. 8, a. 16, 11.
⑤ *DV.*, q. 4, a. 8.
⑥ 同上。

力,将是两者之间充满张力却并不那么刻意为之的对话的场所,本书中处处隐含着这种对话,但是不到书末不会凸显出来。)

奥古斯丁把对在道中的事物的认识称为"黎明知识",把对造物本身的认识称为"黄昏知识"。[1] 阿奎那接受了这一看法,并对其进行了一定程度的扩展。创造是通过道创造的,并且在道中"成为一体"。因此,高级知识需要通过道中的知识来获得,因为道是最高的可知性,而且如前所述,也是神的荣耀的光辉,因为言是辉煌的光,正如神是光一样。阿奎那在《反异教大全》中指出,"神(theos)"一词起源于"theaste",意为"见"。[2] 因此,《因果论》作者的话,并不那么惊世骇俗:"在某种程度上,事物的现实性本身就是它的光。"[3]因此,我们可以将光视为造物的终极现实,因为光是它的可知性——它被认识或者能认识——的可能性,这就要求它在活动中,从形式中产生的活动。我们可以认为造物的光是一种标志,标志着它来自爱(神),并趋向爱,[4]它是可知的——所以,它来自爱,且它能知——所以,它趋向万物。因此,造物本质上是属于他者的(第九章阐述了这种对认识和知识的理解)。

从某种意义上说,认识就是趋向他者——他者也是未知的;就像终极可知性被赋予造物的同时也在造物之外一样。[5] 这样,认识能力需要神助,因为只有神才能认识,因为只有神才是爱。[6] 同样,只有在言中认识,获得黎明知识,才能正确地认识,因为造物的生命和知识都在言中,只有参与言的永恒性,我们才有希望认识。我们将在下文看到其含义。在本节的结尾,我要指出,知识涉及差

---

[1] Augustine(1982), vol. I, bks 1—5.
[2] SCG, I, 44.
[3] *Liber de Causis*, prop. 1. 6.
[4] 神学如何运用光主题,见 Pelikan(1962)。
[5] Jordan(1984).
[6] 见下卷第九章。

异——他异性——所以它最终是爱。只有神是爱,我们参与神的有,就是参与神的爱,因为这种爱认识了我们,因而也创造了我们。

美丽的想法:美之观念

人类看见事物的能力正在下降。①

——皮埃尔(Joseph Pieper)

我对你迟来的爱,美得如此亘古而又常新,我对你迟来的爱……你召唤呐喊,打破了我的聋哑;你发光发亮,赶走了我的目盲;你吹向我的芬芳,我深深地呼吸,为你喘息;我尝到了你的味道,我为你饥渴;你抚摸着我,我欲火焚身,渴求你的静谧。②

——奥古斯丁

我们已经知道,认识在道中的造物,被称为"黎明知识",它比"黄昏知识"更优越,后者是对在自身中的造物的认识。让这种区别更加复杂的是我们在《论真理》中见到的共造的一面,阿奎那在此说到,造物把自己带入有。此外,言与造物本身同在,因为创造不仅是通过言的创造,且在言中维系在一起。如果我还记得,创造不仅是通过道,在道中维系在一起,而且还包括道本身成了肉身,这种复杂性就从根本上加剧了。换言之,道成肉身给我们呈现了一种新的理解,或者如博雷拉(Borella)所说,一种新的见(vision)。③ 这里,对我们来说,重要的是,这会对我们理解认识、知识

---

① Pieper(1990),p. 31.
② Augustine(1961),bk 10, ch. 27.
③ Borella(1998),p. 75.

和作为有的有产生怎样的影响。

有人认为,对阿奎那来说,美是一种超越的东西,即美与有是同延的,可以互换,就像善和真一样。另有评论家则认为,对阿奎那来说,美不是超越的,因为它可以还原为善的一个方面,善本身是超越的。① 我们没有篇幅来充分讨论此问题,为了平衡起见,我们可以简要地回顾一下阿奎那是如何谈美的——要随时记得塞萨里奥(Romanus Cessario)的观察:"把阿奎那当作博纳文图(Bonaventure)来读的习惯越来越受欢迎,所以我们必须认为这是托马斯主义的一种演变。"②

对阿奎那来说,善与美都是以形式为基础的,但是它们的根据不同,或者说,按照不同比率运作。原因在于,善把形式指给嗜好,最终指给意志,而美把形式指给认知、知识,最终指给理智(见第九章)。美使嗜好停留在对美的静观中,善则不然。美在于完整性或完美性(integritas sive perfectio);合比例性或协调(debitita pro-

---

① 许多学者把美(Pulchrum)肯定地解读为超越的,比如吉尔森,他在至少四部著作中说到美是一种超越的东西,见"The Forgotten Transcendental: Pulchrum", in Gilson(1978), pp. 159—163;另见他的艺术三部曲,Gilson(1959),(1965),(1966)。在这些著作中,吉尔森强调,美是一种超越的东西,对美的研究称为美学(calology),美学成为了形而上学(即本体论)的分支。另见 Eco(1986),(1988),(1989);Maritain(1930),(1953);Balthasar(1982—1991);Jordan(1989),他改变了自己的看法,见 Jordan(1980);Kovach(1963),(1967),(1968),(1971),(1974),(1987);Maurer(1983);Navone(1996),(1999)。其他关于美的一般讨论,见 de Bruyne(1969);Chiari(1960),(1970),(1977);Spargo(1953);Duby(1999);Nichols(1980),(1998);Viladesau(1999);Garcia-Rivera(1999);van der Leeuw(1963);Brown(1989)。反对美是超越的的立场,让人印象最深刻的是阿尔琛,见 Aertsen(1996), pp. 335—359。他在某处提到了克里斯泰勒,以证明真-善-美三位一体是文艺复兴时期提出来的,见 Kristeller(1990),pp. 163—178。这两位似乎用了一种非常康德式的理解,至少在这一点上是如此。克里斯泰勒的主要观点是,美与形而上学而非艺术有关,但并不影响美是超越的这一观点,甚至支持了这一点。无疑,中世纪以后,美确实在美学中变得更加耀眼。卡耶坦也认为美可以还原为善。反对卡耶坦的观点,精彩的要数 Kovach(1963)。
② Cessario(1992), p. 297.

portio sive consonantia）；以及明晰性（*claritas*）。然而，必须强调的是，不应该把这三个鲜明的特征视为标准。① 要理解这一点，我们就需要意识到，与那些超越的东西一起，美的典型构成特征不断在变化，因为有时只有两种特征。尽管不能把美当作标准对待，但我们依然可以说美与认知有关，善则涉及意志。正如吉尔森所言，"美与知识的关系，有如善与意志欲望的关系"。② 正因如此，阿奎那认为，美涉及那些纯粹令人愉悦地把握的东西。

对马利坦（Maritain）来说，美是所有超越的东西的光芒，而对吉尔（Eric Gill）而言，美是大有的辉煌。③ 然而，最好的办法可能是把美看作是大有的可爱性（nubility），事实上，这种可爱性很可能就是它的光辉。"可爱性"一词引出了两个观念。一是爱欲（eros），意在让我们想起认识中涉及的欲望，一是不-可见（in-visibility）。第九章将深入讨论这种不-可见性的观念。在此只需提及，可爱性意在使我们注意到，我们对事物的认识与我们对其的领会成反比。例如，在享见神中，我们可以认识神的全部本质，但无法领会它的全部。这种不可领会的观点，就是"可爱"这个词引起的，因为它来自拉丁文 *nubilis*，而 *nubilis* 又来自 *nubere*，意思是"给自己戴面纱"。这一点非常重要，因为我们已经指出，只有爱才能认识——因为只有爱，才能认识差异——且差异只有在被爱人认识时，才能得到认识。这在某种意义上意味着，知识自带着面纱，但这面纱来自对象的丰富性。巧合的是，本雅明（Walter Benjamin）似乎说过类似的话："美只能带着面纱显现自己……因为就其本质而言，只有美的东西才能遮蔽和被遮蔽，美的大有，其神圣基础就在于这种奥秘。"④（我们在上文看到，葛农

---

① Jordan(1989)，p. 398.
② Gilson(1960)，p. 162.
③ Gill(1933).
④ Lacoue-Labarthe(1993)，p. 107. Benjamin(1980).

认为,现代性容不下奥秘。)① 如果我们把有的可爱与神的本质——它完全可知,却不可领会——联系起来,并且记得 theos 来自 theaste,意为"看见",造物和创造主的不-可见性就凸显出来了——这就是美的面纱,有的可爱性。

美与形式(form)有关,所以"formosa"在拉丁语中是美的意思,也就不足为奇了。形式本身涉及活动,因为它涉及神的明晰性。② 每种形式都参与了神的明晰性,它因为并通过这种参与而具有了形式:"事物因之而具有有的一切形式,都在一定程度上参与了神的明晰性。"③正因如此,毛瑞指出,对阿奎那来说,美与实际性密切相关。④ 因此,美就是实际的美(formositas actualitas)⑤——形式的光芒,也就是理智的光芒。正是由于这个原因,见即认识,看见就是认识有,因为有就是被看见的东西——被认识的东西(但不是被领会的东西)。⑥ 认知和知识涉及一种不可还原的可见性,它抵制纯信息论的知识还原,后者把现实变成了虚拟的。这种不可还原的可见性逃避一切描述,因而可以用可爱性来表示,隐含着遮蔽的意思。美作为有的可爱性表明,创造是一种交流活动——爱的活动⑦——但这种交流需要一种永恒安息的广度,一种静观,即善的场所。⑧ 美需要时间,它暗示着永恒,因而我们可以认为它是有的实体本身。在某种意义上,美是时间的"屠

---

① Guénon(1953),p. 107.
② "美本身包含形式的观念",见 ST., I, q. 5, a. 4, ad. 1;"事物借以拥有有的一切形式,都是对神圣因果性的参与",见 Comm. Dn., IV, 6;"特殊事物因为自身性质,即因为自身形式,而是美的",见 Comm. Dn., IV, 5;"形式赋予事物美",见 Sent., II, d. 23, q. 9., a. 3, a. 1。另见 Spargo(1953),p. 34。
③ Comm. Dn., IV, 6.
④ "似乎美与现实性密不可分",见 Maurer(1983),p. 7。
⑤ De Pot., q. 4, a. 2, ad. 31.
⑥ 见下卷第九章。
⑦ Pieper(1989),p. 120.
⑧ 见下卷第十章。

杀",如圣餐仪式一样,一如皮埃尔所言。① 这样一来,有就无法被还原为信息或数据。美中就显现出一种抵抗,这就是有的时间本身——它涉及一种可爱性,它爱欲地要求我们与有——与爱人——在一起。奥古斯丁告诉我们:"只有美的东西才能被爱……我们无法停止热爱美的东西。"②美的时间赋予传达——即有所是——以"广度"。这种广度预先排除了唯心论或还原性的"信息"。相反,有的合目的性表现在一种时间的过剩中。换句话说,目的——成为合目的的——本身以一种不确定的方式存在着,也就是说,它展现了一种"开放的终极性"。

如上所述,美在把形式与认知联系起来的时候,涉及到"光",③它是美的明晰性,也是形式的明晰性——一种本体论-认识论的区分活动。④ 但是,如果有与美脱钩,那么有就应该完全是认识论的。任何将有与美割裂开来的做法,都会产生一个纯本体的领域,可以主要用认识论的术语来理解这个领域。在此,我们再次看到,德勒兹采用了一个很难站住脚的形式概念。因为正是形式的因果性,也就是美,禁止了对有的禁锢。它之所以这样做,是因为美将一种时间的无限性——即便不是永恒性——引入了世俗领域。此外,美——在让我们认识有时——使我们更加相信不可知论。换言之,由美引入的肉身在时间上的无限性,让我们认识却无法领会有。认识就是认识一个他者,在某种意义上,也就是成为那个他者;但这并不妨碍他异性,因为知识——来自有的可爱性——与爱有本质上的联系。⑤ 这是因

---

① Pieper(1987),p. 6.
② Augustine(1961),ch. 14. 3.
③ 下卷第九章将进一步讨论光。
④ 美是"从一切有序的有状态中散发出的真和善的光芒",见 Pieper(1966),p. 203。
⑤ 认识者被展现在认识中,所以没有康德式的控制观念。而且,因为能够认识,主体已经是可知的,因此,主体因为在行为中,而被认识。这样,认识者只能通过已经被认识而认识,也就是说,通过一个已经是那个认识者的他者。所以,认识一个他者从一开始就是成为一个他者。我们来自又指向一个他者,这是我们的有以及我认识的绽出,见 Pieper(1985)。

为,如果爱不是最高的"形而上学"术语,那么差异就无法得到关联、认知或感知。如皮埃尔所言,爱美之人就被视为爱人。① 这样,我们就明白了,美作为认知的本体论参照,如何涉及欲望——没有爱,我们就无法认知。也就是说,要认识,我们就必须认识一个他者,且必须成为这个他者,但是,除非我们爱这个他者,否则就会毁了它——认识失败。如上所述,美是有的时间性,即其呼吸的广度。济慈说道:

> 美的事物是永远的快乐:
> 它的可爱与日俱增;它永远不会
> 变成虚无;而是会为我们保持
> 一片清凉安定,一场安息
> 充满了甜梦、健康和平静的呼吸。②

任何有者都涉及时间,因而也涉及永恒;如德·卢白(de Lubac)所言,这个世界是"永恒性的质料",不能以异世的方式将其抽离出来。③ 因此,美是有的实体,任何其他选项都无法支撑有的时间性丰足"开放的终极性"。④ 如果实体是其他的东西,一种虚无主义的消除差异的活动就会接踵而来。因为如何认识差异,差异怎样是?甚至实体的缺乏——流变的现实——也会凝结成赫拉克利特式的静止。⑤ 因此,只有美才是大有的实体,因为只有美才是关系的实体。基督教神学中有一个重要的传统,认为有与善可以互换,

---

① Pieper(1995),p.44;他正在沉思柏拉图《斐德若》中的话。
② Keats, *Endymion*,(1957),p.42。
③ de Lubac(1996),p.190。
④ 对象的时间性证明了它的丰富性。因此,在某种意义上,每个对象都是一个时间性的丰足。下卷第十章会讨论有的时间性,我将谈到永恒性的时间问题,是我们在圣灵中言说的永恒性的时间。
⑤ 德里达的延异是赫拉克利特的静止的一个例子。

第八章　言、行、见：类比、参与、神的观念和美之理念

但是在美的缺席中，就会产生叙事始基主义的威胁（它可以证明上文提到的德勒兹的担心）。换句话说，善需要对善者的描述，因此，在某种意义上，它出于某种原因将把我们引向某个地方。这种运动的结构可以带走有（黑格尔的体系似乎就是这样做的）。① 不过，美作为大有的实体，为大有的活动或形式提供了一种广度，也为善的最终性提供了一种开放性。因此，从定义上讲，大有涉及甚至需要其参与者有一种动态的静止。②

上文提出，正确的认识涉及爱，因为只有爱才能允许差异。因此，认识涉及不领会，因为被认识的东西是通过其源头——道——的永恒性进入的，它以超绝的方式预先实存于道中。但是，道即神言，而神则是永恒的现在，所以在某种意义上，那个有者始终在道中。因此，知识就是言的知识，而接近一个处于自身之美中的有者，会让我们想起这种超绝的栖居："在某种程度上，道即造物之言，因为造物是通过道得以显现的。"③创造是动词的言（*verbum Verbi*）。④ 如果我们从道而来，在道中维系在一起，且只有参照道才能被认识——美是这种参照的实体广度——我们就能明白为何美常常被用来"指代"圣子："子清澈澄明，普照万物，万物在它的照耀下光芒万丈。"⑤美被等同于物种，是形式的一个方面，而就美而言的物种与圣子联系在一起。⑥ 子具有完整性或完美性，因为他是神；比例即形象；明晰性即理智的光辉和灿烂——这就是父的真理和荣耀。那么，道作为美，也是认知的真理——最高的可知

---

① 见下卷第十章。
② 美暗示了"真正的"友谊和共同体观念，见 Navonne(1989)，pp. 136—137。
③ *DV.*, q. 4, a. 5, 6.
④ *SCG.*, IV, 13. 2.
⑤ *Sent.*, I d. 31, q. 2, ad. 1. Kovach(1987), p. 227.
⑥ *ST.*, 1, q. 39, a. 8; '*Species autem, sive pulchritudo*'. *ST.* 1, q. 15, a. 3. 圣托马斯在此继承了奥古斯丁和赫拉利（Hilary of Poitiers）；阿奎纳甚至直接引用了赫拉利的《三位一体论》，见 Hilary of Poitier, *De Trinitate* 6. 10。

性——因为它是父的荣耀的光辉。正如乔丹所说,"赐下光来,就是赐下认识的方法"。① 所赐的光就是神的光:"在你的光里,我们看见了光。"②神就是光,我们要成为光之子。③ 这意味着认识就是参与神的光,正如成为可知的也是一种参与。神是光,子则是光的明亮——理智的光辉——这是一切知识的源头和可能性。子是父的差异,是父的爱。这样,子也是爱的恩赐,即认识和被认识的能力。就美而言,我们可以同意纳沃内(Navone)的说法,他说,"是还是不是(to be or not to be)是美的问题"。④ 吉尔森也同意这种看法,认为:"让事物有和让它们美是一回事。"⑤

下一节,我们将先讨论道成肉身的观念,然后再回头讨论神的观念的问题,我们将结合贝矶有关重复的理解,这种结合将会指向一种对语言和知识更好的理解(第九、十章会充分讨论知识的问题)。

差异的语言

太初有道,道就是神……道成了肉身……

道成了肉身,正如阿奎那所说,"祂写在我们的肉身上"。⑥ 一切物质性都是道的结果,道则侵占了物质性——却仍然保持为道。如果我们的认知需要道,如果我们只是因为道而认识,通过求助于道,因而求助于美,那么我们必然会明白,这个道成了肉身。这个道——即美——使我们能够言、行、见。如阿奎那所言,有了道的

---

① Jordan(1989), p. 401.
② Psalm 36. 9.
③ "神是光",见 John, 1.5;"我们必须迎接光,即神自己",见 John, 1.9;"光之子",见 Luke, 16. 8;"恨兄弟的,是在黑暗中;爱兄弟的,是在光明中",见 John, 2, 9—10。
④ Navone(1996), p. 25.
⑤ Gilson(1965), p. 27.
⑥ Aquinas, Sermon on the Apostles' Creed, III, 2.

第八章　言、行、见：类比、参与、神的观念和美之理念　　245

真，我们才有了语言，我们的语言才是语言："因为此真理，万言皆为言。"①德·卢白指出，没有神，我们就"不得不放弃言说"。② 这个真理也即道成肉身，如博雷拉所言，它只会"彻底改变我们看问题的方式……引导我们进入一种新的现实秩序"。③ 我们与道同在，因为我们在道中，我们帮助把自己带入有，但现在道成了肉身——道现在与我们同在。这意味着，我们来于道又归于道；至少是转向(metanoia)道。因为道走向我们，在某种意义上成了我们。道成了肉身，也把我们都合于道。④

按照博雷拉的说法，我们可以认为，基督作为道，在成为肉身时，遭受了两次神性放弃。首先，道作为神，失去了自己的神性，因为这种牺牲，创造被神圣化了："世界的神圣化，是作为道成肉身的功能而实现的。"⑤（然而，正如博耶所告诫的，我们不能将道成肉身与受难分开。）⑥神的牺牲把我们变成祂的身体，或祂身体的一部分，意思是祂变得像我们，所以我们也变得像祂了。然而，这也让创造准备经历第二次神性放弃，即基督牺牲了自己的人性；十字架上的基督流了祂的血，这血落在地上，这地就被神圣化了。因此，这血落"入"一个新的身体——受造物的身体。此外，当十字架上的基督被举到空中时，祂进入了天国，把所有人都带向了祂。⑦

这样，受造物就成了基督的身体，因为它"拥有"基督的血。这

---

① Aquinas, Commentary on the Gospel of St John, Lect. 1, 31.
② de Lubac(1996), p. 37.
③ Borella(1998), p. 75.
④ 为此，我们可以同意这一说法："耶稣复活不单是一个过去的事件，它建构了我们的现在"，见 Daniélou(1962), p. 103。
⑤ Borella(1998), p. 85.
⑥ Bouyer(1962), p. 158.
⑦ "我若从地上被举起来，就要吸引万人来归我"，见 John, 12.32。"救赎既是人的转变，也是宇宙的转变(metanoia)，把整个自然升至那个王国的完满性"，见 Evdokimov(1990), p. 111。

血现在流淌在造物的血管中,是肉身所预备的活器。我们知道,神出于爱而创造,爱即神的分化;它的关联就是与神同在的子。子即美,他呼唤,再呼唤,一切创造得以复生。① 子被击打、被伤害、被杀害;然而,即使是畸形的、不成形的,也被基督所认识,所以重新有了形式。因此,我们可以通过知识来理解基督既是又促成的爱是终极的,因为"被钉十字架的至高之美"(乔丹之言)②甚至能够认识死亡——在其深渊中找到形式。这样一来,无形中就有了形,因为复活证明了这种知识。重要的是,要记住,圣子的身体上有伤疤做证据,而且在三天里,圣子在他神圣地人格化的人性中,是无生命的。这一点很重要,因为这不是违反自然形式,或诸形式,而是它们"开放的终极性"。如果圣子虽然被打等,却没有伤痕,似乎就会产生一种异世的违反。但是,子克服了死亡,这反映了创造,因为在那里,正是神的爱——神的分化——促成了创造的差异。因此,在创造的差异的根底上,有一个同一性的"深渊"——但这个深渊是爱的终极性。同样,复活也显示了爱的主导权(hegemony),因为基督的爱给死亡以呼吸。这样就揭示了知识的始基——爱。从某种意义上说,这是一个"形而上学"的观点,而不仅仅是一个神学的观点。因为在死亡中发现生命,基督揭示了创造的形式,因为在没有差异的地方发现差异——只有死亡的同一性——差异就成为可能。子有于无形中见形的能力,就是陀思妥耶夫斯基所说的将拯救世界的美,这种美"创造、维持整个创作,使之臻于完美"。③ 因为爱甚至能够认识死亡(可能正因如此,在《启示录》中,死亡被扔进永恒的火湖,获得永恒的实存;它实行的消灭成了自相矛盾)。基督的身体,保留着它的伤痕,召回堕落的创造,

---

① 美的希腊语是 kelo,它派生自 kaleo,意为"招呼、召唤"。善的希腊语也与美有关: kalokagathia。善的拉丁语也与召唤观念相关。
② Jordan(1989),p.407.
③ Navone(1996),ix.

阻止它堕入无限的多样性,从本体论上讲,这种多样性缺乏真正的差异。① 换句话说,基督赋予创造的美,抵抗一切分析还原和无限的多元化。因为基督将创造带入了三位一体的永恒进程。在此,我们可以同意坎宁汉(F. L. B. Cunningham)的说法:"神圣的使命在我们身上继续着永恒的进程。"②

这就避免了两个消极影响。首先,如我们将更清楚地看到的那样,不会有一种关于形式的认识,会把有囚禁在领会的牢笼里。因为每种形式都是开放的形式。然而——这是第二种影响——一切简单的绝对开放性概念,或者无限多样化的概念,都被废除了,因为创造是一种言(a Word)的结果,是神的观念的结果。这样一来,如前所述,它是神的技艺具体且合目的的意向。相反,留给我们的是一种开放的终极性(这意味着什么,我们会在下一章看得更清楚)。

在有与无的对立之前,有三位一体的分化。正如叶夫多基莫夫(Evdokimov)所说,"在有与虚无之间,只有一种实存原则,便是三位一体的原则"。③ 为此,我们可以同意阿奎那的观点:"创造并不真的是变化";④因此,我们曾在道中的有高于我们在自身中的有,我们曾帮助把自己带入有。因此,圣言也是造物之言。这以共同创造的方式把我们卷了进来;不仅因为我们曾在道中,现在则是因为我们既在与父相关的道的知识和证明中,又是基督的身体。共造发生在我们的语言和礼仪、文化和生活实践等等中;共造的重

---

① 如葛农所言,"无限重复就是现存世界趋向的纯多样性,逐渐把一切还原为量……物体因此不再持存,而是消解为不连贯的'原子'灰尘;我们因此可以说世界真的'粉碎'了……终归于'混沌'的模糊……死亡和消解的王国,回头无望……这构成了真正的'撒旦主义'",见 Guénon(1953), pp. 17, 139, 199, 201。
② F. L. B. Cunningham(1955), p. 184. "把向外的创造行为和向内的生成分割开来……让三位一体的替代摆脱了基督教核心教义",见 Milbank(1986), p. 219。
③ Evdokimov(1990), p. 243.
④ *De Pot*., q. 3, a. 2.

要性足以完全暗示永恒性,对神之观念的解释也更加有希望(有关共造概念的阐述见第十章)。

阿奎那说,"每个事物的形式越多,它就越强烈地占有有"。① 博雷拉却认为,形式不是"空间构造,除了在它的某种模式下;而是物体中有意义的东西,即可知的东西(eidos),所以也是让我们能够将它与其他事物区分开来的东西"。② 因此,我们作为造物,只能产生各种崇拜和礼仪,认为它们是神的显灵。叶夫多基莫夫似乎持同样观点,认为"形式是神显灵的场所"。③ 的确,正如德·卢巴克所言,"万物皆为神灵"。④ 我们与造物主同形,能够分享造物主的创造性。⑤ 例如,吉尔森认为,可以"通过与造物主合力,增加世界上有与美的总量,加入对神的赞美。"⑥同样,弥尔班认为,"我们的语言表达反映了神的创造活动,后者内在地包含在父的技艺(ars patris)即逻各斯中"。⑦

这种创制(poesis),是一种共造的可能性,因为我们实际参与了道(the Verbum)的形式和活动。如果想到我们通过领圣餐,已经成为基督的真正身体,就能明白这一点了。让我们首先想想两条宗旨,它们会让我们想起圣餐的问题。水和酒可以作为解释学的手段,启发我们进入共造的形式,后者进而又会指导我们的言、行、见。

圣母玛利亚,说着人类的言词,带来了道成肉身的可能。⑧ 因此,人类话语从道初开始就充满了恩典。玛利亚把自己的意志献给

---

① De Pot., q. 5, a. 4, ad. 1.
② Borella(1998),p. 50.
③ Evdokimov(1990),p. 12.
④ de Lubac(1996),p. 88.
⑤ "世界显神的能力";"神形的可能性",见 Borella(1998),pp. 24,34。
⑥ Gilson(1959),p. 272.
⑦ Milbank(1997),p. 29.
⑧ 关于圣母学(Mariology),见 Bouyer(1962)。

了神,坚持神的意志必须得以实现,由此有了童贞受孕和道成肉身。也就是说,她的羊水破裂可以解释为标志着基督的降临。需要注意的是,水是出现在基督之前,宣布了道(the way,像施洗约翰一样)。这水可以继而认为是把我们引向迦拿的婚礼,在此,玛利亚指示管家要遵行她儿子的旨意。这样,他们也重复了玛利亚的顺服形式。然后,水就"变质(transubstantiated)"了,宣告了基督的神性。这是基督公开传道的第一个神迹。此外,水现在变成了酒,可以被认为是预示着基督未来的牺牲,以这种方式呼唤出"已知"的东西。已经变成酒的水将我们引向上房,在《福音书》的一处记载中,这个房间是跟随一个拿水的人找到的。① 只有跟随那个拿水罐的人,才能辨别出上房。这可以理解为回顾故事开头的水,但它却把我们引向圣周四。在上房里,酒变成了血,这种变质宣告了基督的牺牲,把我们带到了耶稣受难日,在那里,基督流了他的血。从某种意义上说,这个牺牲的完成是由从基督被刺穿的一面流出的水所证明的;这水可以解释为玛利亚的破水,因为在此,教会诞生了,因为它宣告了教会的来临。② 对我们来说,重要的是,这个诞生是在玛利亚的言词之后到达的第一个出生,第一个水中就已经预料了。这个出生和重生的戏剧,以及现在是基督真身的教会,无法脱离人类的话语和行动。下面我们将看到这一点是多么重要。在此只需说,这很可能使我们发展出一种克服虚无主义的神学逻辑。

关于基督的神秘身体的问题有很多讨论,也很令人烦恼。我们只需说明两个不同"学派"强调的东西即可。德·卢巴克在他的两本著作《神秘身体》(*Corpus Mysticum*)和《教会的辉煌》(*The Splendour of the Church*)中,讨论了两种定位基督神秘身体的方法。③

---

① Luke, ch. 22, v. 10.
② 关于玛利亚作为同救赎主,见 Bouyer(1962), ch. 9。
③ de Lubac(1949), (1956). Borella(1998), ch. 7. 关于这个神秘身体的一般讨论,见 Mersch(1938), (1939), (1951); Rubin(1991).

他认为，在十二世纪之前，教会被认为是基督真正的身体（corpus verum），而圣餐的身体被认为是神秘的身体（corpus mysticum）。十二世纪中叶以后，"真体"与"圣体"合二为一，教会则成为神秘的身体。① 如德·赛尔托（de Certeau）所言，随着这一变化，三元结构被还原为二元结构。② 这意味着教会和圣餐合二为一，因此，教会只是基督身体隐性的和名义上的延伸。这个身体只是圣餐礼的结果。在此之前，教会作为真体，能够抵制被还原为圣体。然而，反过来说，教会作为真体，只是因为圣体而实存。从某种意义上说，这种联系是更为密切的，但三体分布在三个不同环节。反之，还原到二元论，就产生了圣礼景观，因为教会作为一种模糊的延伸，只能合法地接收却不能成为基督的真身。接收者与接收始终是分离的，接收现在更多是共时的，所以它反映了一种更加拘泥字面的解释，这种字面主义的解释以另一种方式反映在新教版的二元结构中。③ 如果反过来说，教会是真体，那么接收者自己就被接收了：在领受圣餐时，自己也被领受了（在下面两章中，我们将看到，这一点十分重要）。④ 这就排除了字面主义的解释，或者说，是对景观的强调，因为从本体论的角度来说，圣餐更多是动词而非名词。根据德·卢巴克的说法，我们寻找的不应该是对象，而是牺牲活动。⑤ 正如皮克斯托克（Catherine Pickstock）所言，"圣体在场的概念逐渐被神圣行动的概念所取代，从而产生了一种字面主义的关注，即圣体是什么，是孤立的现象，而非教会事件"。⑥ 因此，圣体不再造就教会，相反，"教会造就圣体"，正如麦克帕特兰（Paul

---

① de Lubac(1949), pp. 281—288;(1956), pp. 87—93.
② de Certeau(1992), p. 83. 有关圣体解释方式的转变，及其广泛影响，有一个解读非常精妙，见 Pickstock(1998)，尤其 pp. 121—166。
③ de Certeau(1992), p. 84.
④ de Certeau(1992), p. 315, fn. 15.
⑤ de Lubac(1949), p. 78.
⑥ Pickstock(1998), p. 163.

McPartlan)所言。① 新的强调引入了一种新的"教义标点"。② 在圣体和教会的教体之间放置了一个停顿(caesura),这个停顿以前是落在历史体和圣体之间的。③ 对我们来说,重要的是这种理解给我们如何看和"读"问题带来的不同。如前所述,教义的新标点引起了一种对圣餐景观或经文的字面解释。④ 这更符合一种世俗的逻辑,因为这种对圣餐的解释不再像原来那样好认识,因为它更无法抵御还原创造的方法,因为它现在涉及的是离散的环节或有者,而这些都会招致无休止的描述和剖析。这样一来,对本质、内核的追求,就与唯名论勾结在一起,给我们提供的只是意指的区别(diacritical signification)。⑤

回到上房,我们记得玛利亚的话使得羊水破裂,这水既宣告了她儿子的诞生,也宣告了她儿子的神性;它也成为酒,成为祂的血。这又催生了教会,我们要将其理解为基督的身体。在圣周四的上房里,基督似乎把祂的身体和血献给那些聚集祂的身体和血的人。他们被允许分享它,领受祂的身体,也被祂的身体领受(译注:指领圣餐),因为他们将成为那个身体。然而,在圣周四,基督还没有上十字架。不过,我们有了似乎是第一次的圣餐礼。这对我们意味着什么呢?我们该如何看待此事件?我们如何说话,如何做那"字面上"尚未完成之事?在尝试回答这些问题之前,让我们先回顾一下神的观念的问题,以及从道成肉身、受难和圣餐礼的角度看去,我们在成为我们之前并作为我们对道的参与。此外,我们也不能忘记玛利亚的"礼仪"——人的话语成为神性。现在,我们转去讨

---

① McPartlan(1995), p. 38.
② de Certeau(1992), p. 82.
③ de Lubac(1949), p. 288; de Certeau(1992), p. 82.
④ de Certeau(1992), p. 84.
⑤ 有人认为个别性,或者有者的绝对单一性,在奥卡姆著作占据着核心地位,见 Alféri(1989), Maurer(1999)。还有人认为,即便不是核心,也很重要,见 Adams(1990)。

论贝矶有关重复的解释,希望它能帮助我们理解神的观念和我们的话语共造的方面。之后,我们再回到圣餐的问题上。

贝矶认为,我们往往会误解事件,因为我们对事件的解读太过线性。① 例如,人们会认为法国的联邦日纪念巴士底狱的倒塌,是重复了那次倒塌。贝矶则认为,巴士底狱的倒塌重复并庆祝了后来所有的联邦日。另一个例子是莫奈的一幅睡莲画。对贝矶来说,莫奈创作的第一幅著名的睡莲画作重复了后来的所有画作。这些后来的画作在某种意义上强化了第一幅画作的原初重复:②"一切开始的东西都有一种永远无法重新发现的德性,一种力量,一种新颖,像黎明一样的新鲜感……第一天是最美的。也许第一天是唯一美的一天。"③这就是历史女神(Clio)的"衰老"法则,即事物会变老,会衰落。贝矶希望用这种理解来反对囤积或累积逻辑,但这并不意味着第二幅画就完全没有第一幅画好。因为就连贝矶自己的作品也与这种观点相矛盾,他的第二幅《圣女贞德》作品就比第一幅好。在此需要说明的是,第二幅作品因为有了第一幅作品而更好,所以在这个意义上是少了。强化并非一种累积的囤积,而是开端活的实现(lived realization),就像毕加索实现了塞尚的潜能一样,等等。因此,在某种意义上,艺术家所做的一切,就是实现第一艺术家,即自然,自然则是神的技艺意图的实现:道。

马里昂(Jean-Luc Marion)领会了这种观点,谈到造物是神心中的范本:"事实上,有者只有在参照物中才能成为自己,所以后于他自己的真理,后者永远在神那里等着他。预期的有关这个有者

---

① "Dialogue de l'histoire et de l'âme charnelle"和"Dialogue de l'histoire et de l'âme païenne",见 Péguy(1992),3:594—783; 997—1214. 这两个文本被称为'Clio 1'和 Clio 2'。后者与重复更相关。

② Péguy(1992),pp. 45, 114; Péguy(1958); Deleuze(1997),pp. 1, 189. 关于重复,见 Kierkegaard(1983)。有学者精当地使用了克尔凯郭尔的重复概念来解释圣体,见 Pickstock(1998)。

③ 'Clio 2', quoted in Servais(1953), p. 336.

的真理的范本,他在那里发现自己早已作为更属于自己的本质存于神中,他发现自己回归了自身。"[1]在世俗的层面上,关于巴士底狱倒塌的问题,除非该事件具有某种潜能,否则就不会有联邦日。如果在巴士底狱倒塌之后,皇室的命运发生了逆转,那么就不会纪念这一事件。正是第一幅莫奈中的创制,即潜能,引起了后面所有画作各不重复。所有后续的画作都是第一幅画作的事件,因为第一幅画作通过自身的存在为这些其他画作创造了空间。(德勒兹对贝矶以及克尔凯郭尔有关重复的理解做了批评,第十章回应了他的批评。)

这样一种对重复的理解,很可能对我们理解神之观念,以及对我们接近现实的方式有启发。道是一切创造的知识,因为它是神之理智,我们在前面看到,受造物居于道中,从道中来,只因道而在;在这个意义上,道作为受造物的范本,同时也是神的永恒形象,产生了对创造——或任何具体造物——的原初重复。实存的造物不是重复范本,而是已经在原初重复中,是这个重复的强化。正如贝矶所说:"一个永恒的始基并不排斥重新开始的需求。任何程度的永恒始基都不会改变这一事实,即始基在某种意义上是在世界和永恒中的。"[2]此外,根据法布罗的说法,本质是终极的强化活动,而如上所述,根据阿奎那的说法,一个造物拥有的形式越多,就越强烈地拥有有。[3] 看来,实存的造物,是道的原初重复的强化,但它只有通过趋向道才能实现这样的强化。这种趋向是两方面的。首先,它回望道,因为它从道中来,曾在道中;其次,道重复了造物,造物强化了这种重复中涉及的"潜能"。如果造物不是道的重复,它怎么能强化道的重复,怎么能回望道呢?它能如此,因为

---

[1] Marion(1981), p. 37.
[2] Péguy(1958), p. 96.
[3] Fabro(1974), p. 481; *De Pot.*, q. 5, a. 4, ad. 1.

道已然是造物的重复。然而,造物怎么能强化它与道有关的有呢?它以更高级的方式存于这种有中? 正如所说,道是父的形象(eicon),与父共在,居于神的"永恒现在"中,但道也是创造的范本。此外,道成了肉身,因为这是它的神圣使命。因此,造物所能实现的强化似乎是对向内(ad intra)的道的呼应。道引起了原初重复,因为圣子的形式本身包括在永恒现实中,包含了创造和救赎的神圣使命,即使这是从神的法令而来的(因为任何神的法令都是永恒的,只是祂的有),而向内的圣子的形式,在永恒的现在中,显示了这种形式——一种永恒因而动态的形式。①

造物对重复的强化本身就是对被救赎的创造的呼应,在末世论上被带入圣子之中,从而进入三位一体的永恒进程。托雷尔(Jean-Pierre Torrell)非常强调三位一体对阿奎那的核心地位,②这使它比道成肉身具有一定的优先性,因为它是向内的三位一体永恒行进,解释了向外的(ad extra)神的有效因果性。圣言从父那里出来,与创造中所涉及的神的功效相类似,就像创造回归神所需要的恩典与圣灵的永恒喷发(spiration)有关。创造和肉身只有从向内的三位一体的角度看才有意义。正因如此,爱是形而上学的"基础"或"可能性",因为只有参照父的永恒慈爱,与三位一体的关系,我们才有希望理解有究竟为何意。永恒之爱是我们的话语所能拥有的唯一的第一原则。没有这样的原则,我们就不会明白说什么、做什么、看什么,因为差别永远只是名义上的:一与多的差别;多之间的差别;这个词和那个词之间的差别,音节和音节之间的差别;此处和彼处,这个和那个。因此,要有一粒沙子,就需要永

---

① 圣子的永恒进程不是神的使命构成的,因为经济的使命揭示而不是构成永恒进程。但是,神的使命并不向内揭示神圣进程,因为当我们意识到创造在某种意义上被吸收进了永恒进程,就会发现我们对创造的理解发生了变化。构成创造,揭示永恒进程,而非相反。
② Torrell(1996),pp. 43—44.

第八章　言、行、见:类比、参与、神的观念和美之理念　　255

恒和无限的慈善。此外,我们的"知识"在三位一体中的这种设定让一切本体范畴都失效了。

圣周四先于受难日。圣餐礼"字面上"发生在十字架之前。我们如何理解这样一个难题呢？让我们以基督的形象作为指导。在如何"看"或谈论这个人物的方式上,有两种主要的方法是有启发的。第一种我们可以称之为"字面的"(有点类似于历史主义),第二种是"隐喻的"(在方法上,类似于外在主义)。如果我们以字面主义的方式进入基督,把离散的历史活动缝合起来,那么基督的形式就会消失。基督的形式将进入一个永久消解的循环,因为抽象、分散的信息碎片取代了形式;以本质的名义犯罪,但任何这样的实体都将驻留在"黑暗"中。相反,如果我们以"隐喻"的方式进入基督,从记录的事件中提取一般的原则或道德,我们就会把基督的形式简化为一种类型;就像那棵树一样,它将是更普遍的东西的例子。在此,认知上的黑暗又会接踵而至,继而出现这样的归纳分解。这两种方法都把基督以位格或作为位格带走。这里值得关注的是,探讨采用四重解释方式(字面的、寓言的、象征的和神秘的[anagogic])的属灵注释(spiritual exegesis)如何使我们避免这种可怕的后果。① 空间有限,我们只能把这种方法归在"类比"的旗帜下。要看见基督,我们必须以类比的方式看见他,在某种意义上保持"字面的"和"隐喻的",但在一种非归纳性的理解中:这种理解需要诉诸那些超越的东西。基督是,且是真、善和美。因此,我们的阅读所阐释的真是善的方式和美的生命。这样的方法即布隆德通过"传统"一词所推荐的方法。② 我们参与到我们试图认识的东西中去。在这个意义上,我们意识到,认识涉及爱,因而是"可见性"(或"可爱性")不可还原的增补。因此,我们必须把我们的生命

---

① de Lubac(1999),(2000a),(2000b); Wood(1998).
② Blondel(1995), pp. 219—287.

塑造成合适的器皿,它不仅能容纳,而且强化增加容纳的内容;这种器皿反映出原始恩赐的恩典。

如果我们意识到耶稣受难日被莫名地取代,我们就会发现这种逻辑有点奇怪。① 因为我们不能将其归结为仅仅是字面上的认同,因为它是由圣周四召唤出来的,一种纪念未来的召唤。正如皮克斯托克在谈到一个相关的问题时所说。"这个词既来自过去——被记忆的语言传统——又来自未来——它只能因为每个后续音节的未来性而到来,并最终预示着复活的未来性。"②移置耶稣受难日并不导致解体,因为有真正的牺牲。(这种停顿[caesura]设置类似于我们在基督的历史身体与圣事和教会身体之间看到的。)③这种有关未来的记忆,结果之一是,基督在受难日的真正牺牲和在场,实际上不能与以后的每一次圣餐会绝对区分开来。这突显了我们的礼仪和我们的"诗意"实践的重要性,它们显示了形式开放的终极性——有的广度。圣餐礼不能与耶稣受难日的献祭分开。事实上,我们甚至可以认为其后的圣餐领享,也是一种真实的牺牲和真实的在场,是受难日的强化,正如受难日是圣周四的强化一样。这就是礼仪的"力量",我们合谋创造的形式的"力量",正如吉尔森所说,这些形式增添了有的总量。正如德·赛尔托所说:"耶稣事件因消隐在其所带来的差异中而得到延伸(验证)。我们与本原的关系是以其日益缺席的功能为基础的。开端越来越被揭示其意义的多重创造所掩盖。"④这样,我们就可以理解,玛利亚的话预示着我们的礼仪,而我们所有的

---

① 关于耶稣被替代,见 Ward, in Milbank, Pickstock, and Ward(1999), pp. 163—181。
② Pickstock(1998), p. 221.
③ "你们要这样做来纪念我",见 Luke ch. 22, v. 19;另见 de Lubac(1956), p. 93。关于圣体纪念性的方面,见 Bouyer(1968), pp. 103—105; Frankland(1902), pp. 102—105。
④ de Certeau in Ward(1997), pp. 146—147.

礼仪都参与了那个说出的顺从（Deipara）的效力。教会作为主体，不仅是基督的身体，而且是与圣言共同创造的。事实上，教会作为基督的身体，本身就是在自己的圣周四的上房，因为它在末世论上呼唤基督再临，在言行中纪念未来。因此，教会是未来的圣餐，期待着一切创造回归神。① 教会所实施和居住的礼仪和圣事的强化，是对向内的圣言的呼应，因为我们作为受造物，用我们的创造言语，记住（anamnesis）我们在圣言中的有；在现在（epiclesis）回忆我们在圣言中，准备重新召唤（epectasis）我们在向内的圣言中的未来。② 正如贝矶所说："我在现实所做的一切事情都是仿佛肉身地嵌入神自己的身体中。"③

玛利亚在生下神的同时，也生下了教会。用克劳德（Paul Claudel）的话来形容，玛利亚以这样的方式，展示了"教会之前的教会"。④ 这种与恩典的合作，这种被记住和实施的共同创造，呼唤出作为未来圣餐的教会。教会在某种意义上是先于基督的（因为作为玛利亚的教会是先于基督的，而上房是先于十字架的），但在这样的有中，并没有产生一个脱离恩典的地方。事实上，因为教会是在教会之前，就宇宙的救赎而言，它通过记忆来召唤自己的牺牲。我们能够看到创造的"前"、"中"、"后"，因为我们看到了创造在向内的三位一体中体现形式，即由圣灵所赐的圣子。

玛利亚的童贞可以解读为创造的给定性的寓言式的重

---

① 上文提到的宇宙拯救观念并非欧利根的复原（Origen's *Apokatastasis*），而是贝矶对一切得救的希望，这种希望的基础是神已经被希望是万能的，见 I Corinthians 1, v. 28. 另见 Péguy, "The Mystery of the Holy Innocents", in Péguy (1956), pp. 69—165; "A Vision of Prayer", in Péguy (1965), pp. 183—200. 关于宇宙拯救观念，见 Balthasar (1988), de Lubac (1988), Ludlow (2000).
② 关于 *epiclesis*，见 Bouyer (1954), ch. 10. 下卷第十章末尾将讨论 *epectasis*。
③ Péguy (1958), p. 120.
④ *Le Miracle de l'Eglise*, ch. 1; quoted in de Lubac (1956), p. 35.

复——有效的爱的因果性。① 子宫中的基督可以被认为代表教会生产圣体,它意味着一切在圣言中的预先存在,②以及教会通过圣体的生产。③ 在基督之前的玛利亚只是以创造在圣言中预先存在的方式来生产。我们在子宫里有圣体,因为我们已经看到,圣体在召唤的意义上总是未来的。基督在玛利亚的身体里,这可以理解为与弥撒类似,因为玛利亚与基督是一个身体。这样,教会已经与新郎在圣体上是一体的——作为处女。这就是给予和接收的机会的恩典。④ 新娘只有是处女时才真正接收。她的给予总是先有的恩赐的结果,这恩赐与她自己的捐赠是同时的,所以是处女的——她能生产是由于她总是早已接收从未渗透到她身上的东西。因此,之前和之后——捐赠者和受赠者——的本体范畴是无比复杂的,因为恩典是操作的操作——正如善是原因的原因一样。教会预先的有在末世论经济中重述了教会。它先于自己,先于基督,因为它源于道。既然如此,教会之前的教会就成为教会之后的教会,也就是说,教会是基督真正的身体,而那通过领受基督的历史身体而取代基督的历史身体的东西,本身就被领受了——被移置了。⑤ 教会记得基督牺牲的未来,并由此与基督成为一体,接收了这个牺牲的恩赐,而这就需要教会奉献自己的身体。在纪念未来的过程中,教会通过接收基督的身体参与了基督的牺牲,接收基督的身体就促成了一种末世论的牺牲。⑥

　　圣母升天宣告了创造救赎的形式。正如贝矶所言,玛利亚"已

---

① 有关童贞意义的沉思,见 Gregory of Nyssa(1979),vol. V。
② de Lubac(1956), pp. 92—93.
③ 同上。
④ 圣体如何重构了给予与接收的动力学,克服了后现代有关恩赐的疑问,见 Pickstock(1998);Milbank(1995)。
⑤ "基督教的基础是一个身体的失去",见 de Certeau(1992), p. 81。
⑥ 关于圣体和末世论,见 Wainwright(1981)。

经是教会将成为的新宇宙"。① 达尼埃洛(Daniélou)似乎同意贝矶的说法,他说:"圣母升天的奥秘在玛利亚身上告诉我们宇宙的变身……新创造的黎明。"②这可以说是向外的和向内的圣子之间的呼应形式。因为正如克劳德所言,玛利亚"在她的心中默默地汇集了所有的矛盾线,并将它们重新整合于一颗心上"。③ "向外的创造"与"向外的创造"的区别在于美的动态静止的广度,即形式的开放的终极性与其永恒的非同一性重复。正如克劳德所说,"人类在劳动中,再一次成功地从它的内心深处撕开了一个完美的命名"。④ 为此,时间变成了"绽出的"——再次引用克劳德的话,因为它是末世论的,⑤是向着他者的。

我们的言和我们的有,在其共同创造的潜能中,强化了神之真理,它拥有"运动舞起的持久,时间分散的永恒"。⑥ 哈曼对此也有同感,强调我们仍在创造中。⑦ 达尼埃洛也说:"神没有给我们一个现成的世界;他给了我们一个要创造的世界;因此,我们的创造力、我们的主动性和我们的责任都是巨大的。"⑧神没有给我们一个现成的世界,因为正如克洛德尔所说,神是"一个永远在发明他所居住的天堂的神,我们永远无法预知下一步祂会干什么"。⑨ 天堂常新,创造常新,这似乎是说得通的。因此,发展出了"增添"有

---

① Péguy, quoted by de Lubac(1956), p. 259.
② Daniélou, quoted by de Lubac(1956), p. 262, fn. 3.
③ Claudel(1956), pp. 198—199.
④ Claudel(1956), p. 65.
⑤ Claudel(1942), p. 306. "礼拜仪式采取永恒圣餐的形式……[神言]成为 Chronocrator,即时间统治者",见 Evdokimov(1990), p. 137;另见 Pickstock(1998), p. 221;Bouyer(1963), chs. 10—11。
⑥ Claudel, *Présence et Prophétie*, p. 46; Caranfa(1989), p. 50.
⑦ Borella(1998), p. 85;关于哈曼,见 Dickson(1995), p. 350。
⑧ Daniélou(1970), p. 16.
⑨ Claudel, quoted by de Lubac(1998), p. 236. 这与维特根斯坦等人的观点截然相反,后者认为一切早已被预见,见 Conor Cunningham(1999)。

的新形式,以便进入一切在圣子的复活中的末世论实现,圣子吸引所有人进入祂自己。

第九章回到认识、可见性、光和因果性的问题。我将指出,认识涉及成为它认识的他者,但这种知识缺乏领会,所以允许适当的差异。这种缺乏领会是有的核心。然后,我将指出,有显示出一种特殊的不可见性,即它的可爱性。下一章还提出,创造不是变易,因为它是神的统一性的结果,因此,差异源于同一性。还有,任何特殊的有者都应该被理解为既是 *res*(事物),又是 *aliud quid*("另一个什么")。两者在因果关系上代表了两个极点:一是正的——垂直的;一是负的——水平的。我认为,两者缺一,就会产生一元论,而更好地理解和运用两者,就会使我们更好地理解创造。

第九章 知识制造的差异:由爱而造①

专有的知识

我们在上一章中看到,在有无的对立之前,还有神者的永恒进程——三位一体。这为我们提供了一种三一论的本体论,让我们可以讨论作为差异的差异。我认为,没有这种本体论,差异是不可能的,虚无主义也是无法避免的。然而,必须在此说明,本章的观点要到第十章才能获得令人满意的阐释。

根据阿奎那的观点,"万物皆因自己特有的运转而是"。② 此外,要运转就必须有活动,而一切活动的性质就是"传达自身"。③ 因此,神作为本有(*ipsum esse*),是纯活动(*actus purus*),所以神是完美的传达;其实,神作为纯活动,是无限可知的,完全的可知性,却无法领会。④ 低级有者是不太可知的,因为它们包含着潜能;因此,它们总是在完全传达之前。所以,它们是不完全可知的,但一切创造——每个造物——都是可知的,因为它是,且仅限于它是。

---

① 关于本章的另外一个版本,见 Conor Cunningham(2001b)。
② *ST.*, 1—2, q. 3, a. 2, c.
③ *De Pot.*, q. 2, a. 1, c.
④ *Super evangelium S. Ioannis lectura* I. 11. 213; *ST.*, 1, q. 12, a. 7, c.

不同的运转模式对应着不同的流溢模式。① 它们在无生命体到生命体之间变化,前者只能被作用,后者在自身内部作用——它生长,从"汁液"中产生种子;而对于有理智的人来说,流溢更伟大,因为理智只参照自己来认识和理解自己。所以,理智的流溢是内在的,实存的。然而,人仍然是从感觉开始的。因此,它的流溢被中断了,是不完美的。天使的知识是更内在的,因为天使的知识不是从外面来的。然而,天使仍然不是它自己的有,所以它仍然是不太自我实存的(self-subsistent),因为只有神,作为本有(*ipsum esse*),才是完全可知的,可成为知识的。换句话说,神的认识与神的大有是同一的。事实上,创造意味着被神创造性地思考。② 我们将在下文了解这一点的激进涵义。现在,让我们先仔细了解一下知识。

根据阿奎那的看法,我们无法领会任何有者的实体形式。③ 相反,我们是通过其自身的偶然性来知道一个事物的;结果,如阿奎那所说,"我们无法认识事物的本质基础。"④ 为此,圣托马斯断言,哲人甚至无法认识一只苍蝇的本质。因此,一切特殊事物——可以通过列举谓词认识它——都不会让我们实际领会它。认识有-物的时候,打开了一个他者的空间,构成了认识的基础;事实上,如我们在上一章中所见,理智是他者的官能,是有的官能。⑤ 也就是说,如果要认识某个事物,那么那个要去认识的人就必须成为他者:对于萨特、拉康、巴迪欧和齐泽克来说,这个他者的空间是可怕的。⑥ 智力要求我们成为那个他者,因为在某种意义上,智力包含

---

① *SCG.*, IV, 11.
② Pieper(1957), pp. 56—57.
③ *ST.*, 1, q. 77, a. 1, ad. 7.
④ *Comm. De Anima* I, 1. 15.
⑤ Rousselot(1999), p. 16.
⑥ 第十章。

了一切。为此,罗赛罗说:"仅是认识就带来了我们的自我,又要我们的自我成为他者。"① 按照阿奎那的说法,这是因为理智"可以吸收万有",② 这是它的全能性(capax omnia)。当然,神是终极智力,因此,神的知识是事物的原因。要认识,我们必须成为一个他者。然而,这样,我们岂不是要冒着违反差异性的风险?那些他异性的后现代鼓吹者警告我们,要防范这种危险。事实恰恰相反:我在认识中并没有像唯心论、一元论所说的那样,吸收他者;相反,在智慧地认识他者时,我不仅不再那么主体,因为我现在更加明白这个他者的实体和特殊意义,而且我更加意识到我无法领会的东西,这个他者。知识的悖论开始凸显出来,尤其是当我们记得神是最可知的,却被领会得最少。认识了事物,我们无法领会它的本质根据,它的实体形式——我们不知道一只苍蝇的本质。③ 然而,在某种意义上,我们成了万物。也就是说,我们在认识他者的过程中成了这个他者。如何解决这一悖论?与其解决困难,不如向困难学习,开始学习以一种更加圆通的方式认识创造,进而认识差异。

有:不可领会

[阿奎那]关注有(esse),把"一"、"真"、"善"、"美"的样态归于有,认为有是现实的无限丰富性,超越了一切领会,因为它源自神,在有限的有者中获得实存和占有自我。④
——巴尔塔萨(Hans Urs von Balthasar)

我们总是认为,认识事物,我们就增加了对被认识的东西的领

---

① Rousselot(1999), p. 20.
② SCG., I, 44, 5.
③ In symbolum Apostolorum, scilicet "Credo in Deum", expositio, prol. 864.
④ Balthasar(1982—1991), vol. 5, p. 12.

会。但是,如果我们认识事物时,并未领会任何实体形式,那些本质根据也总是逃避我们的把握,那么我们就该重新思考我们进入事物的方法了。也许知识的增加与领会成反比。最好的例子就是享见神,我们在其中看到了神的全部本质;因为神是朴素的,所以见到部分即见到整体;然而,认识了神的全部本质,我们并未领会此本质。必须明白,我们的知识符合我们的局限性;一个有限的、被造的有者的认识是有限的——这种局限性符合特定的性质。所以,虽然是我们在享见神中认识了神的所有本质,却是我们的有限性或者有限的施舍给予了知识的形式。这对于我们在此世、在造物方式(in via)中的认识意味着什么?我们常常认为,我们所见的是可见的,可以领会的。但是,就领会而言,将可见性视为不-可见的可能更有前景。正如贵格利所言:"这就是见的意思:未见。"[1]也许我们可以更好地把这种"不-可见性"理解为"可爱性",如果我们还记得"可爱性"在词源学上有戴面纱的含义。[2] 有人喜欢现象学的说教,喜欢讨论"见而未见",并且把这种二分法与超越联系起来(例如,梅洛-庞蒂[Merleau-Ponty]、马里昂和亨利[Michel Henry])。这固然有其正确之处,但却有些误导性。似乎更好的做法是把我们认为可见的说成是不可见的,不是要暗示藏于显象背后的本体性,而是恰恰相反。杜特曼(Alexander Düttmann)说:"不可传达的没有隐藏任何内容,它没有意义,它是可传达性。"[3]同样,不-可见的是可见性,即有的可爱性。

以视力障碍者为例,我们发现,在某种意义上,这个人比心智

---

[1] Gregory of Nyssa(1978), I, 377.
[2] "可爱性(nubility)"来自"nubere"一词,意思是"给自己戴面纱"。女人准备结婚时,会给自己戴面纱。因此,有的 nubility 援引了认识中涉及的情欲。既然欲望是认识的基础,被认识就无法领会。也就是说,有关爱人的知识越多,失去的领会就越多。因为爱人们常常惊叹被爱的人是无法描述的。
[3] Düttmann(2000),p. 43;作者在这句引文中谈的是本雅明。

健全无视力障碍者对失明的认识要少;看到的颜色越多,细节越明显,我就越明白我没有领会我开始认识的东西——我知道我没有领会蓝色的花和那边的小黑苍蝇。① 如果我没有认识这么丰富的细节,我就更容易假装领会了。事实上,大多数的暴力,或者说侵犯,往往都是源于一种错误的领会观念,或是受到这种观念的激励。因为任何这样的观念都采用了还原性的知识,如皮埃尔所言,这种知识鼓励"把创造可见的现实性去实际化和去价值化"。② 如果我们认为知识的增加就意味着领会的增加,就会犯这种错误。正如上一章所说,每个有者都是一种丰足,因为它是神之本质的一个仿例。任何特殊的有者都无法给予一个无限的神本质的例子,但其有限性并不排除某种无限性。因此,这个有者——作为这个有者——的本性抵抗一切分析还原;它存有的时间本身就涉及永恒。我们在上文看到,"事物现实性的尺度就是其光的尺度",③"事物的现实性本身就是它们的光"。④ 神,意为"见",是"光的深渊",⑤一切造物的形式都在其中。如贵格利所言:"这确实构成了神的观点;永远不会在欲望中找到满足。[因为]神以他的拒绝让出了[享见]的恩惠。"⑥因为光永远不可见! 此外,我们在前面看到,爱人或者那个最亲密的人知道他或她所爱的人无法言表。而神,就是爱,就是这种过剩的真理。这与奥古斯丁的观点相似:"有爱的知识,或被爱的知识(*amata notitia*)";⑦柏拉图在《斐德若》

---

① 必须强调,这不只是一种视觉中心的偏见;视觉指一切意义上的视觉。对于一个盲人而言,失去了视力,可能会更加明白无法看到的东西。对此唯一可能的问题是,它会间接假设,消除了视力缺憾,就能获得视力,但这是一种误解,因为视力恢复了,才能揭示"盲"。
② Pieper(1957), p. 37.
③ *Commentary on the Epistle of Timothy*, VI, 4.
④ *Commentary on the Liber de Causis*, I, 6.
⑤ Pieper(1957), p. 99.
⑥ Gregory of Nyssa(1978), I, 404.
⑦ Augustine(1991), bk. 9, ch. 15.

中早已完美地表达了这一点:"由于这种疯狂,他被称为情人……他们就在自己身边,他们的经验超出了他们的领会范围,因为他们无法完全把握他们所看见的东西。"①

所有实存的东西都是不可领会的,因为唯一可以完全领会的"事物"就是无物。如果我们认为自己因为知识而领会了某物,那么就是把那有物当成了无物。我无法认识无物,或者说无性,所以可以领会它;也就是说,就无而言,领会和不领会在现实中是一样的。造物可爱性的不透明性让位于透明性,即纯粹的"可见性"。然而,这种可见性是黑暗的可见性,而非光明的可见性。我们在上一章看到,我们越是看向一个有者的神源,看向它开放的终极性,就越能增加对其的认识。任何特殊事物的本质本身就是具体的——最终的——但这种终极性具有一种开放性,来自对象的丰富性,即其源头的反映。正是因此,皮埃尔认为人就知识而言的实存是一种希望的条件;②这种希望同时表现出局限和过剩。

必须提醒一下:不能以线性的方式设想有者丰富性的展现,这会暗示一种量的逻辑,进而暗示某种可疑的灵知(gnosis)。③ 我们要记住的,不是线性的进展,而是一种纪念未来的形式,表现在圣餐仪式中;以及一种原初重复,它给予自己,随后的重复以不同的方式强化了其真理——一种借来的增加,即展现在共造的开放终极性中的给定性的恩典。

有变吗?

上文讨论了神圣因果性的问题,即神作为技师造就了一切。

---

① Plato(1995),249e—250b.
② Pieper(1957),p.74.
③ 关于"gnosis"一词的考察,见 Borella(1979)。

第九章 知识制造的差异:由爱而造 267

从这一理解出发,就有了这一原则:"每个主体创造出与自己相似的东西。"有了这个原则,我们就能理解,神无法领会,却又无限可知,祂造就的万物是可知的,却又不是完全可领会的。这样,我们对特殊事物的认识就预示了享见神。此外,我们还须认识到,创造是由三位一体的神者的进程引起的:"神者在本质的统一性中的流出,带来了造物在本质的多样性中的流出。"① 因此,不能把创造视为变化,因为"时间的进程不外乎永恒的进程"。② 事实上,阿奎那特别提到"创造不是一种变易"。③ 他还认为,"创造并不涉及任何向有过渡,也不涉及任何转变。"④ 阿奎那还在某处说,"我们不能说大有本身是"。⑤ 在此,阿奎那赋予作为终极原因的善一种卓越性(pre-eminence),来确保有不是单义的;⑥ 这使我们能够在明显无法领会的情况下,认识被创造出来的创造。这废黜了一切假定某些形式逻辑的终极合法性的本体逻辑。例如,我们很想认为创造是不同的,具有前与后的差异,但这是犯了一个相当康德的理论之罪。如果我们说"创造是一种变化",就一定已经预设或已经有了变的概念——这种变确实发生在某种外于作为变的先验可能性的变的东西中。然而,只有创造一旦确立了,才有变易的领域,因此,变易是一种有限的实际性,而非无关有限和无限的单义的可能性。不仅如此,我们还再次以准康德的方式,不言声地假设了时间概念。创造被认为是的变易,本身依然有前与后之分。然而,我们必须问:"这种时间的时间在哪里,从哪里流出?"从某种意义上说,这种变易的时间,必须是在其后的变易之前的。这种思维常常把

---

① *Sent.*, I, d. 2.
② *Sent.*, I, d. 16, q. 1, a. 1, c.
③ *SCG.*, II, 18.
④ *De Pot.*, q. 3, a. 3, c, p. 43.
⑤ *Expositio libri Boetii De hebdomadibus*, lect. II.
⑥ "消除了目的,余下的都是空",见 *Sent.* IV, 1, prol. 因此,善是"因之因(causa causarum)",见 *ST.*, 1, q. 5. a. 2, ad. 1。

有效因果性提升到终极因果性之上。其中依然隐含着一种单义性，因为如果无需一个先在的效能已经无限地在那里，从而无关有限和无限，那么有效造就事物会意味着什么呢？对阿奎那而言，创造不是一种变易，而是一种认识方式——一种关系——让他可以避免这种单义性。这与奥古斯丁的观点一致，他认为时间随着创造产生。更重要的是，它开始让我们更充分地了解差异：差异先于变易，所以是不同的，因为变易只会发生在同一变易框架内。（岔开一下，提到这一点可能会帮助我们理解：有效因果性和终极因果性之间的平衡，可以比作哈曼奠定的哲学和历史之间的平衡；"没有哲学，就没有历史"；"没有历史，哲学就是幻想和口头禅"。）①

如果创造不是变易，没有向有的过渡，且创造本身由神者的永恒进程引起，我们就可以初步断定，差异要有所不同，就必须来自某种统一性，来自某种一性（oneness）。因为只有如此，才能有真实的差异，抵抗被还原为一般概念。新柏拉图主义在这一点上犯了错误，强调由一得一，因而产生了二元论，原初的一根本无法逃脱这种二元论。事实上，正是这种二元论让一得以自我关联；我们早先在普罗提诺那里看到了这一点：太一是由有限事物构成的。相反，一必须已经是不同的，或者就是差异。我们在三位一体中看到了这一点：神作为神即差异。圣子是圣父的分化，圣灵则是这种差异的恩赐。② 用弥尔班的话来说，圣灵是必不可少的，因为它是"第二分化"，所以避免了在新的层面上复制上文所言的新柏拉图主义（见第十章）。③ 这种二元论只能提供消极分化。神作为一种实体，是一种关系性，一种本原差异。④ 因为神是差异，但这种差异又是一种统一，所以创造可以是这种差异的结果，却无需提及变

---

① Alexander(1966), p.175.
② Augustine(1991), bk.5, chs.2, 3.
③ Milbank(1997), pp.171—193.
④ "人是实存的关系本身"，见 ST., I, q.40, a.2, ad.1。

易。正因如此，我们知道神是通过认识自己的本质来认识造物的，且创造是由于且通过永恒的神言创造的，在圣言中维系在一起。①创造只有不是变易，才能真正与神不同，这种绝对的设置预设了无（无物）。这个看似吊诡的问题，是创造的症结所在，所以也是一切知识的基础。

　　子作为父的分化，带来了创造。创造是为了言，也是通过言。因为神是爱，是三位一体充满爱的分化，所以创造就在这爱的分化中。这似乎是一种奇特的差异；难道不会违反创造的他异性吗？恰恰相反。我们在上文看到，要认识某物，认识者必须成为被认识者，这样一来，这个他者不是被擦除了，而是被发现和保护了，因为在成为这个他者的过程中，这个他者虽被认识了，但是却被领会得很少。神，在类比的意义上，认识创造（虽然祂是完全在自己内部"成为"创造的），这样不是违背了创造，实际上是创造了创造。在此意义上，神的知识即知识本身，因为知识涉及创造或者创造活动，而非认识论（我们将在下文看到，认识论永远不会认识知识）。

　　神成为神认识的他者，也在认识这个他者的过程中创造了这个他者。创造是通过言的创造，且神在言中成为神认识的东西，因为神允许是者成为其所是。因此，我们无法定位一个基本概念，使我们能够把创造说成是一种变化，正因如此，创造才能是真正的差异。因为差异只能是技艺意图的结果，而不是如新柏拉图主义者所说，是自然的结果；因为自然是单义同一性的必然结果。创造则是从神圣差异的统一意图中产生的。因为神即善，即爱的差异，可以设置一种外于自己的真正差异，这种差异与祂不在同一个本体层面上。创造即根本差异，与神毫无关系，也不能被神吸收，所以更能表明只有神的荣耀。

---

① Colossians 1, v. 16—17.

从对苍蝇的认识中,我们作为信徒就走向了神。在成为这个他者(即苍蝇)的过程中,我们沿着一个圆环内围前进。① 我们变成他者,我们的智力认识的他者,从而开始认识这个他者的丰富性。随着我们知识的增长,我们的领会下降。因此,对这个他者的知识,以类比的方式,摹仿了神思给予这个造物的差异或者有。我们在认识中,开始居于有或者差异的实现中。我们通过成为他者认识他者,有如神通过认识他者创造他者,祂是通过自身本质认识他者的。同时,在认识却未领会这个他者中,我期待着享见神;我的知识比例与这个具体他者的明晰性或可知性相关,也与我自己的可知性的界限相关,这是自然与施舍的结果。此外,我在认识这个他者时,也认识了我自己。因为我只能通过差异思想我自己:柏拉图在《智者篇》中已经阐明这一点。② 如阿奎那所言,"除非在思想别的东西,否则我们无法觉察自己在思想"。③ 同样,我们也是通过发现辨识来认识那个他者的:"辨别就是通过事物与其他事物的差异来认识它。"④这意味着,每个有者都依赖于其他有者,才能显示自己的有,这一困境表明,一切事物不仅依赖他者,还依赖他者的他者,即那个不是他者的全然他者(the Wholly Other,尼古拉斯[Nicholas of Cusa]语)。

认识我,认识你:一种疑问式的启发

因为它是其所是(基本决定),一个造物也是普遍秩序的一个要素(序数决定)。因此,一个音符,因为是它本身,即这样或那样一个具体音符,同时确定了它在八度音程中的位置。

---

① Rosemann(1996), ch. 9. 我从这本巨著中获益良多。
② Plato(1993), 255—260.
③ *DV.*, q. 10, a. 8, c.
④ *Sent.*, I. d. 3, q. 4, a. 5, c.

第九章 知识制造的差异:由爱而造

> 就其本质而言,造物是一个关系纽带,牵扯到整个宇宙。①
> ——博雷拉

每个有者都有本质,这当然是它的同一性——它的本质——揭示此本质的却是他性。一个有者"X"有一个使它不同于"Y"的本质,但它对此本质的关联需要这个他者。在某种意义上,"X"是什么(aliquid),即有物,或者是一个"其他的什么(aliud quid)"。②这是一个有者的同一性负极。然而,每个有者的同一性也有一个正极,否则就会产生某种相互决定的一元论。因此,阿奎那说:"任何事物的性质或本质都包含在这同一个事物之中。因此,凡是与外于这个事物的东西有关的东西,都不是该事物的本质。"③这个正极就是不是被视为什么(aliquid)而是被视为现实(res)的有。我们将看到,这两极能使我们更好地认识差异,规避了那些会污染纯哲学方法的问题。

作为现实(res),"X"是"Y"分化出来的,但"X"不能从自身中分化出来,但这并非故事的全部。"X"也从这个"不能分"中分化出来,因为本质与有之间的真正区别;"X"与"Y"确实不同,但"X"在自身内也是不同的,因为"X"的本质不是它的有。这就把"X"与神联系起来了。然而,这带来一个奇怪的后果。"X"因为与神的关系,与自己是分离的,把自己的本质实存变得有点充满疑问(aporetic)。而且,超越性将未分的"X"分开来,也将"X"横向引向"Y",因为"X"只有一个可疑的实存,它通过道而实存,但"Y"也是如此;神的分化的同一性再次迫使我们重新考虑我们的基本逻辑。

继奥古斯丁之后,阿奎那做了物真(veritas rei)和述谓真

---

① Borella(2001), p. 37.
② DV., q. 1, a. 1; Wood(1966); Rosemann(1999), pp. 135—137; Rosemann(1996).
③ ST., 1, q. 59, a. 2, c.

(veritas praedicationis)的区分。① 一个物的真,在道中("黎明知识"),而一个有的述谓之真,则在意指的本体逻辑中("黄昏知识")。② 然而,区别远远不是这么简单。一个物的真当然在道中,因为道就是那个事物的观念,可以说是它的原初差异。"轿车"的真理当然在它的述谓秩序中。但是,正如所说,道成了肉身。这意味着,要绝对定位物真,是非常复杂的,就像完全辨析一种纯述谓秩序,也会遇到难以克服的困难一样。在此,我们可以明了一个合适的圣灵论(pneumatology)的场所。

子作为道是终极的,因为它是神,但这种终极性极其复杂,正如神的分化概念一样。道的终极性,虽然在那个位置上,却是开放的,它因为圣灵而开放。圣灵作为"第二分化"(还是弥尔班的说法)打开了道,有如它打开了每个造物的本质。因为圣灵,通过教导我们子在父里,父在子里,也教导我们,我们在子里。③ 圣灵不断为我们调解,打开了道的终极性,以及我们的本质,同时又维持着两者。④ 我们在上面看到,"X"从"Y"中分化出来,"X"作为"X"却未从自己中分化出来,然而,本质与实存之间的真正区别,却把"X"从这种未分化中分化出来。这就把"X"引向了超越——纵向因果性,但也把"X"重新引向了"Y"。它来回做了两次,因为道成了肉身,把祂的身体给了我们,我们将与它合为一体。"X"因为与"Y"分享一个整体,在某种意义上与"Y"合为一体,因而与道合为一体。这意味着,消极分化,即就"X"是什么(aliquid)而言,更具建构性。了解了圣灵的角色,我们就会明白这一点的含义。圣灵通过教导我们道的统一性,把我们带入三位一体,从而在纵向决定中带来了横向因果性

---

① *DV.*, q. 4, a. 6.
② *DV.*, q. 8, a. 16.
③ John 14, v. 25; John 15.
④ Romans 8, v. 26.

和相互的构成。① 现在,我们的述谓秩序无法与物的真绝对区分开来,就像"X"作为现实(res)不能绝对脱离"Y"而被认识,因为,在创造之前,"X"与"Y"在道中是一体的。而且,现在通过创造,我与"Y"一体,创造本身就在三位一体的进程中。重复上文引用的一句话:"从本质上讲,时间的进程不外乎永恒的进程。"② 从某种意义上说,圣灵作为"第二分化",是永恒性的时间(time of eternity),因为它可谓是道的"注解(Midrash)"。在这里,我们看到了神的分化形式,因为,创造处于自身开放的差异中,实际发生在神的分化运动中。这就是为何创造不是一种变易,从而排除了单义性,因为变易将发生在有限和无限共享的有中。差异的差异就是神的统一性。这样一来,我们越是意识到自己是在道的身体里,就越是成为自己,即特殊的本质。因为这样一来,我们变得更像基督,以合适的方式认识创造,即它不是变化,而是神的思想。与司各脱和奥卡姆不同,阿奎那认为,没有神心,就没有真理(见上卷第一章)。此外,阿奎那认为时间是共同发明者,可以把圣灵的工作仅仅理解为这种共同发明。③ 因为,每一个本质,在我们看来,不过是纵向因果性中可疑的实存,也在一种多元启发的横向拉力之内。每种本质都在道开放的终极性中,圣灵的作用证明了这种终极性。④ 正如博雷拉所说,"创造……像乐谱一样展开:谱写乐谱和音符的是逻各斯,唱出它的却是圣灵"。⑤

分化的两极就定位而言的运动和复杂化中见证的同一性的动

---

① 关于纵向和横向因果性,见 Fabro(1961), pp. 319—343; Rosemann(1996), pp. 279—306; Milbank and Pickstock(2002), pp. 51—58。另见 Plato, Sophist 255c—d; Plato(1993)。
② Sent., I, d. 16, q. 1, a. 1, c;"神的位格进程是创造的原因",见 ST., I, q. 45, a. 6, ad. 1。
③ Sententia libri Ethicorum, lib. 1, lect. II.
④ Milbank(1997), p. 188.
⑤ Borella(2001), p. 39.

力学，为我们提供了一种认识差异的神学方式，也许只有这种方式才能让差异成为差异。如果消极分化或决定是同一性唯一的方式，就会出现赫拉克利特式的静止，它实际上是一种一元论——非有的单义性。这是真的，因为这种消极决定（在斯宾诺莎、黑格尔、索绪尔、萨特和德里达那里可以看到），提供给我们的只是形式上的差异，它们在初次的关联中，凝结为该系统本身中的一个永恒时刻。这意味着，这种分化只能提供一种直接中介，因此，造物在某种意义上没有前后的不同。这意味着，这样一个差异成为全部差异。这就是我所说的"休谟问题"。休谟把一种多元性引入被感知者和感知者中，所以一个知觉暗中直接就是全部知觉。因此，知觉之间没有任何真正的区别——一个知觉就是全部知觉。简而言之，缺乏纵向因果性，就会产生纯否定决定。

然而，没有横向参照的纵向因果性，反过来也会产生同样的结果。一个单一体（singularity）居于本体论的孤立中，而并非只是他者。我们在奥卡姆的绝对事物中看到了这一点，绝对事物都是纯粹的单一体；[1]因为是孤立的，所以一个单一体居于一个黑暗的世界，是一个黑暗的物体，但这却让这个单一体成为全部所是。奥卡姆那一极给了我们一个一元论单子，而斯宾诺莎那一极则给了我们一个单子一元论。缺乏横向因果关系，我们就通向了奥卡姆，缺乏纵向因果关系，就通向了斯宾诺莎。神学规避了这种困境，不仅有正负两极，还避免了二元论。因为无法绝对辨析出任何一极，才产生了真正的动力学。这种对同一性的动态认识——一个由神圣进程复杂化的多元启发中可疑的实存——体现了神的分化。同一性的外在性是从内在性形式开始的。[2]

---

[1] Maurer(1999), ch. 1; Alféri(1989), pp. 15—106.
[2] Geiger(1953), pp. 205—219. 更广义地说，把内在性当作主体而非本体论的原则，是错误的。可以这样说，我们把内在性作为反对神学的手段，因为我们根本无法定位内在的东西。见下卷第十章。

第九章　知识制造的差异：由爱而造

我认识"Y"，所以意识到一个他者（an-other）是，但我成为了这个他者。此外，这个他者让我可以思考自己，但他者和我都自同一道中来，且始终在这个道中；当我们意识到创造并非变易，而我们作为教会，就是基督的肉身时，尤其明白这一点。其实，在某种意义上，十字架上的基督，把大地升入了天国（横向的变成了纵向的，强化了其合法性）。我是一个现实（res），也是一个什么（aliquid），既是积极的，又是消极的。我的同一性或本质中消极的横向因果性，标志着该本质的开放性，并未减少其肯定性，而在某种意义上，这种消极决定也是开放的、肯定的。因为横向因果性的否定性，本身就是一种永久的、丰富性的结果；我之所以可以开放面对他异性的建构决定，是因为我和他者都源于道；一个已经成了肉身的道，赐予创造圣子的神性和人性。这就排除了纯消极决定的直接中介性，或赫拉克利特的静止。从某种意义上说，消极决定发生了质变——变质——有如我们在认识变易语境外的差异时所见到的。创造因为不是变易，所以未被吸收，因为差异并非高于并对立于他者；差异就是不同的某-物——另一个东西。差异并非本体的；相反，我们与神的区别在于我们在本体论上的真正不同，我们作为造物有别于自己。

我们已经看到，负极驱使我们始终在前进，因为它处于道的实际终极性的开放性内，道即圣灵之言。这有助于我们领会三位一体的动力学。因为我们明白，圣父和圣子并非如新柏拉图主义所认为的，处于一种二元论的纯否定性中。这种相互决定的肯定性，表现在圣灵的永恒赐言上。这就是神的同一性的分化。对于我们这些造物来说，在类比的意义上，我们的本质始终是开放的，因为我们居于一种多元启发的运动中，这种多元启发处于一种可疑的实存中，这就是我们对神圣差异的参与，因为我们被神创造地思想（在这一点上，柏克莱无疑是正确的；事实上，我主张的是一种"柏克莱实在论"）。如果这种消极发展不是积极的，就会产生上述一元论,它无法提供任何消极决定,因为它是一种纯肯定性的直接中介。同样,由于纵向因果性,"X"被重新引向"Y",也会阻止类似的一元论直接性,由"X"高于并对立于神的纯粹二元论带来的;这种二元论会带来有的单义性,因为"X"所是的差异无法抵抗吸收,它会认为自己的差异在于是另一个东西——他-物。

所以,创造和每个造物动态的同一性,使正极有点负,负极有点正。横向因果性和纵向因果性由此密切地交织在一起。这就避免了上述休谟的永恒时刻问题,后者的产生是由于将多元性引入了主体和对象。这里也没有奥卡姆或斯宾诺莎的一元论。相反,差异始终是差异,有关它的一切知识,都预见了享见神,也记着神的创造力。

传统上讲

> 传统预见和照亮未来,且总是通过努力忠于过去做到这一点。[1]
>
> ——布隆德(Maurice Blondel)

> 传统为我们提供了精神抵抗的模式和秘密。[2]
>
> ——博雷拉

传统可谓是体现了纵向因果性和横向因果性之间的平衡,因为它在一种处于可疑实存的多元启发中。因此,传统提供了一种话语形式,抵抗把多元性引入"主体"和"对象"中。这意味着,比

---

[1] Blondel(1995),p. 268.
[2] Borella(1998),p. 45. 关于传统这一观念有一个研究非常有价值,见 Pelikan(1984)。还有一种观点非常有意思,甚至离经叛道,见 Guénon(1963)。

如,基督教的信仰-传统不会遭受休谟式的永恒时刻问题,后者是相继和感觉"流动"的终极性带来的。后现代主义者重复着此问题,他们拥护一种宏大的方法论,即非有的单义性;德里达的延异就是一个例子,延异始终在一切所是之前和之后,是完全超越的。① 这把一切意指都变成了非文本的(atextual),擦除了一切语言性,因为德里达领会了语言。② 因此,一切有关语言重要性的叙述,德里达表面上趋之若鹜,实则始终在这种叙述之外,并且控制着这种叙述:他控制着控制的缺席。相反,信仰-传统带来了一种叙述,不断讲述和再讲述那些叙述者。因此,基督教的信仰-传统塑造了其叙事,并被其叙事塑造。是传统,而非延异,在分化和统一,它并未引入同时产生的多元性,从而陷入赫拉克利特式的静止,而这种静止只不过是一种非有的单义性。

基督教的信仰-传统做到了这一点,因为它是《圣经》(the Book)的"宗教";尽管我们必须向德·卢巴克致敬,他曾提醒我们,"严格地说,基督教不是'经的宗教',它是'言'的宗教"。③ 德里达批评"经"的观念,认为"经"是一种自足的、自我同一的直接性,违反差异性。然而,此举给差异和语言施加了一种非时间性的规制。相比之下,一部经的信仰传统的栖居和阐释,维护了文本性,因为这种传统发展出的技能,提供了防止同时产生的多元性,以及始基性的同一性所需的动态静止。《圣经》创制了我们,我们也创制了《圣经》,因此,《圣经》是对还原规制的活的抵抗。这是一

---

① 伍德评价道:"德里达要么用先验的论证形式解释'延异'一词,这样,他的整个工程就毁了,要么不用,这样,他有关延异(及其可知性)所说的一切的力量都会蒸发掉",见 Wood(1988),p. 65. 迪龙也指责德里达是先验的,见 Dillon(1997),p. x;另见 Dillon(1995), p. 184. 德里达似乎确实犯了先验论的错误,但是下卷第十章会挑战这种错误的意义,认为这也许不是我们所想的罪过。因为德里达主张的先验论不是先验的。虚无主义逻辑中常常见到这种谜题;相关解释见下卷第十章。
② 如维特根斯坦所做的,见 Conor Cunningham(1999)。
③ de Lubac(2000b), p. xx.

种本体论多元性,与德里达看似主张的认识论多元性相反。我们说看似,是因为我们无法确定,这是《圣经》带来的犹豫;不过,如果这种犹豫只是关于混乱的陈词滥调,就引入了一种非文本性,而非传统的活的实践。这种非文本性的混乱就是这里所谓的"新教保守"。① 这种"新教保守"可见于那些在全能神的阴影下诋毁创造的神学,这会让创造变得渺小,不神圣,不具有中介性,因而产生一种残余的确定性。这种剩余的确定性,是一种倒置的本体性。事实上,这种残余是由于它是如此渺小,由于创造成了"无";无为有。当然,就教派而言,这种"新教保守"并不单纯是新教的:它也表现在罗马天主教的反宗教改革思想中。偶尔,这种被动甚至反动的思想也会产生类似的反转。当它在救赎、使徒继承等问题上,与"超越罗马天主教会的恩典"等观念作斗争时,我们就可以看到这一点。此处的问题,不在于提倡传统,而在于那种时常伴随并巩固这种颂扬的始基性规制。罗马天主教会当然可以自我定位。然而,罗马天主教会不过是参与和分享了基督的身体,所以它也被领受了。因此,始基性定位,或规制,显得有些异端。(既然我们无法领会基督教的全部真理,那么就不能肯定地排除"他异的"宗教,因为那会将其领会为纯粹的他者,从而假定了对自我和他者的领会。)异端的产生,在某种意义上,是因为可以在"基督教"教派之间进行绝对选择,②因为其前提是一种始基性规制;可以这样说,它会把基督的身体变成本体的。这样一来,就失去了中介性,陷入了威胁本体论差异的直接性。这是一部"经"的本体性,它会成为非

---

① 我们可以在暗示恩典或者圣体"肆流"(overflowing)的语言中,见到"新教保守"的例子。我的意思是,肆流的观念已经划定了自己的界限,现在界限被溢出了。这是一种颠倒的本体性(onticity)。相反,末世论的丰足是无法定位神的恩典、救赎和基督真实身体的边界。因为能见(言或行),我们无法预见;与维特根斯坦的看法相反,见 Conor Cunningham(1999)。

② "异教(heresy)"一词来自一个表示"选择"的词"*hairesis*",见 Borella(1998), p. 3。

第九章 知识制造的差异：由爱而造

文本的，比如德里达著作中取代经的文本。

我们在上文提到，德里达的延异带来了一种非文本性，显现在无限差异和延宕的混乱中。这与自我确定性的贞洁是一样的，两者都透着一种认识论的僵化，因为一切都被"领会"了。这种知识的自我确定性的单义性统一了内外；通过完全地、绝对地认识自己，你就认识了全部不同因而也是相同的差异。换言之，因为把一切都认识为差异，把一切差异都认识为不同的，所以一切都是相同的。反之，信仰-传统认识自己，但未认识自己的全部。而且，它认识差异，但并未把一切差异都认识为绝对不同的；信仰-传统受三位一体的本体论的影响，认识了一种不同的差异，它源于这样的认识：差异来自神的内在性，因此不是变易。

当然，这种洞察也迫使我们软化这里的虚无主义批判。因为我们现在发现，此逻辑与神学的区别并非绝对；甚至可以说有一种奇特的相似性。我们也许发现了一种比常见的更有趣的"对话"模式。基督教的信仰-传统，就在一种它发展的又发展它的纯熟的活的实践中，等待和欢迎、抵抗和拒绝这种"对话"。

> 你所拥有的遗产，现在要把它当作任务；这样，你就会把它变成你自己的。[①]
>
> ——歌德，《浮士德》

下一章将重新审视虚无主义的逻辑，会更肯定地再-现它，指出它使无物为有物的举动，带来了虚无主义和神学之间奇特的相似性；因为无为有可以被解读为一个给定性的观念，一切无中生有的创造说都会狂热地拥护此观念。

[①] Pelikan(1984), p. 82.

第十章 无的哲学及神学的差异：萨特、拉康、德勒兹、巴迪欧及无一(no-one)而造

导　言

到目前为止，我都是竭力对虚无主义进行精准地描述和批判，却忽视了一种可能性，即虚无主义可以提供一种真正创造的承诺，但这挑战了我们到目前为止的神学批判。这样一来，问题不仅在于"神学能否克服虚无主义"，而且在于"它能否扬弃(sublate)虚无主义"。

本章有四个小节。第一节讨论本书认为对于厘清虚无主义谱系的任务具有核心意义的疑问。第二节和第三节将会指出虚无主义的核心问题是什么。在此过程中，我们将对虚无主义给出正面和负面的评价，集中在无中生有的创造观念上，虚无主义在无为有的幌子下，宣扬的就是这种创造概念。第二节将参照我们已经讨论过的许多哲人的观点，尤其是德勒兹和巴迪欧，来关联这一观念。我们会展开初步而又充实的批判。然而，第三节将再-现虚无主义奇特的创造说，尤其会提到萨特、拉康和齐泽克。重复的目的，是为了进一步正视虚无主义与神学的异同。继而，第四节将论证，神学与虚无主义之间当然有所不同，但这种不同在某种程度上更多是不可知的；是一种信仰者的不可知，因为它只是对一种默契

"对话"的不可知。①

一个疑问：可以这样说

我要做什么，我须做什么，我该做什么，我这个状况，如何进行？通过纯粹而简单的疑问。②

——贝克特，《不可名状》

我思想 x 或 y，但是思想这个或那个的什么，或者思想什么？当我们想、做或看见有物时，我们假定这些事件每个都有意义。然而，似乎我们却不能在这些事件的内部王国中解释这些意义。换言之，我如何确定我的嘴唇发出的声音，与海浪声、石头的沉默或狗吠声是不同的呢？答案也许是，一者以极其成熟复杂的方式传达，另一者则没有；但这样的回答仅仅注意了过程机制，却无法解释这无疑复杂的活动被认定具有的意义，甚至不会问及这种意义。因此，必须重新再问下这个问题：它要传达什么，我们为何认为它很重要？

这样的问题迫使我们面对上述疑问：如果我们靠在椅子上，宣称只有形而上学的问题要问，我们就没有注意到此表述中所需要的因而假定的意义。似乎我们需要一种关于思想的思想，或者思想的思想。也就是说，需要一个元层面。但是，指认这种需求，却未摆脱而是加深了此疑问。如果思想需要自己的思想，那么它可以是另一种思想，也可以是异于思想的东西；前者将引发无限倒退，因为那个增补的思想也需要自己的思想，诸如此类。此思想可以还原为前一思想，无法摆脱因而无法解释那种

---

① 主张不言而喻的"对话"或知识的是波兰尼，见 Polanyi(1967)。
② Beckett(1955), p.291.

内部活动。后者将把思想建立在不是思想的东西上,因此,所有的思想都建立在自身的缺席上,因为它的基础不是它自己。这又使我们回到了先前的位置,此时,思想还没有问及它自己的内部活动,只是假定了它的意义。但是,如果思想确实努力思考自己,那就是把自己建立在非思想的东西上。因此,一切思想都无法思想,犹如以前。我们前文中已经见到了这一困境,为应对此疑问(雅各比留给德国唯心论的根本问题)而采用的二元论显示了其中的困难。

回顾一下其中的一些二元论可能会有所启发。海德格尔将大有建立在无(das Nicht)的基础上;德勒兹将意义建立在无意义的基础上,将思想建立在非思想的基础上;黑格尔将有限建立在无限的基础上;费希特将我建立在非我的基础上;叔本华将再现建立在意志的基础上;康德将现象建立在本体的基础上;斯宾诺莎将自然建立在神的基础上,将神建立在自然的基础上。这些二元论纷纷坍塌为一元论,因为每种二元论,都居于一个共生的统一体中;这个统一体有时被点明,有时被暗指,有时被忽略。例如,德里达采用了文本与虚无、在场与缺席的二元论,但这些都是一个"高级"名称——延异——的副产品,尽管此名称内在于那种二元论。按照德里达的说法,延异是"原初的非自我在场"。① 而且,"延异……是让在场的有者呈现为这样的东西"。② 事实上,"延异带来了在场和缺席之间的对立"。③ 德里达指出,"缺乏本质性是这种增补的奇特本质",④暗示了这种增补的根本特性。然而,这只是把那个疑问转移到了另一层面。同样,叔本华也让意志和再现的二元论崩溃为他所谓的"无":"意志完全废黜后……是无,[事实上]我

---

① Derrida(1973), p. 81.
② 同上。
③ Derrida(1974), p. 143.
④ Derrida(1974),(1974), p. 314.

第十章 无的哲学及神学的差异：萨特、拉康、德勒兹、巴迪欧及无一(no-one)而造

们这个非常真实的世界，连同它的所有太阳和星系，就是无"；①世界不过是客观化的意志，意志本身则是无。② 如上所述，黑格尔命名了自己唯一终极的精神，有限和无限都滑入里面。③ 同样，海德格尔的大有与时间也堕入了"无(das Nicht)"，或者说，大有和大无都落在且停留在去基础(Abgrund)中，德勒兹则将意义和非意义的二元论建立在所谓"吞没一切根底的无根底的根底中"。④ 这个无根底的根底名为全一(the One-All)，⑤就它而言，只有唯一一种声音(单义性)。因此，巴迪欧认为，没有真正的"复数的思想"。⑥ 顺便提一句，巴迪欧把全一命名为虚空(the void)，认为这才是有的专名。⑦ 以德勒兹为例来说明，我们更能明白这些命名的一元论特性。

对德勒兹而言，绝对的外在，是"一种比任何外部世界都更遥远的外部，因为它是一种比任何内在世界都更深入的内部"。⑧ 这种外部不是外在的，是非意义对意义的增补，或非思想对思想的增补。德勒兹要做的，是避免将那个疑问移到一个新的层面上，依样重复那个问题。同样，德里达也想通过类似的方式规避那个疑问，认为延异是"无意义的思想……对于这种思想而言，没有确定的内外对立"。⑨ 这类哲学举动的成功与否，将在下文探讨，在我们重新审视虚无主义之后。我们的重新审视会呈现一种可能性，

---

① Schopenhauer(1969), vol. I, p. 412.
② 因为一切都是意志，意志在某种意义上则是无，所以有人在叔本华那里看到了某种单义性，见 Uhlmann(1999), p. 16。
③ 上卷第五章。
④ Deleuze(1990), p. 263.
⑤ "一种无限制的全一(*omnitudo*)"，见 Deleuze and Guattari(1994), p. 35；另见 Deleuze(1997), p. 37。
⑥ Badiou(2000a), p. 90.
⑦ Badiou(1999), pp. 124—127; Badiou(1991), p. 28.
⑧ Deleuze and Guattari(1994), p. 59.
⑨ Derrida(1987b), p. 12.

即虚无主义提供了一种积极"因素",神学可以将其作为自己基本内容的一部分扬弃。这样就把黑格尔对宗教的扬弃推翻并激进化了。换言之,黑格尔可以从宗教中获取哲学内容,神学也可以从虚无主义中获取某些内容,在神学所阐释的信仰-传统的形式中重新概括它。

虚无主义:哲学的顶点?
移动的沙漠

> 沙漠挤进你旁边的火车管道里。沙漠在你哥哥的心里。
> ——艾略特(T. S. Eliot),《岩石》(*The Rock*)

雪莱有一首诗叫《奥兹曼迪亚斯》(*Ozymandias*)。诗中,一位旅行者在沙漠中发现了一尊雕像的残骸,上面刻着一段尚能辨认的铭文,写着:

> 我的名字叫奥兹曼迪亚斯,万王之王;
> 看着我的功业,你们这些强人,绝望吧!

这段铭文可以看作是对虚荣心、自负心的批判。像德里达这样的人,把符号的流动性看成是符号的可重复性;从定义上讲,在任何它们最初被说出的具体语境之外,符号都是可重复的。也就是说,符号与语境无关,所以可以在不同时间或地点被使用和再-使用。例如,这首诗中的铭文仍然可以意指,但意义已经发生了变化,虽然能指还是一样的。这与虚无主义有关,如果我们认真对待符号的可重复性,那么所有符号,都是在一片荒漠中意指的,类似于无为有。如果虚无主义是正确的,我们就居住在类似于西方电影布景中的城市里,唯有其表。其实,思想似乎无法思想自己,就表明,思想在某种意义上是缺乏的;因为它充满了思想以外的东西。于是,每个意指下面都写着"非意指(in-signification)",因为我们并未进入沙漠,因为它总是早已在我们之前。有趣的是,德勒兹把"全一"称为移动的沙漠。① 当然,这种移动将是"在现场"的,否则就会产生不是沙漠的地方,它在"全一"之外;这个外部,可以规避德勒兹主张的司各脱-斯宾诺莎主义的有的单义性。我们将在下文阐明这一点。

后启示录的

终结的终结。②

——巴迪欧

形而上学的死亡或哲学的克服,对我们来说从来都不是问题,它只是让人生厌的聒噪。③

——德勒兹和瓜塔里

虚无主义在许多方面是后启示录的。首先,虚无主义宣称什么都不是(nothing is)。其次,更重要的是,虚无主义对这一断言的解读极为特殊,即虚无主义在讨论无是(nothing *is*)。在本书中,我一直在努力探讨这种奇怪的逻辑,但也许尚未呈现它更积极的方面。忒勒(Mark C. Taylor)曾暗示过虚无主义的积极方面,声称"本体神学因为不思想无,所以思想了一切"。④ 这听起来很玄奥,提出的观点却很重要;本体神学预设了其诸范畴和概念的意

---

① Derrida(1987b), p. 41.
② Badiou(1999), p. 121.
③ Deleuze and Guattari(1994), p. 9.
④ Taylor(1990), p. 204.

义,所以无法思想思想的思想。因此,它只采用了具有本体性质的逻辑学。换言之,它未能思考任何本体论的差异:我们在前面讨论因果性时就看到了这一点;因果关系的那些本体模式忘了质疑被造物来自的那个空间:因果关系的原因。它们始终停留在肤浅的本体层面。至于本体神学,可以说,忒勒认为它——在思想一切的时候——思想的是无。这样,它就延续了阿多诺所言的"问号的谎言";①或者如贝克特所言:"现在是哪里?现在是谁?现在是什么时候?毋庸置疑。"②本体神学穷尽——却未审查——万物的知识。这种本体逻辑总有一个域——借用一个数学的类比。数学中的"潜无限"总有一个域,其变量就是其中的一个值;在此意义上,潜在的总是实际的,可以说,它已经是了——这就是哈勒特(Hallett)所谓的域原则。③ 似乎忒勒一方面批判,另一方面又逃避这些本体问题。对他来说,本体神学已经思想了一切,所以已经思想了无;它根本没有思想。这样一来,本体神学的语料库中似乎打开了一个空间。因为留下无物未思想,本体神学给我们留下了"有物"去思想,也给我们留下了思想的机会,即思想差异。忒勒希望我们去思想无。德里达也是如此,他认为"在某种意义上,思想意味着无"。④

> 在现实中,我什么也没说,但我听到喃喃低语,沉默出了问题。⑤
>
> ——贝克特,《莫洛伊》(*Molloy*)

---

① Adorno(2000), p. 340.
② Beckett(1955), p. 291.
③ Hallett(1984), p. 7.
④ Derrida(1987b), p. 14.
⑤ Beckett(1955), p. 119.

第十章　无的哲学及神学的差异：萨特、拉康、德勒兹、巴迪欧及无一(no-one)而造

对忒勒来说，我们要认识我们无法认识的东西。也就是说，我们要思想无物，努力摆脱"那个有物"的本体控制。因为这个有物将回避具体性，也就是差异性。因此，可以这么说，每次复返都会先于一切外离。因此，思想某物就是认识无物，而思想无物可能就是知道"有物"。同样，如果我们的思想有一个根底——始基——它将无法"离地"。无论这种思想能够达到什么样的高度，仍然会停留在它所立足的地面上。换句话说，我们看到的高度是虚幻的；是分散思维的幻觉。有物的鸦片使思想者停留在地面上。因此，思想似乎必然是无根底的。在此，我们陷入了一种奇怪的逻辑——虚无主义的逻辑。这种逻辑似乎对神学提出了根本挑战，因为神学家认为，创造是无中生有，然而，这可能会是本体的。与之相反，虚无主义要求我们把"本真的创造"（德勒兹语）视为无。① 在思考这种观念之前，进一步阐明这种虚无主义的性质，可能会有帮助。

虚无主义是后启示录的，因为它已经过了启示录的阶段。也就是说，它是异于纯否定的。已经经历或经过的启示录是灾难的启示录。这是布朗肖的用语；他谈到了"书写灾难"。② 这种灾难本身总是早已是后启示录的，因为"当灾难降临我们的时候，它并未到来"。③ 更有启发的是这样一种看法，认为灾难"把一切变成废墟，又让一切完好无损"。④ 这种灾难是什么？是什么既能毁灭一切，又能使它毁灭得完整无缺？可想而知，答案是无；从某种意义上说，无确实既破坏一切，又让一切完好无损。这就是"无有而是"，布朗肖把这种状态称为"可能性本身"。⑤ 为什么这是可能性本身，它使什么成为可能？很可能就是这个无使创造本身成为可

---

① Deleuze(1997), p. 37.
② Blanchot(1986).
③ Blanchot(1986), p. 1.
④ 同上。
⑤ Blanchot(1982), p. 96.

能,而虚无主义与神学也将在这样一个关口走近彼此。

为无政府状态带上王冠

> 虚无的绝对性,即有的单义性。①
> ——乌尔曼(Uhlmann)

这个灾难即无有而是,这是从某种单义性中流出来的,即上文提到的非有的单义性。这意味着,一切皆不是,或者说,一切皆是无。因此,灾难是死后的,我们的自杀先于我们。② 因此,我们只有先是无,然后才是,但这不是无中生有,因为后者意味着我们不再是无。相反,我们始终是无,但正如上文所见,我们是无为有。对于虚无主义者来说,语言言说无,对于德里达来说,文本之外是无物,或者说无(the nothing, das Nicht)。然而,正如德勒兹和瓜塔里所说,这个外部是"非外在的外部,和非内在的内部";③可以说,它是内在的外部(the outside-in)。忒勒告诉我们,问题在于"如何以言行无事(do nothing with words)"。④ 然而,语言做的似乎就是这个,因为语言言说无。而正如我们在上文关于德里达的章节中所见,如果语言言说无,它就说出了它的外部,因为文本之外是无。也就是说,在某种意义上,语言已经获得了一种不同于自己的"参照",某种"现实性"。这种现实性超出了本体神学家的视野,所以它将是异于本体的(或异于有者)。这就是灾难的语言,因为它无有而是;是一种戴着王冠的无政府状态。⑤ 什么可以统治

---

① Uhlmann(1999),p. 17.
② Blanchot(1986),p. 5.
③ Deleuze and Guattari(1994),p. 60.
④ Taylor(1990),p. 203.
⑤ Deleuze(1997),p. 37.

这样一片土地,谁会是君主? 当然,一定是无,因为无物统治灾难,但不要搞错,它确实统治。但我们还是要问,这样的国度能给予什么?

给予无:虚无主义是真正的创造

*永远被排除的……是参与哲人纯粹而简单的重复。*①
——利科

*我们不能够设想类比与单义性的和解吗?*②
——德勒兹

我们开始看到,虚无主义完全可以给予神学能给予的一切。上文已经指出,虚无主义负担不起缺失,因为它必须是丰足的。我们即将看到这一点。因此,虚无主义可谓是努力贡献真正的创造。无疑,在这种创造中,创造主和造物将是缺席的。但是,现在,我们将以部分肯定的方式来衡量这一点。让我们看看为什么。神学把创造设想为无中生有,但虚无主义可以指出,这种观念是本体的,因为那个无将永远是一个空的空间,或者如柏格森所言:无性不过是压抑了一个缺席的有物。③ 因此,柏格森认为:"空无的再现,总是一个丰足的再现。"④按照科拉科夫斯基(Kolakowski)的说法,柏格森的意思是:

是我们理智的实践态度,构造了非意义的"无"的观念。我

---

① Ricoeur(1977b).
② 同上。
③ Bergson(1983), pp. 272—298.
④ Bergson(1983), p. 283.

们期待或希望看到的有物的缺席,是完全缺席、无性等抽象观念形成的基础。既然我们可以在观念上取消一切特殊事物,那么就想象我们可以取消整体,思想一个空的深渊……缺席是一个与我们的回忆相关的范畴……不具备本体论的意义。①

此外,虚无主义者如拉康,在无中生有的创造物说中发现了一种特殊的无神论:"唯有创造论者的观念,能让我们窥见彻底消灭神的可能性。"②虚无主义并不是说创造是从无中来的,而是说它是无,而且一直是无。这听起来有点矛盾,其实不然;诚然,它是反直觉的,但不是明显不合法的。创造是不可能的,且只有在它能够没有先在的实存时才是可能的;我们在上文看到,布朗肖认为,无有而是就是可能性本身。让人担心的是,如果创造源于超越的有者,那么它将仅仅是本体的,因为这预设的有将包含一切本体性事物的超绝在场。

似乎对于虚无主义者来说,正是非有的单义性确保了创造即无,这又使得创造能够真正不同。这就是德勒兹所说的"本真的创造",③拉康称之为"缺席构成的在场"。④ 德勒兹将单义性定义为单一事件的单一声音,意义也一样;⑤这是有的喧哗。⑥ 上文提到,巴迪欧认为,没有真正复数的思想;这是单义性的结果。但是,这种单义性确实允许不同的生产,⑦因为一切都不平等地处于那同一个一中。⑧ 在此,我们看到了我们先前主张的类比参与观念遇到了挑

---

① Kolakowski(1985), p. 64.
② Lacan(1992), p. 213.
③ Deleuze(1997), p. 212.
④ Lacan(1989), p. 65.
⑤ Deleuze(1990), pp. 179—180.
⑥ Deleuze(1997), p. 304.
⑦ Badiou(2000a), p. 45.
⑧ Deleuze(1997), p. 37.

第十章　无的哲学及神学的差异：萨特、拉康、德勒兹、巴迪欧及无一(no-one)而造

战，因为在某种意义上，这种单义性允许通过同一性产生差异，有如上文提到的没有变易的创造；创造从神脑的内部流出。就非有的单义性而言，创造即无，这一事实似乎展示了一种激进的、几乎难以想象的参与观念。这有点类似于贝克特《不可名状》中的叙述者："我无法继续，你必须继续，我要继续。"① 这概括了一种绝对不可能的可能性，即创造为无，在后启示录的意义上。不再从启示录的角度思考无，即不再消极地想它。正如布朗肖所言，那个灾难，"是那不以终极为界限的东西：它在灾难中送走了终极"。② 如果我们认为，终极即无有的对立，就会发现，在后启示录的灾难腔调中，问题不再是"是还是不是"，而是如前所述，无有而是。换句话说，是无：无为有。像贝克特一样，我们无法继续，但我们会继续，我们要继续，我们必须继续。这就是积极的虚无主义话语。

因此，在一种丰足的意义上，虚无主义就变成了给予的。因为它不仅给我们提供了在本体思考之外思考的可能性，还给我们带来了令人惊奇的创造，甚至一种奇特的参与承诺。让我们感兴趣的是，像德勒兹这样成熟的虚无主义者，是如何既给予了经典的哲学概念，却又不是按照典型方式呈现它们的。（顺便说一下，巴迪欧和德勒兹都自称是古典哲人。）③ 上文曾提到，没有超越性的中介，我们就无法参与看见事物的视力、说出话语的言说等等。然而，虚无主义巧妙地抓住了这类断言的消极方面，将其转化为积极的东西。换句话说，虚无主义将努力以"创造"之名，给予没有看见的视觉，没有思想的思想，没有有的实存。

正如我们在《序》中所见，"provide"这个词源于拉丁文"*pro*"，意思是"之前"，而"*videre*"的意思是"看见"。那么，provide 可以被

---

① Beckett(1955), p. 414.
② Blanchot(1986), p. 28.
③ Badiou(2000a), p. 44.

认为是指在看见之前,或在所见之前。在此意义上,虚无主义想给予那尚未到来的东西;那不会到来的东西。因为虚无主义的给予,在某种意义上,将占据它的位置。因此,虚无主义赐予我们的,是先于或者缺乏看见的视觉。这也许有助于我们了解为何像巴迪欧这样的哲人会说到"无对象的知识"。① 事实上,巴迪欧认为"一切真理皆无对象",②正如一切主体皆"无客体"。③ 这意味着什么? 巴迪欧似乎想让无为有;无有而是。他运用康托的(Cantorian)数学,提出了一种多倍数的本体论(ontology of the multiple),沿着康托所言的不一致的多的思路:一个不能被视为统一体的多。康托认为,"一个集合的构成,让假设它所有元素'统一'为一个整体成为一种矛盾,就不能把这个集合设想为一个统一体……这类集合我称之为绝对无限集或不一致集"。④ 巴迪欧把这种矛盾多性的概念,与康托的"部分比成员多(康托定理)"的思想结合起来。⑤ 巴迪欧称之为"游走的过剩"⑥(他大概是从康托那里借来的这个概念,康托讲到了游走的界限)。⑦ 康托表明,无限有不同的"大小",或者说,有不同的无限,它们具有不同的力量。⑧ 这里与我们相关的是,巴迪欧利用这些思想发展了他所谓的"二"(the Two)论。⑨

其涵义是,一包含一个超越自身的数字。当巴迪欧谈到二的

---

① Badiou(1994), p.67.
② Badiou(1999), p.91.
③ Badiou(1991), pp.24—32.
④ 出现在康托给迪德金(Dedekind)的信中,1899 年 8 月 30 日,转引自 Dauben (1990), p.245。巴迪欧在回应拉康"数学化"的呼吁,见 Lacan(1998), xxxii。
⑤ Badiou(1999), p.80.
⑥ 同上。
⑦ 同上。关于康托用的"游走的界限",见"Mitteilungen zur Lehre vom Transfiniten", *Zeitschrift für Philosophie und philosophischen Kritik* 91(1887), in *Gesammelte Abhandlungen mathematischen und philosophischen Inhalts*, ed. E. Zermelo;见 Cantor(1966), p.393。
⑧ 有关康托的无限观的批评,见 Webb(1980);Fang(1976);Allen(1976)。
⑨ Badiou(1999), p.91.

第十章　无的哲学及神学的差异:萨特、拉康、德勒兹、巴迪欧及无一(no-one)而造

时候,他的意思是说,任何集合本身中就有一个剩余物的空间。我们在二中看到了这样的过剩,二通过比如欲望已经把自己主体化了,因为有了有情相遇,它否定和规避了一切统一性。二规避一,或者说,二是一的规避,因为多元性无法统一,但更深刻的是,二虽然规避,却未"确实"①离开,因为它没有建立另一个统一体。相反,它的主体性,可以与巴迪欧所言的事件联系在一起,就事件而言,二展现了一种"后事件的忠贞"。② 巴迪欧以圣保罗为例:圣保罗一直忠于复活这一事件,但这并不意味着它发生了;相反,它发生在圣保罗身上,因为它就是圣保罗;就像列宁是革命,两个恋人是他们情意绵绵的相遇事件;他们在相遇中,并由相遇构成,是相遇的见证者,但与相遇却无不同。这些恋人,并不从外部寻找验证,他们——作为二——已经被验证。我们在此的目的,不是要阐释巴迪欧的思想,而只是举一个虚无主义给予的例子。在此,我们拥有在实在界(the Real)缺席中发挥功能的现实性。③ 我们拥有现实性,但它在一个先于或者缺乏实在界的空间中。事实上,如果存在实在界这种东西,就不可能有现实性,这是虚无主义者的看法。对巴迪欧来说,事件从一的统一性中划出对角线,发现它是不一致的,因为没有任何功能可以提供统一性或封闭性。用数学术语来说,不可能有双射,即集合之间不可能有一对一的映射。④ 这样,就出现了游走的过剩,或是巴迪欧所说的附加能指。

重申一下:在此重要的是给予没有实在界的现实性;就像会有对象缺席的主体一样,这让巴迪欧既拥有又不拥有两者。因为,在

---

① 我用引号,是因为我破坏了语法,因为二在某种意义上,依然被当成一个整体,而非多,因此,我用了"does"一词,而不是"do"。
② Badiou(1991), p.26.
③ 实在界是拉康的术语,代表意义之外的东西。拉康认为,实在界是有,但实在界是排泄的虚空,因此,为了实存,我们必须缺乏有。
④ 双射是单射和满射的结合,单射是指一个元素只映射到另一个集合中的一个元素,满射是指一个集合中的所有元素与另一个集合中的所有元素一一对应。

此情况下,每个主体都是一个事件的体现,一个准对象。事件不是对象,因为没有它就没有主体,主体可以成为其对象。这样一来,主体是事件的踪迹,只是在形式上与之不同,反之亦然;因此,我们在主体和对象的缺席中,但也在主体和对象的实体阴影中是。在此意义上,虚无主义在被给予的之前就给予了。这是虚无主义的给予。

我们在那个灾难逻辑中看到此逻辑的缩影,灾难出现却没有发生(occurs-without-happening)。正如德勒兹和瓜塔里所说,"什么都没有发生,但一切都变了"。① 这是因为那个无实际发生了;这就是灾难。虚无主义为我们给予了无数的例子,来说明它的给予逻辑。例如,巴迪欧的无对象的真理:我们在真理之前有了真的东西,或者布朗肖的先于我们的自杀,允许没有生命的活着。② 同样,德勒兹和瓜塔里也寻求"内在超越",意味着我们拥有超越性却没有超越者。③ 反过来说,这两位哲人认为:"内在性只对自己是内在的,因此,它捕捉了一切,吸收了全一,没有留下任何让它可以是内在的东西。"④这似乎意味着,我们有内在性,但没有任何内在的东西。这样的逻辑,可以无休止地重复,用于许多概念,下面我们还会看到许多例子。这些例子部分挑战了本书给出的虚无主义批判的内容,却也暗示了可以进一步加强这种批判的方法。

我们在上卷第七章指出,德里达是一个超越论者。这并没有错,但是我们需要重估此批评的意义,因为德里达在某种意义上,可以是一个超越论者,却不拥有任何超越的东西(或者拥有的是超越的无)。因此,这种否定评价的合法性就受到了挑战,因为这种给予

---

① Deleuze and Guattari(1994),p. 158.
② Blanchot(1986),p. 37.
③ Deleuze and Guattari(1994),p. 47.
④ Deleuze and Guattari(1994),p. 45.

第十章　无的哲学及神学的差异:萨特、拉康、德勒兹、巴迪欧及无一(no-one)而造

"下面写的"是无性。换句话说,只要在它"被见"之前,或者在某种超越的东西"被见"之前,超越论就被给予了,德里达就完全可以摆脱这种批评。形而上学也是如此,因为这个哲人可以在不是形而上学家或成为形而上学家之前,就拥有或给予形而上学。像巴迪欧这样的人,尽管有后现代禁律,依然很自觉地给予了一种形而上学。[1] 从这个角度看去,我们就可以明白,他何以会反对那些时髦的"终结论"贩卖者了。如上所述,他呼吁"终结的终结"。[2] 然而,对巴迪欧来说,是一个形而上学家,并不妨碍他是一个虚无主义者。也许正因这一原因或这一逻辑,我们也听说过无大有的神(God without Being),因为马里昂的天主教正统与虚无主义之间的刻意区别。[3] 因为这样一来,虚无主义者可以拥有一个不是上帝的小神(god)。我们不仅在马里昂等人身上看到这一点,还回溯到了笛卡尔那里,他的神不能怀疑以及欺骗,因为这个神已经不再真正"有意识"了;这个神已经死了。[4] 虚无主义者可以给予一个没有或者先于神学(divinity)的神;例如:卡普托(Caputo)的"无宗教的宗教";武勒的"非神学";齐泽克的"无教义的信仰"。[5] 布朗肖的话概括了这一逻辑,他提到了"缺乏黑暗性但也未被光点亮的夜"。[6] 无光之明——无暗之夜——这就是虚无主义的给予。对德勒兹和瓜塔里来说,空无并非无性,混沌是全一,也不能用无序来定义,[7]因为它并非混乱

---

[1] Badiou(1988).
[2] Badiou(1999), p. 121.
[3] 见比如 Marion(1991)。
[4] Marion(1998)。吉莱斯皮说得很清楚:"欺骗……是不完美的结果,神那里没有这种不完美。也就是说,欺骗需要自我意识,它是区分自我和他人的基础。然而,神没有自我意识。因此,神不是骗子……[笛卡尔的]神是一个无能神,而非全能神,失去了自己的独立性,只是人类思想中的再现",见 Gillespie(1995), pp. 61—62.
[5] Caputo(1997); Taylor(1984); Žižek(2001).
[6] Blanchot(1986), p. 2.
[7] Deleuze and Guattari(1994), p. 118.

的。同样,对于虚无主义者来说,空无是丰足的(plenum),因为空无是"有的专名"。① 这就是无为有。忒勒在终结处,或者说,在终结后,他的"祈祷"得到了回应——他被应许"以言行无事"。②

这怎么可能？虚无主义者是怎么完成这一壮举的？似乎有一种隐秘的增补在起作用。例如,在德勒兹和瓜塔里的著作中,哲学被非哲学增补,就像艺术被非艺术增补,科学被非科学增补一样。③ 这种增补对德勒兹和瓜塔里来说非常重要,他们认为,"非哲学也许比哲学本身更接近哲学的核心"。④ 而且,他们努力证明这种增补是内在的。例如,他们断言"前哲学……[是]并非存于哲学之外"。⑤ 为什么它们需要这类增补？为了使它们能够给予它们想给予的东西:如果艺术依赖于非艺术,我们就可以没有美的审美。因为艺术不必解释自己的过剩,这种过剩可谓是存在于一切内在的领域。想想莎士比亚的十四行诗;它绝不只是纸张和文字。我们甚至可以说,所有行为——以及所有生命——都体现了这种过剩。但是,艺术如果无需解释自身王国的意义或意指,就不得不被其他领域解释。这样的解释往往会表现为去解释(discounting),即通过使用其他的术语或概念,来化解内在的实存者。

举个上文提到过的例子:"生物学家不再研究生命……[因为]生物学已经证明,生命一词背后并不存在形而上的有者。"⑥ 如果这样的论述要呈现的是一具尸体,它将如何谈论死亡？此外,如果科学要保持"无神论",即完全内在于自身,并不需要超越性的中介,使它言说自己在说的东西,那么它就会与哲学进行交易,把生

---

① Badiou(1991), p. 26.
② Taylor(1990), p. 203.
③ Deleuze and Guattari(1994), p. 218.
④ Deleuze and Guattari(1994), p. 41.
⑤ 同上。
⑥ Jacob(1973), p. 36.

第十章 无的哲学及神学的差异:萨特、拉康、德勒兹、巴迪欧及无一(no-one)而造

命和死亡等概念留给后者。这可能会使我们得出这样的结论:科学会导致独立性的丧失。然而,事实并非如此,因为科学通过去解释、还原、带走来解释过剩,将一切残余意义都变成中性的术语。最终,科学借来的是无。因此,尸体是死了,却没有死亡需要解释、描述或协商。再次引用道尔的一句话:人是"分子机器操纵的肉偶,[这是]单义的生命语言,或者分子世界语的结果";①这就是麦金所说的"块肉主义"。② 因此,我们可以说,生物学无法解释死尸和活人的区别——死亡逃脱了它的话语——一切都被简化为生物学术语,无法以含义丰富的方式记录任何真正差异。因此,有的只是形式上的区分,"狭隘"的关联。因此,我们可以同意阿多诺的观点:"我们的生命观已经堕落为意识形态,掩盖了这一事实:不再有生命。"③

> 泪水从我睁大的眼睛中流下脸颊。是什么让我泪流满面?时不时地。并没有什么令人悲伤的事情。也许是脑子进水了。④
>
> ——贝克特,《不可名状》

像虚无主义一样,生物学在一定程度上,避开了本书所做的批判,因为它拥抱看似消极的东西,把它变成积极的至少是无差别的东西。就死亡而言,生物学允许非科学的哲学带走了尸体。哲学又化解了一切过剩的意指,认为根本没有死亡,没有灵魂等等;或者说,死亡发生在出生之前。这样一来,死亡出现,但并没有发生;相

---

① Doyle(1997), pp. 36,42.
② McGinn(1999), p. 18. 麦金本人最终主张一种推延的还原论,这就是我所言的"裂隙之魔"。
③ Adorno(2000), p. 80.
④ Beckett(1955), p. 293.

反,无事发生。从哲学上讲,这就使得生物学可以拥有没有死亡的死者。(像丹内[Dennett]和德勒兹这样另类的思想家,都可以采用把人类称为机器的成语,也就不足为奇了。)因此,生物学家只会遇见死后的我们,因为虚无主义者给予他们的话语,包含的是没有生命的活人和没有死亡的尸体。①

我们可以在各种有关意识的看法中,看到类似情形。阿尔托(Antonin Artaud)认为意识是"无",②彭罗斯(Roger Penrose)则把意识说成是"让我们认识宇宙实存本身的现象"。③ 但是,如巴迪欧所言,"我们无法知道感性在何处结束,认识从何处开始"。④ 因此,我们认为意识可以拥有的任何意义,都不过是归因的结果,无法从内部解释自己;换言之,没有思想的思想在这里,可以帮助我们越过上文提到的那个疑问。所以,阿尔托可以对彭罗斯说:"你并未说出任何可知的东西。何为实存? 我们为什么要认为它很重要?"此外,彭罗斯的揭示是空洞的,因为意识是宇宙的。因此,揭示的不是宇宙的实存,而是"宇宙化的"宇宙(universe "universing");这样的宇宙,既不实存,也不不实存。贝克特的叙述者在《不可名状》中说道:"认为我永远在这里,却不是早已永远在这里……时不时地,弄出点声音,就够了吧。"⑤彭罗斯悄悄偷运进来"实存"一词,带有未解释的含义。应该以吝啬之名抛弃这个词,因为一切都已经被给予了。

---

① 我们可以在巴迪欧那里见到类似的哲学与神学的关系。在一本关于圣保罗的著作中,他在某种意义上,可以支配保罗的形象,"消除"其被赋予的一切神学意义,见 Badiou(1997)。这种做法也出现在文化研究的霸权中,它会消除文学作品,比如弥尔顿的《失乐园》的意义,禁止神学问题;或者从更加哲学的意义上说,索绪尔,当他说语言中没有肯定元素时,消除了一切元意义:"语言中只有差异,没有肯定的东西",见 Saussure(1960), p. 120。
② Artaud(1982), p. 72.
③ Penrose(1989), ch. 10.
④ Badiou(2000a), p. 88.
⑤ Beckett(1955), p. 296.

第十章 无的哲学及神学的差异:萨特、拉康、德勒兹、巴迪欧及无一(no-one)而造

因此,虚无主义者可以提供一种形而上学,因为它在别处已经被去解释了。换言之,虚无主义者可以从他们的皮囊内安全地"言说",因为他们只是基因和原子。这就是一种非形而上学的形而上学的给予:无为有。如此设想的虚无主义,是否真的向我们呈现了"本真的创造"? 虚无主义提供的创造,是否具有如此的创造性,以至于它既没有创造者,也没有被造物,却仍然是一种创造? 拉康不是认为,无中生有的创造是无神论的,因为无中生有的创造是如此的彻底,以至于每个创造都没有记载对原因的需求。① 换句话说,每个无中生有的创造依然是无,无为有。比如,拉康认为,主体是无中生有的创造,因为它缺乏有(manque-à-être)。因此,它是无为有,这意味着创造者的概念是不必要的。

过　客

> 一个了不起的过客。
> ——马拉美论兰波(Rimbaud)

> 豹子闯入神庙,喝下祭祀器皿中的东西;这种情况一再发生;最后可以对付了,它成为仪式的一部分。②
> ——卡夫卡

无为有是否向我们承诺了某种肯定、丰足的东西? 没有或先于意义的意指给予是否具有创造性,如德里达所言? 如果是这样,是否规避了本体逻辑学的限制? 从根本上说,我们应该肯定还是否定地解读虚无主义的形式? 在回答这些问题之前,我们应该先注意到

---

① Lacan(1992), p. 261.
② Kafka(1996), p. 7.

那里似乎有一个十字路口,让司各脱(以德勒兹的形式)与阿奎那相遇;弥尔班和皮克斯托克等神学家,确实似乎分别穿过了德勒兹和德里达的道路。因为在其巨著的致谢中,弥尔班确实向德勒兹表示了敬意。① 而且,毫无疑问,德里达曾鼓励皮克斯托克书写更多更好的关于口头表达的东西。同样,异教徒、犹太人和阿拉伯人促使阿奎那写出了更好的基督教神学;②克劳德(Claudel)在兰波那里看到了神,而与之相反,拉康则在克劳德那里看到了一种非同寻常的虚无主义。③ 至于司各脱,难道我们不能把他的单义性解读为另一种参与概念?虚无主义吸收并发展了这个概念,而根据尼采的看法,这个概念不是虚无主义的?当然,神学家和虚无主义者,虽然他们擦肩而过,各自前行,但他们之间确乎存在一种非常重要却难以辨别的交集。现在更难辨别谁是谁了,因为他们已经前行了。这并不是要把这些思想家混为一谈;例如,把阿奎那误认为司各脱。他们之间确实千差万别,但是我们需要不断地辨析这些区别。

绝对开端

> 我把绝对开端概念化(这需要一种有关空无的理念)。④
> ——巴迪欧

虚无主义的给予总是先于给予的东西。这样,它给予的方式就是让我们陷入没-有(with-out)。然而,我们也可以说,这造成

---

① Milbank(1991).
② 比如,柏拉图、亚里士多德、普罗克勒斯(Proclus)、麦芒尼德(Maimonides)、阿维森纳和阿维罗(Averroes)。
③ 关于克劳德和兰波,见 Paliyenko(1997)。关于拉康和克劳德,见 Bugliani(1999)。
④ Badiou(2000a), p.90. 巴迪欧从拉康那里借用了"绝对开端"的说法,见 Lacan(1992), p.214.

第十章 无的哲学及神学的差异:萨特、拉康、德勒兹、巴迪欧及无一(no-one)而造

了费希特所言的一切对一切的战争。① 我将在下文阐述这一点,但是首先我要引用陀思妥耶夫斯基来描绘这场战争的性质。

"神死了,一切都被允许了";什么都不允许了。②
——拉康

陀思妥耶夫斯基在《卡拉马佐夫兄弟》中写道:如果神不在了,一切都被允许了。看上去似乎如此。因为,不诉诸超越,我们就无法记载苦难;当有人说,不可能有神,因为世上有苦难,我们可以反驳说,这种情绪虽然可以理解,却说不通。因为没有神,就没有苦难。也就是说,我们无法认识这种意义。我们只会纯粹从大小、形状、气味等方面来看待遍野的尸体,无需求助于任何可以关联苦难或丧失的有意义的话语。同样,没有超越性,宇宙就是一块"石头",或者是"单一"无意义的流变,因为我们无法找到一种内在层面上的根由,将这块和那块区分开来;当然,我们可以通过各种"符号体制"建立起各种同一性,但它们始终只是形式的或任意的。因此,大屠杀和雪糕之间并无真正的区别,就像活人和尸体也没有真正的区别一样。

说到这里,有一种奇怪的模棱两可悄然而至:如果说没有神就没有痛苦,我们也可以从另一个方向来理解,即神是痛苦的原因。德勒兹就是以此方式,来解读陀思妥耶夫斯基的格言的。他无疑铭记着历史,认为有了神,一切都被允许了;原教旨主义者的行为,似乎证明了这种重-读。然而,事情远未结束。因为还可以说,如果神没有了,无被允许了:这是虚无主义特别喜欢的强烈意义;无是。然而,这可以解释为,既然无被允许了,必须消灭一切;所有的

---

① Willms(1967), p. 110; Gillespie(1995), p. 94.
② Lacan(1966), p. 130.

具体性、特殊事物和有者在出生时就必须被消灭,因为它们各自都非法占据了他者的位置;我们在列维纳斯的著作中,看到了这种"预防性自杀",他引用了帕斯卡(Pascal)的话,怀疑自己在太阳底下的位置。① 因此,他构建了一整套哲学,以便异于有(otherwise than being)。

我们在黑格尔对特殊事物的消灭中,看到了这种超本体论甚至超本体神学的冲动。他提到精神的单义性,把一切所是都带入了无限的反事实的碎片中。同样,在斯宾诺莎那里,我们也见到了这种单义性,还有柏格森,可以这样说,他那里有一种创造的单义性。穆拉基(John Mullarkey)明确地把握了这一点,他认为对柏格森来说,"每个地点,作为息止地,其真实性不亚于任何其他地点,但作为进化运动的承载者,其虚幻性同样不亚于任何其他地点……每个点在某种程度上都是同样新的"。② 柏格森在此表现得与黑格尔十分相似。这种激进的民主是好战的,指引尼采的就是这种好战性。因为尼采的权力意志就是这种斗争的表现,它在叔本华和费希特那里已经演习过了;更不用说康德了,他认为在某种意义上,本体即现象的真理。同样,德勒兹也认为,混沌就是消隐与诞生的无限加速,两者无差别地同时发生(可以说,黑格尔有点德勒兹主义;也可反过来说,德勒兹有点黑格尔主义)。因此,只有那不确定的同质性,而这种不确定下面写着非有的单义性。也就是说,在每个外离之前都有一个自杀性的复返,因为有的单义性的中性③实际上就是每个有者的中性化;这种中性化在海德格尔那里得到了呼应,他讨论了单义的大有而非有者。④

---

① Levinas(1991).
② Mullarkey(1999), p. 72.
③ Deleuze(1990), p. 180.
④ 海德格尔有点受司各特主义的影响,见 Heidegger(1970):*Traité des catégories et de la signification chez Duns Scot*。

第十章 无的哲学及神学的差异：萨特、拉康、德勒兹、巴迪欧及无一(no-one)而造

马拉美的话似乎很正确，他说"骰子一掷，不会改变偶然(*Un coup de dés jamais n'abolira le hasard*)"。① 因为被抛的在本体论上是模棱两可的，所以必然等着无限的推延。德里达鼓吹的就是这种延宕，可以这样说，它保证被抛的被抛出了。这种彻底的模棱两可性，是非有的单义性的真正本质。因此，一切区分都只能是形式上划定的，由此所产生的情形只能提供意指的区别，由空无的无限本质带来的；混沌；延宕；消隐和诞生；精神；绝对；不确定；本体；总体；无(das Nicht)；内在性层面，等等。虚无主义或许可以逃离本体神学，我们也可以从中学到很多，但它的逃离是虚幻的——徒劳的。因为它只是用一种超本体神学取代了本体神学，前者其实是一种 *ouk-on-totheology*，或者至少可以这样理解，在此，虚无主义没有意识到自己是一种选择。虚无主义外离本体的本身就是本体的，因为它自身的隐秘逻辑就在前中介的因而是先行的前提的领域内：答案提出了问题。

因此，虚无主义，即便被深深地隐藏着，也不过是一种本体一元论(ontic monism)：任何运动都不过是它那些根本的二元论中的一种方面性波动；这里，我们想起了贾斯特罗的鸭兔，它只有一幅图。重申一下，海德格尔有大有与时间的二元论，它将其一元论命名为"无(das Nicht)"(或者他有大有与大无的二元论，它又将其一元论洗礼为去基础的[Abgrund])。斯宾诺莎有神与自然，他命名为本质的一元论。叔本华有意志与再现，如上所见，它让位于无性。费希特的我与非我坍塌为绝对的我；谢林的自然和心灵坍塌为绝对；黑格尔的有限和无限坍塌为精神的一元论。康德有现象与本体的二元论，他把他的一元论命名为总体——至少在《遗著》中是如此。② 德勒兹有意义和非意义、思想

---

① Mallarmé(1914).
② "事物总体包括神和世界。世界的意思是全部感性事物"，见 Kant(1993b)，p. 228.

和非思想的二元论,后者是前者的增补;拉康也认为意义来自非意义。① 德勒兹把自己的一元论命名为全一,或混沌。最终,这些一元论都可能成为 *ouk-on-totheologies*,因为无物的霸权吞噬了一切,(只)让无性逃脱了。

巴迪欧其实是哲人之王,正如勒克莱(Lecercle)所说,他的"危险增补"②最终落于"主体的决定"。③ 在此,空无作为永久的去疆域化(deterritorializatio,德勒兹和瓜塔里的用语。),先于一切事件。④ 因此,巴迪欧将开端绝对化,更准确地说,那个开端,那个不确定的东西。这就遭遇了上文提到的"休谟的永恒时刻问题",这些时刻都是一种对差异无动于衷的"无限他异性"的结果。⑤ 因为只有一个事件,即空无——绝对化的开端。康托不一致的多并不能很好地服务于巴迪欧,他似乎忘记了康托在命名绝对无限时,用了阿奎那的语言,称其为最纯活动(*actus purissimus*)。⑥ 因此,表面的激进创造——真正参与——让位于激进毁灭和吸收:无为有。

下一节将重申上文的一些观点,目的是强调虚无主义的创造概念呈现给神学的异同。

使一空:从无一创造
(A-voiding One:Creation from No-One)

虚无是有特殊的可能性及其独特的可能性。⑦
——萨特

---

① "意义来自非意义",见 Lacan(1989), p. 158。
② Badiou(1999), p. 107.
③ Lecercle(1999), p. 12.
④ Deleuze and Guattari(1987).
⑤ Badiou(2001), pp. 25—27.
⑥ Dauben(1990), p. 290; Aczel(2000), pp. 188—189; Cantor(1952); Small(1992).
⑦ Sartre(2000), p. 79.

第十章 无的哲学及神学的差异：萨特、拉康、德勒兹、巴迪欧及无一(no-one)而造

> 无物实存，除了在假定的缺席的基础上。①
>
> ——拉康

无性是有的基础，这个观点即使不是错误的，听起来也很奇怪的，但这并不让我们感到惊讶，因为在柏拉图的《智者篇》中，客人并不认为无性是差异的源泉；无性是"大他者（the Other）"吗？② 德勒兹似乎也赞同这种说法，认为"非有即差异"。③ 同样，布朗肖说："纯缺席，其中却有有的实现。"④这种实现的差异就是拉康所说的"非有的有（être de non-étant）"，⑤即"在场构成的缺席"。⑥ 然而，这些丝毫没有减轻这种观念的奇怪之处。

对拉康来说，创造论的视角是必不可少的，主要有两个原因。首先，创造论的视角是"与思想同体的（consubstantial）"；⑦其次，它提供了彻底消灭神的可能性。⑧ 为什么无中生有的创造，会带来这两种可能性？对此的回答十分接近无性的核心作用。萨特、拉康、布朗肖、德勒兹、德里达和巴迪欧，更不用说黑格尔和普罗提诺等人，都是通过否定所谓的"一"进入"创造"的。通过使一空无化，产生了多，似乎正是这种信念，指导着他们的哲学。例如，巴迪欧明确指出，对他来说，"一不是"；⑨他的哲学其实建立在"一的解体"的基础上。⑩ 我们在拉康和萨特的著作中，见到了这种空无化，他们让人——或者主体——把有虚无化，从而产生多。大有或

---

① Lacan(1966), p. 392.
② Plato(1993), 255—259.
③ Deleuze(1997), p. 64.
④ Blanchot(1969), p. 307.
⑤ Lacan(1966), p. 300.
⑥ Lacan(1989), p. 65.
⑦ Lacan(1992), p. 126.
⑧ Lacan(1992), p. 213.
⑨ Badiou(1988), p. 104;(2001), p. 25.
⑩ Badiou(2000b), p. 102.

"一"被视为"坚实的",①因为它是"完全实在性";②这个"密实的"一排除了差异,因为它内在地是"模糊的"。③ 因此,只有把它"虚无化",才会有实存的产生。萨特称这种运动为"逃离"大有。④ 这种逃离并没有去往别处,因为能有哪里可去呢?相反,一切运动都在现场,因为有被去密实(decompression)了,因为一已经被无性空无化,进而带来了差异。⑤ 如前所述,萨特认为,无性通过人出现在世界中,人之前并无世界:"因此,人从'注入(invest)'他的有中的浮现,让一个世界得以被发现。"⑥世界之所以被发现,是因为"自为的"人把有虚无化了:"随着自在的有[être-en-soi]虚无化,自为的有[être-pour-soi]才出现在世界中。"⑦自为的人,他的有中有一个洞⑧,引起了"有的断裂"。⑨ 这种去密实(decompression)牢牢地建立在虚无的基础上,因为自为的人,建立在一种构成性缺失之上;正如在拉康看来,主体缺乏有(manque-à-être):自为者"以缺失为有,作为缺失,它缺乏有"。⑩ 巴迪欧的事件与多倍数的有(巴迪欧将其与德勒兹的前本体论的德性包含的"新柏拉图主义"相对照)决裂,走的是同一条道路。

对拉康和萨特来说,我们只有在有的缺席(即虚无化)中才能获得差异。拉康改写了笛卡尔的格言,"我思故我在",表达了这一观念:"我思故我不在,我不思故我在。"⑪这与萨特的观点相呼应:

---

① Sartre(2000), p. xlii.
② Sartre(2000), pp. 22—23.
③ Sartre(2000), p. 17.
④ Sartre(2000), p. 123.
⑤ Sartre(2000), p. 74.
⑥ Sartre(2000), p. 24.
⑦ Sartre(2000), p. 138.
⑧ Sartre(2000), p. 79.
⑨ Sartre(2000), p. 78.
⑩ Sartre(2000), p. 102.
⑪ Lacan(1989), p. 166.

第十章 无的哲学及神学的差异：萨特、拉康、德勒兹、巴迪欧及无一(no-one)而造

自为者是"这样一个有者，它不是它所是，而是它所不是"。① 就这两点而言，有作为一排除了差异，因为它的完全实在性没有给他异性留下空间。② 因此，只有规避有，才会有差异，且只能通过让有缺失做到这一点。巴迪欧很好地表达了这种观点，他认为"人是非有维系的"③——尽管巴迪欧更多地是将事件有意义的普遍差异，与无意义的本体论的"多"对立起来。萨特告诉我们，"可能性即自为者缺乏的东西，这样，它才能成为它自己"。④ 为什么它必须缺乏可能性？也许是因为，可能性表示的是确定本质的在场，它可以轻易地把将是的自为者禁锢在自在者之中。出于这个原因，自为者——人或主体——必须是无本质的，这样，它们就摆脱了密实的有——拉康的实在界（或巴迪欧的本体论的多[manifold]）的模糊性——的控制。在此，我们看到了无性的全部力量，因为这种无性的名字是死亡。

我不是而是，也将不是

"从零开始"或无中生有所再现的疆域，是……狭义无神论思想必然所处的场所。狭义无神论思想采取的唯一视角就是"创造论"。⑤

——拉康

反基督者可以采用弥赛亚的象征，当然是在颠倒的意义

---

① Sartre(2000), p. 79.
② Sartre(2000), p. 23.
③ Badiou(2001), p. 14.
④ Sartre(2000), p. 102.
⑤ Lacan(1992), pp. 260—261.

上使用它们。①

——葛农

我们在上文看到,按照拉康的说法,主体只能在有的缺失中思考,因为只有在有的缺失中才会产生差异,一中不可能有理智的(noetic)结构。换言之,无性——死亡——是让人(萨特)或主体(拉康)实存的可能性。拉康认为,"真理近乎死亡"。② 在此,他似乎在追随黑格尔,③后者称死亡为"绝对主人",④所以科耶夫把黑格尔的著作称为"死亡哲学"。⑤ 事实上,在黑格尔的指引下,科耶夫告诉我们,"没有死亡,就没有自由"。⑥ 死亡将我们从有中解放出来,也就是说,从所有禁锢性的本质和大一统的一中解放出来。拉康赞同这一点,萨特也在一定程度上表示赞同。对拉康来说,死亡即摆脱有的自由,他在《俄狄浦斯在科隆》中看到了这种自由。俄狄浦斯问道:"我不在了,还是人吗?"⑦不在了,就让人超越了本质和有的世界,而拉康认为,分析师的工作就是"让死亡在场";⑧鼓励病人意识到我们"已经死了"。⑨ 这样,自由——实存——就从死亡中产生了;我们要看着镜子,直到无看回来。换言之,意识到我们不是,我们才能规避有,或者那个洞或断裂,此真理显示在有中:你不是,所以是!一作为有,被空无化了,它的控制被躲开了,理智(noesis)因此才可能。

---

① Guénon(1953), p. 326.
② Lacan(1989), p. 145.
③ 有学者认为拉康著作中涌动着黑格尔暗流,见 Bowie(1991), p. 95.
④ Hegel(1967), p. 237.
⑤ Kojève(1947), p. 539.
⑥ Kojève(1947), p. 556.
⑦ Sophocles(1947), p. 83.
⑧ Lacan(1989), p. 140.
⑨ Lacan(1989), p. 100.

第十章　无的哲学及神学的差异：萨特、拉康、德勒兹、巴迪欧及无一(no-one)而造

这种自由从何而来？看来，语言是人的逃亡路线。布朗肖认为，"语言只始于一种空无"。① 这个空无就是有的"空无化"。"语言给了我它意指的东西，但首先它压抑了它……它是那个有的缺席，它的无性。"②换言之，言语"是死亡的生命"。③ 还有，"显然，言语的力量也涉及有的缺失，我为自己命名，仿佛在为自己的葬礼唱歌"。④ 为什么言语与死亡有关？因为按照拉康的说法，语言"谋杀了那个物"。⑤ 不过，这并不完全是消极的，因为语言也创造了那个万物的世界："言的世界创造了物的世界。"⑥为何？因为语言提供了一种萨特式的有的虚无化，所以可以关联埃利亚客人提到的差异；只有通过这种无性，才能发现一个世界。正如拉康所言，"在言说之前，无物既不是，也不是不是"。⑦ 换言之，"空虚和充实被引入一个本身对它们一无所知的世界"。⑧ 此外，如萨特所言，"它只是一种把一切区分开来的自在的无性。"⑨因此，语言应该被理解为死亡的言说，因为它言说的是分离；它区分有，割裂有。这就是拉康所言的谋杀那个物（das Ding）；das Ding 即西弗曼（Silverman）所言的"非对象"，⑩因为 das Ding 不是一个先于区分的对象，而是失去的丧失之名。拉康称 das Ding 为"原初功能"，⑪他还将其比作"无"⑫和创造："无中生有的创造概念与那个物的确切结构是同延的。"⑬

---

① Blanchot(1981), p. 38.
② Blanchot(1981), p. 36.
③ Blanchot(1981), p. 41.
④ Blanchot(1981), p. 37.
⑤ Lacan(1989), p. 104.
⑥ Lacan(1989), p. 65.
⑦ Lacan(1988), p. 228.
⑧ Lacan(1992), p. 120.
⑨ Sartre(2000), p. 191.
⑩ Silverman(2000), p. 40.
⑪ Lacan(1992), p. 62.
⑫ Lacan(1992), p. 63.
⑬ Lacan(1992), p. 122.

（巴迪欧的康托式本体论的互不相容的无限多倍数也属于这一类。）

两个方面结合在一起，产生了一种复杂的无神论的无中生有说。首先，我们有一种非有的单义性，即在对有的认识中，单义性预先排除了一切差异。因此，死亡（总是特殊事物的死亡）就是这种一元性有的真理。其次，这种死亡解放了我们，把我们从有中解脱出来；这是语言促成的解脱，因为它杀死了那个物，允许了一个物的世界的创造。有被空无化（规避），被虚无化，这就给我们提供了差异。这样一来，就避免了我们可能会认为的有对我们的控制力量，因为有让我们死亡，语言则让我们在死亡中复活；我们不指望有让我们实存，相反语言杀死了那个物——有者——割裂了它。黑格尔其实也有类似举动。所以，那些认为黑格尔的体系把握了一切的人大错特错；科耶夫和拉康似乎意识到了这一点。黑格尔的体系其实使有停顿下来，但是，这种静止——这种单义性——带来了彻底的爆发。换句话说，黑格尔的体系杀死了我们，让我们解脱；因此，科耶夫认为它是死亡哲学，是正确的。精神被耗尽了，疲惫了，坍塌了；所以，实存就可以从这种"不一致的多"中"画出对角线"来：有和本质被噤声了，实存说话了！因此，对黑格尔来说，绝对实现在无差别的选择的死灰复燃中，在消费主义的残余中。这种创造，拉康将其等同于那个物，它告诉我们：有死了，生命万岁。这种创造十分激进，根本无需创造者；它是激进的，只在于它是一种"真正"无中生有的创造，从"无一"中创造。

语言打碎了那个物，欲望就被永恒化了，①因为有现在躺在瓦砾中，那个物也是这种永恒性的名字；这种永恒是丧失的丧失，因为纯粹彻底的创造中没有这种丧失的位置；创造以这种程度或方式被给出，以至于它给出了丧失的超越。其实，随着那个物的死

---

① Lacan(1989), p.104.

亡——有的虚无化——丧失失去了，因为有即差异的不可能性。然而，实存的本体论或超本体论真理，却揭示在死亡中。因为在实存中，我们现在可以死亡了。这种必死性，它的标志是生物的死亡和无穷的欲望，在有的废墟中划出了一种实存，揭示了我们的真理；我们不是，才能实存，所以我们也将不是。死亡即我们缺乏有（manque-à-être）这一真理。然而，我们将曾经实存过，在神的缺席中；这似乎才是本真的创造！

实存的污点：无法分离的残余[①]

就虚无主义而言，一或有被空无化；结果便是差异从它"裙"下逃了出来。对于萨特来说，这种空无化是人把有虚无化的结果，而拉康则将其归结为语言。同样，继海德格尔之后，德勒兹认为，有的虚无化源于一种"普遍的去基础（ungrounding）"[②]，它是一种不断质疑带来的，即质疑"一切都从一个问题开始，但不能说那个问题开始了"。[③] 现在，重要的是，不断地质疑不仅让有成了问题，也让诸有者成了问题，从而引发了上述一切对一切的战争，擦除了一切特殊性。事实上，一被空无化，万物也被空无化了。说一不是，这种"纵向的"宣告就从如今被废黜的天空掉下来，落到"大地"上，从而横向地否定了每个一（every-one）。一的空无化，变成了每个一的空无化，这是普罗提诺式的对因果性认识的结果，这种认识支配着这场运动，因为它一来自一。一的虚无化只有一种结果，这种结果只有通过重复一种"废弃"，才能摆脱其"荒芜"的丰足。我们看到，此问题从普罗提诺经过阿维森纳直至德里达：在德里达那里，只有

[①] "无法分离的残余"是谢林的术语，齐泽克大量运用了这一观念，见Žižek(1996)。
[②] Deleuze(1997)，p.67.
[③] Deleuze(1997)，p.200.

一个结果从那个无中流出,这就是那个文本;一个文本的单义性。

现在,从虚无化的东西中挤出的这个结果,反映了它的源头,即差异的问题式。如谢林所言:"不是的……在是的之下。"① 在某种意义上,这就是先于每个本质的裸实存。谢林进一步说道:"如果能够穿透事物的实存,我们就会看到,一切生命和实存的真正自我都是恐怖的。"② 这种恐怖的真相,就是拉康所说的"实在界(réel)",用萨特的话说,就是"自在的有(être-en-soi)",而按照齐泽克的说法,"实在界是深不可测的剩余"。③ 这种剩余在萨特的小说《恶心》中变得尤为明显:"实存突然揭开了自己的面纱。它失去了一个抽象范畴的无害面容……所有这些对象……我怎么解释呢?它们给我带来了不便;我更希望它们的实存不那么强烈,更干脆(dryly)。"④ 词语、范畴等的清脆、干净、观念性从每一个面孔上滑落,露出了逃离我们的东西;一种恐怖的过剩,把我们悬置在一种崇高的空无前;词语从它们的对象上滑落,它们曾满足地安居其上,就像母鸡在蛋上一样。这些蛋却孵出了一只吃母鸡的狐狸。这样的语词在这种不可避免的、无法分割的残余面前奄奄一息。这就是密实的有(即实在界)赤裸的力量。对于谢林、萨特、拉康和齐泽克以及许多其他哲人而言,这种剩余是丑陋的。齐泽克谈到了"丑的冲击",⑤ 丑来自"现实的内核",它是恐怖的;"实在界的恐怖"。⑥ 此外,此内核始终高于并先于每个本质、每种观念化,是"排泄物";⑦ 齐泽克说,实在界是"粪便"。⑧ 我们通过语言划分构建的洁净世界,努力让有

---

① Schelling(1997), p. 141.
② Quoted by Žižek in the introduction to Schelling(1997), p. 17.
③ Schelling(1997), p. 27.
④ Sartre(1962), pp. 126—128.
⑤ Žižek(1997), p. 22.
⑥ 同上。
⑦ Žižek(1999), p. 161.
⑧ Žižek(1999), p. 157.

欧及无一(no-one)而造

变得稀薄,隐藏了它想遮蔽的现实;然而,从毯子下面传来的是去不掉的恶臭。而我们可以捕捉到这一现实——那个不是者,藏在那个是者之下。我们在一切欲望努力忽略、清理的污点中看到了它。例如,夫妻的社会建构,是为了掩饰情欲的单义性,①将它驯化,把欲望藏在合法关系的衣饰里,但欲望的真理对这种区别一无所知;像有一样,它经历着模糊性。换句话说,情欲的真相是对配偶的欲望,也是对母亲的欲望。甚至,更令人不安的是,它对父母另一方的偏爱,也是对子女的偏爱。例如,这种"真理"可以得到"见证"——情欲的实在界被看到——因为它爆发了,从安居蛋上的母鸡下面挥拳出来,以强奸的形式;但强奸并不比其他单义欲望的显现更有或更没有戏剧性。这不正是那些伟大的怀疑大师们想告诉我们的吗?他们各自以自己的方式,指引我们超越名的外衣,进入隐藏在公认的解释背后的悸动的现实?

裂隙之魔

> 好奇的人缺乏奉献精神。有许多这样的人,他们缺乏颂扬和奉献,尽管他们可能拥有知识所有的辉煌。他们做出没有蜂窝的蜂巢,却有蜜蜂酿出甜蜜。②
> ——圣博纳文图(St. Bonaventure)

虚无主义中当然有一定的真理性,因为现实确实超过了每种想驯化它的观念化。诚如贝克特所言,友谊、家庭、事业、金钱等观念,就像毒鸦片一样,分散了我们对生命的关注。我们的确沉湎于无心

---

① 所谓情欲的单义性就是它缺乏有。如萨特所言,"欲望缺乏有",见 Sartre,(2000),p. 88。
② Bonaventure(1993),p. 44。

的八卦聊天,称其为政治、体育、经济、爱情等等。其中,有一种让人羞愧的荒谬,因为我们不是将不相配的床伴扔在一起了吗;管理顾问和憔悴的孩子? 这不正是《旧约》和《新约》所谴责的吗? "把你的小儿拿去撞在石头上的,他们必快乐"(《诗篇》137 篇 9 节)。"凡到我这里来,不恨父亲母亲,不恨妻子儿女,不恨弟兄姐妹,是的,甚至不恨生命本身的,就不能做我的门徒"(《路加福音》14 章 26 节)。欲望被这些"世俗的"范畴所禁锢,使它更喜欢征服,这难道不是事实吗? 而那种把自己的孩子撞到石头上,恨自己的父亲母亲、生命本身的号召,难道不是可以制止这种征服,破坏欲望的驯化吗?

可以肯定的是,虚无主义让我们注意到这种对欲望的浅薄而又极其危险的禁锢,以及在无味的观念性中对实存的驯化,这样的观念性瓜分了对有的破坏,而把我们与有的现实性隔离开来:"你不是!"我们生活在一个没有椅子的世界里,没错,我们从中学到了很多。但是,这样做的一个必然结果是,我们生活在一个没有邻居的世界里;无生命地活着。此外,无论多么变态,不可分割的剩余物或者本体论粪便的观念,难道不是观念论的缩影? 因为,拉康的实在界不依然是真正实在的(ontos onta)吗? 这种实在性,这个内核,如此典型的哲学内核,无休止地追求本质,难道不是代表着一种纯粹的观念:纯粹的现实,绝对的粪便,没有形状和区别? 这个棕色——单色——的世界难道不是一个单义的有或非有吗? 让我们来听听巴迪欧的译者如何解释这位哲人的成就:"巴迪欧的成就是把真理的运作从一切对卑贱物(the abject)的救赎中减去,把活人和活死人、有限和无限的区别变成绝对无差异的问题。"[①]我们已经知道,巴迪欧是"对差异无所谓的"。因为各种不可通约的新真理和新爱恋事件,仍然建立在那种自指的有限起源单义的"恩典"之上。[②] 这

---

① Peter Hallward in Badiou(2001), p. xix.
② Badiou(2001), p. 27.

第十章 无的哲学及神学的差异：萨特、拉康、德勒兹、巴迪欧及无一(no-one)而造

样一来，只有一种差异，自那个空无流出，即文本之外的无物；我们依然与普罗提诺和阿维森纳在一起。这个苦恼的虚无主义者身上，也有一种公然的诺斯替主义，认为恐怖和粪便是现实的内核："要摆脱丑恶，我们就只能采取纯洁派教士(Cathar)的态度，认为人间生活就是地狱，创造这个世界的神就是撒旦本人，他是这个世界的主人(齐泽克)。"① 如果我们没有忘记那种确实逃脱了我们对实存的观念化的过剩，难道没有一丝由无能者的苦闷激发的怨恨吗？换句话说，这种虚无主义难道不是阉割情结的果实？不是一个失望的观念论者的果实？他不再玩游戏，因为他赢不了："我无法捕捉生命，所以没有生命。"事实上，虚无主义者难道不是提供采用新的命名，来重新捕捉有吗(例如，实在界、不可分割的剩余、延异、自在的有、空无等等)？

众所周知，巴门尼德把有和思想等同起来。这样做无疑是有问题的，海德格尔创造性地划定的本体神学的历史，就敏锐地展示了这一点。拉康和齐泽克似乎指向的是有与思之间的不一致，而且理据充分。乍一看这似乎是真的：有确实超过了思，可以说，如果有没有超过思，就不会有创造。因为一切都会遭遇一种严格观念论的麻痹；正如我们在本体神学中所见，它把有限制在自己不思的范畴和假定的意义中。事实上，难道不能说，生命只能发生——实存地发生——在介于思与有之间的空间中吗？换句话说，二者间的差异带来了差异。然而，这种方法的问题在于，它招来了一种新的观念论，新的"命名"，它实际上通过弥合又消除差异，重组了思和有；可以说，这正是超本体神学所犯的错误。这些新名有多种伪装。比如，因为思和有不一致，出现了偶然，产生了悲剧。然而，危险的是，我们只是简单地把生命重新命名为悲剧，就让悲剧消失了，因为它现在的"形而上学"状态——它的现实性——没有给它

---

① Žižek(1997), p. 25.

留下悲剧发生所需的空间。换言之,说世界充满了苦难,所以是无意义的,就是淡化了最初激起那种消极判断的苦难:生命中有苦难,所以生命是无意义的,于是也就没有苦难。荒诞和虚无主义的运作方式极为相似,因为它们是渗入有与思的裂隙中的名,重新锻造了一种新的链条。这就是"裂隙之魔",它是通向空无的桥梁,渴求空无。

实存之蕊:不可还原的提醒

> 神所洁净的,你不可称为亵渎。
> ——《使徒行传》10章15节

正如沃德(Graham Ward)所言,在齐泽克、拉康等人的著作中,无疑,有的过剩成为空无的色情作品。[①] 齐泽克确乎展示了一种对空无的欲望,这种欲望以排泄物恐惧为基础,齐泽克声称,他在生命的过剩中看到了这种恐惧;这种过剩就是生命所是。哈曼肯定会不同意齐泽克对实在界的贬义解释,因为对哈曼来说,所有被造的都是洁净的,因为神所造的,都是洁净的,我们不能称之为亵渎。其实,按照基督教的说法,神成了人,所以祂有生殖器、肠道蠕动等等。因此,哈曼十分接受身体的生理性:"现在是中午,我享受着吃喝,同样,我也享受从这两者中解脱的一刻,把取自大地的还给大地。"[②]哈曼接着说:"人不应该否认自然给他的生殖器,因为这意味着与神疏离";[③]在给赫尔德(Herder)的信中,哈曼继续着他一贯的看法:"在我看来,生殖器是造物和造物主之间独特的纽带。"[④]迪克

---

① Ward(2000), p. 274, fn. 32.
② Alexander(1966), p. 59.
③ O'Flaherty(1979), p. 41.
④ Alexander(1966), p. 137.

第十章　无的哲学及神学的差异:萨特、拉康、德勒兹、巴迪
欧及无一(no-one)而造

森(Dickson)说得好:对哈曼来说,"神创造了我们,激情、欲望、排泄物和所有的东西;神所创造的,我们决不能称之为不洁的"。①事实上,正是因为显现的东西本身逃脱了我们的范畴(显得丑陋)②,就把它当作恐怖的东西抛弃,仍然是由一种观念论反动地建构的,这种观念论展现出明显的缺乏仁慈(caritas)。因为如马里昂所说:"毁形也是一种显形。"③这意味着,对于基督徒来说,罪是个外流(egurgitation)问题,它不是源于世界,而是来到世界。此外,我们无法抛弃是者,因为它表现得没有那么观念性。因此,认为世界是恐怖的,就是维持裂隙之魔。相反,必须有对象的优先性——在此向阿多诺致敬。难道不是对象——现实——在以其所有丰富的形式召唤我们吗(正如波特曼[Adolf Portmann]所说,这些形式都是"对接收者的传达")?④ 事实上,凯洛瓦(Roger Caillois)说的"资源不顾切身利益的大肆外流"难道不是正确的吗?⑤所以,我们不能认为自然是个"吝啬鬼"。⑥ 因此,我们能够同意波特曼的观点,他呼吁以扩张论的方法触及实存,⑦此方法回应了梅洛-庞蒂(Merleau-Ponty)的看法,感知对象中有着"耗费不尽的丰富性";⑧用波特曼的话说,这种丰富性是一种"自我展现的冲动"。⑨ 因此,我们不该赞同凯洛瓦的说法——"自然中自治的审美力量",⑩它呈现在显现本身的有中——吗? 阿多诺呼吁把对象

---

① Dickson(1995), p. 140.
② 美可能会允许丑,而丑只能允许美学的东西;这难道不是我们在国家社会主义政治美学中看到的吗?
③ Marion(2000), p. 208.
④ Arendt(1978), p. 46.
⑤ Caillois(1964), p. 40.
⑥ Caillois(1985).
⑦ Portmann(1967),(1990). 波特曼称这种扩张论工程为"形态学"。
⑧ Merleau-Ponty(1963), p. 186.
⑨ Arendt(1978), p. 29.
⑩ Caillois(1964), p. 41.

视为优先的,而且也没有就此搁手。如巴克-莫斯(Buck-Morss)所言:"真理在对象中,但它不是已然在手的,物质对象需要理性主体,才能释放其中包含的真理。"①阿伦特(Hannah Arendt)也表达了类似的观点:"一切对象,因为它们的出现,都暗示了一个主体,而且,正如每个主体意向都有其意向对象,每一个出现的对象都有其意向主体。"②这种对现象的认识,很容易招来神人同形同性论的指责。然而,这种指责是矛盾的,因为非神人同形同性论本身就是神人同形同性论的;正如虚无主义有点人类中心主义一样:"我做不到,所以它无法做到。"神人同形同性论能够避免,是因为人不是完全呈现给自己的;人也超越了自己的名;这是阿多诺在有中发现的非同一性。正是这种非同一性发现了那种在场的过剩,它没有通向别处,而是在现场运动——共鸣。如阿多诺所言,"是者,多于所是"。③ 为此,我们必须如阿多诺所建议的那样,从"救赎的立场"看待万物。④ 这种救赎就在上述过剩所是的干扰中。有趣的是,阿多诺在他所谓的"名"中找到了希望。⑤ 然而,杜特曼(Düttmann)提醒我们:"一个名总是希望成为唯一一个命名其命名之物的名,这是它的自恋,就是自恋本身。"⑥这当然重复了那个问题,因为在此,自恋可能成为唯一的名;成为一切名的名。相反,这个颇有希望的名,展现了一种健忘,它的救赎就在这种健忘中:"遗忘总是涉及最好的;因为它涉及救赎的可能性(本雅明)。"⑦在此,我们可以同意齐泽克的说法,这种说法让我们联想到贝矶:"基督教要求我们彻底地重新发明自己……基督教责成我们重复那种

---

① Buck-Morss(1978), p. 81.
② Arendt(1978), p. 46.
③ Adorno(1973), p. 161.
④ Adorno(1974), p. 247.
⑤ Adorno(1973), p. 53.
⑥ Düttmann(2000), p. 100.
⑦ Benjamin(1970), p. 136.

奠基的姿态……"①我们回到对象，因为它再次召唤我们，我们已经忘记了它美的色彩，因为我们无法完全记起它形式的丰足性；这样不同一的重复不正是回到爱人面孔的唯一途径吗？事实上，这不就是欲望源源不竭的推力不断地把我们拉回表面的深度吗？因此，在握手或交际中遇到的现象学抵抗，不能被理解为亲密关系的失败；抵抗被解释为排斥性的距离。因为这种抵抗并不嘲笑我们相遇的努力；事实上，一种错误的观念论支配着带来这种理解的逻辑，这种观念论憎恨身体，认为它是撒旦的造物，它要消灭它；为了满足纯粹相遇的需求，手岂不是要被握到毁灭，那是消灭，而不是交际？回到对象，我们回应了一种召唤——我们的召唤——从而提供了一个颇有希望的命名；我们也超越了召唤我们的名。这样，有没有超越思；它是思的超越性(the beyond of thought)。

被造的创造主：这就是爱的差异

> 因此，我向神祈祷，希望他能使我摆脱神的束缚。②
> ——尔喀特(Meister Eckhart)

上述引文是否透露出与虚无主义（至少是本书所定义的虚无主义）的相似性？因为尔喀特似乎在表示我们有无神的神。事实上，尔喀特在某处确实教导我们要把神当作"非神"来爱。③ 这样的神是虚无主义的神吗？此外，神学将创造解释为恩赐，这不是在摹仿虚无主义的无为有吗？换言之，将创造展现为纯粹的恩赐，是否与虚无主义努力让无为有类似（当然，我们也可以反向提出这类

---

① Žižek(2001), p. 148.
② Eckhart(1981), p. 202.
③ Eckhart(1981), p. 208.

问题)？肯定有一些相似性，正是这种相似性诱发了上文提到的我们"感知"中的不可知论。回想一下那个比喻，司各脱和阿奎那经过的十字路口，让我们一时无法绝对地辨别谁是谁。正是这种不确定性，可能代表了对话的空间，不是自由主义者的对话，因为自由主义的对话知道谁是谁——它是自我确定的。因此，自由主义者的自我只会穿过桌子看着他者。

这种虚无主义与神学之间的对话，就所有的意图和目的而言，都不是刻意的。这种无意不是拒绝的结果，而是深刻困惑的结果；困惑的产生是因为神学家无法充分认识自己，从而坐到桌边参与安排好的对话，只是自信地看向外面或对面；这种看会吸收他者，因为它是单向的。诚然，虚无主义会被认为是异于神学的；不过，神学似乎确实参与了对话，因为神学"失去"了自我。换言之，神学家无法完全定位自我。因此，他们无法肯定地将虚无主义排除在自我认识之外。因此，他者性是通过从同一性走近他异性受到关注的，而同一性本身则是差异；我们在神心中已经看到了这一点。这样一来，神学似乎能够以一种更令人满意的方式来阐述多元性。

为了更好地领会本体神学和超本体神学的形式，用柏拉图的洞穴比喻可能会有帮助。在《国家篇》中，柏拉图向我们讲述了这样一个世界，在这个世界中，因徒们过着错误的生活，[①]因为这些人生活在一个洞穴里，他们认为墙上晃动的影子就是现实。哲人在离开洞穴的时候，虽被太阳照得炫目，但终于意识到太阳是一切变化、季节和岁月的根源。得到启蒙的因犯（哲人）回到洞穴，希望教育和管理他的同伴们；然而，这个任务并不轻松，因为教育启蒙遇到了强烈的阻力，甚至暴力。可以这样解释这个洞穴故事：带着"知识"回到洞穴的哲人，就是我们在柏拉图的比喻开头见到的囚犯。换言之，回来并得到启蒙的哲人，就是那个从未离开过的带着

---

① Plato(1974), bk. vii.

第十章 无的哲学及神学的差异：萨特、拉康、德勒兹、巴迪欧及无一(no-one)而造

镣铐的囚犯。如果我们确实觉察到了外离和复返运动，那不过是最初到达的运动，即确实达到洞穴。本体神学家和超本体神学家都犯了这个毛病。前者，是因为他们的某些范畴；后者，是因为他们想超越这些范畴走向另一种现实的冲动。我们在新柏拉图主义中见到的超本体论冲动，就是离开洞穴运动的缩影。之所以如此，是因为有关有的预设知识引导和推动了那种超越有变成是不同的的运动；那些寻求超越，或谈论超越的人，是以他们对有的认识为基础的。换言之，在某种意义上，他们必须认识有，直至他们知道自己现在超越了它。但是，这是虚幻的，因为有的问题只是被转移到了另一层面，一个被他们大胆否认又巧妙划定的层面。他们知道他们超越了有；这样，他们以认识有的方式认识了这种超越。事实上，有界定了超越——异——的界限，描摹着它的轮廓。这种界定可能只是片面的，但这只是把旅行者漫无目的地引向了一个无名、同质、非目的论的沙漠。离开了有的洞穴，未必就能使这给出无物的确定性，而不是有物的确定性。正是这种超本体神学的旅程违反了有，因为它以自我确定的方式认识了自己，不再回头。它只向着一种空白的地平线前进；仿佛一个只穿过桌子看着他者的自我。这样的他者，这样的差异，永远是同一个他者，同一个差异。这样一来，一切差异都是无差异，这就是那种不确定。

反过来说，如那个本体神学家那样，安全地待在洞穴里，就是已经离开并游离于洞穴之外。这样的僭越是显而易见的，因为我必须认识那种超越（外面）——我必须已经超越——如果我能够确定那个洞穴的话。也就是说，如果我可以安全地认识洞穴，划定它的范围，我就是从外部做到的；就像德里达提到文本一样。这就是本体神学家和超本体神学家的本体性(onticity)难以辨别的地方。因为在认识洞穴（我的自我、有等）时，我只看向了一个方向。相反，洞穴，如果能够谈论它，就必须认为它本身是过剩的；这意味着洞穴——我的自我、他者和有——总是早已是绽出的。就像语言

一样。因为对一个对象的任何描述都不能充分地言说被描述的东西；对象超出了语言——如果无视这种过剩，就违反了被描述的东西，因为它遭受了由还原逻辑造成的不足。在某种程度上，语言确实以这种方式违背了被描述者，带着犯罪的证据。例如，如果语言要用还原描述捕捉一个有者，被忽略的过剩就会在语言本身中留下踪迹：被遗忘的有者的过剩显现在语言的过剩中。我们认识到了这一点，意识到我们无法完全控制语言：语言中涉及的消极决定，使得每个术语都处于其对立面的建构阴影中。可以说，这种过剩摹仿了有的过剩。因此，我们可以认为，诸摹仿属性有关对丧失的有的记忆，因为初始描述的根据——那个有者——丧失在还原的迷雾(flurry)中，但这个有者被铭记在语言的增补性过剩和自我否定的绽出中。换句话说，语言之所以动人，是因为它言说的那个有者：绽出。因此，语言在绽出的过剩（即它的有）中两次召回其他者。在此，我们见到了超越者的作用：语言言说，是因为有（因为言说者必须是）和有者（语言言说的东西）；语言意味着真理，因为即使是谎言，也是建立在真理之上的（这里可以探讨充分性，但不是简单对应）；人们之所以谈论这种有，是因为有是好的，且这种有出现的方式在美的广度中——因为每个对象都显现出一种可爱性，它既显露又隐藏，因为它是爱欲的和丰足的。

"回到"洞穴，我们可以看到，它是无法确定的——就像语言一样——但它又不是那个不确定者。为什么它不是那个不确定者呢？因为，对过剩的想象不是空间上的更多，因为这种过剩是量性地思考的。因此，就出现了前述的一切对一切的战争，因为诸有者让位于那个不确定的他者（精神、实体、总体性、无、延异等）的一个事件。神学家将创造设想为恩赐，但并不是纯粹按照有效因果性设想这种恩赐的，因为恩赐指向给出者，所以指向善。这意味着，恩赐的激进特性，即它的彻底参与，更多是以终极因果性的质性方式来关联自己的。这样才保留了特殊性，不过是以绽出和过剩的方式。智慧的或艺术的有的馈赠，抵制了激进效率的量性过剩。因此，是者不能简单地让位于一个他者，因为它首先是作为永恒意向的结果而在那里的。然而，那确实留存的东西不是自足地在那里的，因为恩赐是神之统一体的差异的结果。这样一来，一个所是的有，作为一个他者的有，抵抗还原，因为我的作为自我的自我已然是一个他者，因为它是一个他者馈赠的；这就是它的给定性。在此，我们可以调用兰波的话："我是一个他者"，这有一定的好处，因为它呼应了克尔凯郭尔："人的自我是……一种与自己相联系的关系，因为让自己与自己相联系，又让自己与一个他者相关。"①造物不是简单地等待另一个"更大的"他者，即一种更大的列维纳斯的他异性。相反，造物始终是被馈赠的恩赐，所以已然是一个他者，因为它以绽出的方式实存着。

这意味着，特殊性无法被消除，从而也就具有了无法确定的潜能。因为造物的给定性，抵抗毁灭，却又是一种绽出的开端，作为神本质一个可摹仿的例子，它具有一种质的无限性。此外，它展开在神圣进程的循环中。再次借用康托的观点，我们最好认为这种无限性是超有限数(transfinite)以区别于绝对无限数，后者不可思议地包含了所有有界无限数集的子集。这就是最纯活动(actus purissimum)，它在某种意义上也超越了无限，以及可数学化的有限/无限对比。

所以，造物作为超有限的恩赐，仍然在三位一体的超无限(hyper-infinite)活动中。这种无限性打开了所有的有限性；它却并未被打开进入更多，既未在它到来后打开，也未在它诞生之时打开。相反，它的开放性就是它的到来——它的到来的技艺意向。道——圣灵所赐——开放的终极性是有的广度，因为它是信任、希望和爱的美。在通过救赎与道成为一体的过程中，受造物进入了

---

① Kierkegaard(1980)，pp. 13—14.

三位一体。但这不是吸收。相反,这是差异的空间。生命是活的,这种实存性是爱的纪念,暗示了时间的持续、历史的发生、生命的记录:圣灵见证的圣子活的永恒言说。

前面曾有一节提到,哲学对那个思想疑问的反应,是那些二元论的产生;那些二元论都坍塌为一元论。神学似乎并未遭受这种二元性。然而,有人可能会抱怨说,造物/造物主的对立本身就是支配一切的二元论。但是,这未必是真的,因为创造-差异是爱的结果,而爱不会让事物分裂。按照阿奎那的观点,本书认为,创造是神的统一性的结果,所以它不是变化。且如阿奎那所说,造物"把自己带入有"。① 就此而言,不能简单地把造物与神或造物主对立起来。尼古拉斯称神为 non aliud(非他者)。奥古斯丁则告诉我们,"神变成了人,是为了让人成为神"。② 同样,贵格利说:"人抛开自己的本性;……一言概之:他因为是人,成为了神。"③ 尔喀特附和说:"神与我一体。"④ 因此,根本没有简单的造物主和造物的对立。

还必须明白,造物主是三者的统一体。这样也避免了二元论。此外,基督教神学还避免了新柏拉图主义的静止,其中,一与其下的一切,实际上是无法区分或辨别的。在新柏拉图主义中,必然因素出现在这一事实中:创造是自然的结果,而非智慧的结果,以及一个相关观点中:一只能产生一。因此,本书认为,一下的也在一内。因此,不会出现本体论的差异。我们仍然可以说,这有点类似于本书给出的三一论的解读。这是错误的,因为神绝不是与被造

---

① DV., q. 4, a. 8.
② Borella(1998),p. 127.
③ Balthasar(1995),p. 117. 对于贵格利而言,人性本就是异于自己的。因为就神圣化而言,神给我们的"水""不是来自陌生久远的河流,而是来自我们的内心",见 Balthasar(1995),p. 127。
④ Eckhart(1941),p. 232.

第十章　无的哲学及神学的差异：萨特、拉康、德勒兹、巴迪欧及无一(no-one)而造

物混杂在一起的。创造之所以产生，是因为爱可以容许差异；爱以这样的方式给出，而且是彻底地给出，以至于所给出的并不是变易，所以并未违反神的单一性。为何如此呢？

爱是差异的发明，因为爱并未看向一个外在领域，从中寻找自己有关差异的想法。这样一来，创造可以异于神，却又在三位一体的进程中。三位一体并不害怕差异，因为所有差异都是爱，而爱能驱除恐惧。致敬尔喀特的话——进入"非神"的神——我们显示了爱的终极性，又规避了一切本体神学。有并非有物，它是无物——除了爱，什么都没有。我们在此看到了神学与虚无主义的对话；因为有毕竟是无为有，尽管是以不同于虚无主义所想象的方式。此外，神学中，有一种先于外离的复返，因为创造是绝对的给定性，并且根据的是终极因果性作为因果关系的原因的卓越性(pre-eminence)。但是，这种先行的复返并不像虚无主义的复返那样，消除具体性。因为这种回归即终极的到来——它的永恒性。我们这些受造物从来就在圣言里；现在，我们通过基督并在圣灵中居于圣言中。此外，圣言开放的终极性言说着活的、被栖居的有的广度，因为它言说着此时此地的严肃性，因为它言说我们永恒的外展(*epectasis*)。①

在这方面，德勒兹对克尔凯郭尔和贝矶的批评瞄错了靶子，他认为神学中有一种对真正重复的抛弃，因为有一种一次性的复活。② 因为，在某种意义上，没有开端，因为创造不是变易；创造也绝不会"过去"，即便是在末世；而在永恒性本身中，时间性以永恒的外展形式延续。叶夫多基莫夫(Evdokimov)在谈到贵格利对此的理解时说："尼萨的圣圣贵格利谈到的外展张力是信仰的爆发，它超越了时间，甚至穿越了永恒，从未停止过，或者得到充分的满足。"③

---

① "epectasis"的观念来自《腓立比书》，见 Philippians, ch. 3, v. 13。
② Deleuze(1997), p. 95.
③ Evdokimov(1959), p. 175; cited in de Lubac(1986), p. 315, fn. 79.

同样，贝矶也谈到了"永恒救赎的时间演进（revolution）。这是——永恒地，时间地（永恒时间地，和时间永恒地）——永恒本身对时间的神秘服从。准确地说，这是永恒本身铭刻入了时间"。①时间的有，作为永恒的时间，总是更有欲望，因为被欲望的是神，或者爱，我们来自爱，并且始终是爱人。在某种意义上，创造并无开端，因为创造不是变化，但如果我们确实要设想一个开端，就必须把它设想为永恒。贵格利强调，我们拥有的是不会结束的开端，因为它们穿越了永恒。② 因此，在德勒兹的意义上，并没有一次性的复活。事实上，在德勒兹讨论的重复中，只有"全一"的静止：空无。相反，神学的复返不过是神永恒的现在或者爱的运动的踪迹。

尔喀特是正确的，有即神（*Esse est Deus*）。③ 因此，我们失去了领会，因为我们所有的范畴都已被叠起——被丰足耗尽。我们的言语、思想和活动只能从赞美开始，因为它们已经是颂歌；④这是我们的增补，我们的祈求。我们，被造的共造者是真正的神之子，甚至是父神之子。为此，我们必须承受十字架的逻辑。因为，正是这样，教会才是未来的圣事；在被赐予基督的身体时，教会必须把这个恩赐送出去。教会在领受基督的身体时，又被领受了。不过，话又说回来，教会给予对方的同时，对方也在给予。所以，最终，教会要成为牺牲者，必须两次接收：从神那里，和从世界那里；事实上，神-人的牺牲性接收已经包含了这种双重被动性。这就确保了教会，要成为教会——牺牲的场所——即使是有限地，也是在自身之外，根本不在一个确定的场所中。教会因为只是对基督的接收，并无完全可定位的自我，可以被绝对他者舍弃，无需复返和互惠。与之对照，那种超本体神学、列维纳斯式的牺牲自我为他

---

① Péguy(1958)，p. 67.
② 这是使用无限性观念的专有场所。
③ 关于尔喀特的有即神的观念，见 Turner(1995)，p. 163。
④ 关于颂歌的卓越性，我们将追随皮克斯托克的指引，见 Pickstock(1998)。

第十章 无的哲学及神学的差异:萨特、拉康、德勒兹、巴迪欧及无一(no-one)而造

者,直至彻底自我毁灭的冲动,同样重复了堕落的逻辑:在神之外找到世界的一部分。在这个意义上,我"伦理地"给你的我的自我,一定是先被偷走了;因为我已经假定我是我的。教会并不遵循这种逻辑,因为如上所述,它只能在不断接收的恩典中给予。那么,我们的责任就是为了他人而接受自己;只有接受我的自我,我才不会假定这是我在太阳下的位置。在此,我们触及了自我与他者——同一与差异之间的平衡。

那么,教会在两个方面给予自己:在第一种意义上,它接收自己;在第二种意义上,它所接收的自我是一种牺牲。因此,教会接收的是永恒接收之事件。这样,教会不能以绝对的方式来定位自己,因为它不能预知自己将如何被接收:古代犹太人没有预知基督,基督教没有预知犹太教。所以,教会是向自己开放的,向作为他者的自己开放的。因此,这是一种活的接收,牺牲的体现——圣灵见证的接收的牺牲。换句话说,要养活别人,我也必须养活自己;这是我唯一可以接受的牺牲。

> 爱向我表示欢迎,我的灵魂却退缩了,
> 蒙上了灰尘和罪恶。
> 但眼疾手快的爱,看到我越来越懈怠
> 从我一进门就开始,
> 便向我靠近,亲切地询问我
> 是否缺少什么东西。
>
> 一个客人,我回答说,值得来这里;
> 爱说,你应该成为祂。
> 我,这个不仁不义、忘恩负义的? 啊,亲爱的,
> 我无法看着你。
> 爱拉着我的手,微笑着回答,

除了我,谁造了眼睛?

真理,主啊,我把眼睛弄脏了;让我的耻辱
去它该去的地方吧。
你不知道吗,爱说到,是谁造成的?
亲爱的,那我就来伺候你吧。
你必须坐下来尝尝我的肉,
我就坐下来吃了。
　　　　　　　　——赫伯特,《爱让我欢迎》

结　论
奇特的形式

> 信仰是知识的真理。①
>
> ——博雷拉

> 真福是服务,视觉是崇拜,自由是依赖,占有是绽出。②
>
> ——德·卢巴克

　　本书研究、解释和批判了虚无主义逻辑。在此过程中,我们对几位思想家进行了分析,认为他们体现了这一逻辑:可关联为割裂有物,将其变成无物,然后将无物生产为有物。然而,毫无疑问的是,这些思想家分别超越了本书所做的批判,因为他们的著作中包含着一种潜在性,即超越一切确定的解读。在本书的进展中,我们见证了这种超越,它开始给出了一些"确定结论",后来则又加以限定。例如,开始时,我们认为,虚无主义哲学的内核中有一种先于一切外离的复返,但我们在神学中也看到了类似的运动。同样,到了书末,我们指出,虚无主义有物为无物的逻辑,也与神学的这一

---

① Borella(1998), p. 38.
② de Lubac(1946), p. 492.

逻辑类似。此外,虚无主义对思想的思想这一疑问的处理也很有启发意义,因为它们把神学引向了那个本体思想家自足的哲学之外;那个本体思想家断言"只有"形而上学的问题可问(虽然应该说是雅各比首先提出了这一疑问,但他在批判虚无主义时,首先将其定义为虚无主义的核心)。这样一来,分析的方向就学习了那个看似不同的——他异的——东西,即虚无主义。

也许应该说,这种对话形式比我们通常所主张的更好,因为它不是简单地他者不是我,或者我不是他者。这样一来,神学家们就可以展现一种开放的终极性,可以容许已然绽出的恩赐的过剩,这可以让我们既避免不加区分的本体神学的暴力,也避免了超本体神学不确定的单义性的无限性,它凝结成那个空无的问题。相比之下,神学既未表现出纯纵向因果性的不平衡,我们看到它类似于纯信仰论(以奥卡姆的形式);也不表现出纯横向因果性的不平衡,类似于纯理性(以斯宾诺莎的形式)。神学不可能有纯理性或纯信仰,因为按照德·卢巴克的说法,我们可以认为没有纯自然;[1]反之,也不存在纯粹未经中介的超自然。这意味着,既不可能有自然神学,也不可能有信仰论。当我们意识到两者相互包含着彼此的某种元素时,就更容易明白为什么了。自然神学必须对自己的理性有信心。也就是说,它必须用某种信仰来补充理性(与之类似,我们想到了哥德尔[Gödel]的"不完全性"定理)。此外,信仰在退回到自己的贫民区时,也是出于自己的理性。换言之,只诉求于自己清晰可辨的逻辑的信仰,能这样做是因为缩小了自然理性。这样一来,它就犯了心智哲学中所说的"小人谬误"(homunculus fallacy):那些拒绝意识的人,只有在较小的层面再生产意识的功能时,才会成功。同样,信仰论者在拒绝理性、有限现实的线索等等时,也只有通过在较小的层面上复制这些概念所提供的功能,才会

---

[1] de Lubac(1969),(1998).

成功。那么,信仰本身就是一种小人理性(homunculus reason)。①这一评论也可以用于信仰和功业的绝对分裂,因为这把信仰变成了一种功业。而且,我们只能通过一种信仰才能辨别好的功业,因为它们可能是在坏信仰下做的,所以是坏的功业。

神学必须努力避免这些不平衡,运用基督教传统时,让创造的激进性——差异性——得以呈现。因此,忠心的神学家在阐述信条——阐释信仰的特殊性——时,发现自己处于不同的记忆中,因为上房的人招来了受难节,他们记住了未来;②正如教会是未来的圣餐。作为基督的新娘,我们要于无形中找到形,于恨中找到爱,于酒中找到血,于死中找到生。这就是"对话",它是"不可知的",但它是神秘的欲望中爱者与被爱者之间的对话。爱总是相信差异,相信同中有异,相信我们能够相信那些不同的东西。③

---

① 德·赛尔托把这种信仰向纯粹对象的退缩称为"宗教改革的迷思",见 de Certeau (2000),p.168。
② 这就是末世论的实用主义,见 Ross(1988)。
③ 虽然我在这里注意到了巴迪欧发出的警告:"这个著名的'他者',只有在他是一个好的他者——会问如果不是和我们一样的话,到底是什么呢——时,才是可以接受的",见 Badiou(2001),p.24。

参考文献

Aczel, A. (2000) *The Mystery of the Aleph : Mathematics, the Kabbalah and the Search for Infinity*, New York: Four Walls Eight Windows.

Adams, M. (1970) 'Intuitive Cognition, Certainty, and Scepticism in William of Ockham', in *Traditio*, 26: pp. 389—398.

——(1977) 'Ockham's Nominalism and Unreal Entities', in *Philosophical Review*, 86: pp. 144—176.

——(1987) *William of Ockham*, Notre Dame, IN: University of Notre Dame Press.

——(1990) 'Ockham's Individualisms', in *Die Gegenwart Ockhams*, eds. Wilhelm Vossenkuhl and Rolf Schönberger, Weinheim: VCH Acta Humaniora.

Adorno, T. W. (1966) *Negative Dialektik*, Frankfurt: Suhrkamp.

——(1973) *Negative Dialectics*, trans. E. B. Ashton, New York: Seabury Press.

——(1974) *Minima Moralia : Reflections from a Damaged Life*, trans. E. F. N. Jephcott, London: NLB.

——(1997) *Aesthetic Theory*, trans. R. Hullot-Kentor, London: Athlone.

——(2000) *Adorno Reader*, ed. Brian O'Connor, Oxford: Blackwell.

Aertsen, J. A. (1985) 'The Convertibility of Being and Good in St Thomas Aquinas', in *New Scholasticism*, 59: pp. 449—470.

――(1991)'Good as Transcendental and the Transcendence of the Good', in*Being and Goodness : The Concept of the Good in Metaphysics and Philosophical Theology*, ed. S. MacDonald, Ithaca and London : Cornell University Press, pp. 56—73.

――(1992a)'Truth as a Transcendental in Thomas Aquinas', in*Topoi*, 11 : pp. 159—171.

――(1992b)'Ontology and Henology in Medieval Philosophy', in*On Proclus and his Influence in Medieval Philosophy*, Leiden : E. J. Brill, pp. 120—140.

――(1995a)'Transcendental Thought in Henry of Ghent', in*Henry of Ghent : Studies in Commemoration of the 700th Anniversary of His Death (1293)*, Louvain : Publications Universitaires de Louvain.

――(1995b)'The Beginning of the Transcendentals in Phillip the Chancellor', in*Quodlibetaria Mediaevalia, Festschrift J. M. da Cruz Pontes. Textos Estudos*, 7—8 : pp. 269—286.

――(1996)*Medieval Philosophy and the Transcendentals*, Leiden : E. J. Brill.

Afnan, S. (1958)*Avicenna*, London : George Allen and Unwin.

Alanen, L. (1985)'Descartes, Scotus, Ockham : Omnipotence and Possibility', in*Franciscan Studies*, 23 : pp. 157—187.

Alexander, W. M. (1966)*Johann Georg Hamann, Philosophy and Faith*, The Hague : Martinus Nijhoff.

Alféri, P. (1989)*Guillaume d'Ockham : Le Singulier*, Paris : Minuit.

Allen, A. D. (1976)'Notes on a New Definition of Infinite Cardinality', in*International Logic Review*, vol. 7 : pp. 57—60.

Alliez, E. (1996)*Capital Times*, trans. G. Abbeele, Minneapolis : University of Minnesota Press.

Allison, H. (1983)*Kant's Transcendental Idealism : An Interpretation and Defence*, New Haven : Yale University Press.

Anawati, G. C. (1978)*La Métaphysique du Shifa*, Paris : Vrin.

Anderson, J. (1949)*The Bond of Being*, New York : Greenwood Press.

Annice, M. (1952)'Historical Sketch of the Theory of Participation', in*New*

Scholasticism, 26:pp. 167—194.

Aquinas, St Thomas(1932—1934)*De Potentia*, 3 vols, trans. L. Shapcote, London:Blackfriars.

——(1952) *Compendium Theologiae*, trans. C. Vollert, St Louis, MO: Herder.

——(1960)*The Pocket Aquinas*, ed. V. J. Bourke. (This contains a translation of *De Principiis Naturae*, and excerpts from *Super Librum Dionysii De Divinis Nominibus*.) New York:Washington Square Press.

——(1964—1973)*Summa Theologiae*, eds T. Gilby and T. C. O'Brien, 60 vols, London and New York:Blackfriars.

——(1975)*Summa Contra Gentiles*, eds. and trans. A. C. Pegis, J. F. Anderson, V. J. Bourke and C. J. O'Neill, Notre Dame, IN:University of Notre Dame Press.

——(1980)*Super Ioannem*, trans. J. A. Weisheipl and F. R. Larcher, Albany, NY:Magi Books.

——(1983a)*Quodlibetal Questions*, 2 vols, trans. S. Edwards, Toronto:Pontifical Institute of Mediaeval Studies.

——(1983b)*De Ente et Essentiae*, trans. A. Maurer, Toronto:Pontifical Institute of Mediaeval Studies.

——(1990) 'Sermon on the Apostles' Creed', trans. L. Shapcote, in*On Faith and Reason*, ed. S. Brown, Indianapolis:Hackett Publishing Company.

——(1994)*De Veritate*, 3 vols. trans. R. W. Mulligan, Indianapolis:Hackett Publishing Company.

——(1996)*Super Librum De Causis*, trans V. A. Guagliaro, C. R. Hess and R. C. Taylor, Washington, DC:Catholic University of America Press.

——(1997)*Aquinas on Creation*, translation of Aquinas' writings on Peter Lombard's *Sentences*, 2. 1. 1, trans. S. E. Baldner and W. E. Carroll, Toronto:Pontifical Institute of Mediaeval Studies.

——(1998)*De Principiis Naturae*, trans. J. Bobik, Notre Dame, IN:University of Notre Dame Press.

Arendt, H. (1978) *The Life of the Mind*, New York: Harcourt Brace and Co.

Aristotle(1984)*Complete Works*, ed. J. Barnes, the revised Oxford translation, 2 vols, Princeton: Princeton University Press.

Artaud, A. (1982)*Antonin Artaud : Four Texts*, trans. C. Eshleman and N. Glass, Los Angeles: Panjandrum Books.

Auden, W. H. (1994) *Collected Poems*, ed. E. Mendelson, London: Faber and Faber.

Augustine, St (1961) *Confessions*, eds. Betty Radice and Robert Baldick, London: Penguin Books.

——(1982)*On the Literal Meaning of Genesis*, trans. John Hammond Taylor, S. J., New York: Newman Press.

——(1984)*The City of God*, trans. H. Bettenson, London: Penguin Books.

——(1991)*On the Trinity*, trans. Edmund Hill, O. P., ed. John E. Rotelle, O. S. A. Brooklyn, NY: New City Press.

——(1999)*On Christian Teaching*, trans. R. P. H. Green, Oxford: Oxford University Press.

Averroes(1954)*Tahafut al-Tahafut*, trans. S. van den Bergh, Cambridge: Cambridge University Press.

Avicenna(1951)*Avicenna on Theology*, trans. A. J. Arberry, London: John Murray.

——(1952)*Avicenna's Psychology*, an English translation of *Kitab al Najat*, book II, Ch. vi, trans. F. Rahman, Oxford: Oxford University Press.

——(1973a)*Propositional Logic of Avicenna*, trans. N. Shehaby, Dordrecht and Boston: Reidel.

——(1973b)*Metaphysics*, trans. P. Morewedge, Chicago: Chicago University Press.

——(1974) *Treatise on Logic*, trans. F. Zabeeh, The Hague: Martinus Nijhoff.

——(1977—1980)*Liber de Philosophia Prima sive Scientia Divina*, ed. S. Van Riet, 2 vols, Louvain: Peeters; and Leiden: E. J. Brill.

——(1984) *Remarks and Admonition*, Part One: *Logic*, trans. S. C. Inati, Toronto: Pontifical Institute of Mediaeval Studies.

Azkoul, M. (1995) *St Gregory of Nyssa and the Tradition of the Fathers*, Lampeter: The Edwin Mellen Press.

Back, A. (1992) 'Avicenna's Conception of Modality', in*Vivarium*, 30: pp. 217—255.

Badiou, A. (1988)*L'Être et l'événement*, Paris: Éditions du Seuil.

——(1991) 'On Finally an Objectless Subject', in*Who Comes After the Subject*, eds E. Cadava, P. Connor and J. -L. Nancy, London: Routledge.

——(1994) 'Gilles Deleuze, The Fold: Leibniz and the Baroque', in*Gilles Deleuze and the Theater of Philosophy*, eds C. Boundas and D. Olokowski, London: Routledge, pp. 51—69.

——(1997)*Saint Paul: le fondation de l'universalisme*, Paris: Presses Universitaires de France.

——(1999)*Manifesto for Philosophy*, trans. N. Madarasz, Albany: SUNY Press.

——(2000a) *Deleuze: The Clamor of Being*, trans. L. Burchill, Minneapolis: University of Minnesota Press.

——(2000b) 'Frege/On a Contemporary Usage of Frege', trans. S. Gillespie and J. Clemens, in*Umbr(a): 2000*, *Science and Truth*, pp. 99—115.

——(2001)*Ethics: An Essay on the Understanding of Evil*, trans. P. Hallward, London: Verso.

Baer, U. (2000)*Remnants of Song*, Stanford, CA: Stanford University Press.

von Balthasar, Hans Urs(1982—1991)*The Glory of the Lord: A Theological Aesthetics*, vols. 1—7, trans. Erasmo Leiva-Merikakis, eds J. Fressio, J. Riches, B. McNeil, O. Davies and A. Louth, Edinburgh: T. and T. Clark.

——(1987)*Truth is Symphonic: Aspects of Christian Pluralism*, San Francisco: Ignatius.

——(1988)*Dare We Hope 'That all Men Shall be Saved' with a Short Discourse on Hell*, San Francisco: Ignatius.

——(1992) *The Theology of Karl Barth*, trans. Edward T. Oakes, San Francisco:Ignatius.

——(1995)*Presence and Thought:an Essay on the Religious Philosophy of Gregory of Nyssa*, trans. M. Sebanc, San Francisco:Ignatius.

Barth, T. A. (1965) 'Being, Univocity, and Analogy According to Duns Scotus', in*Studies in Philosophy and the History of Philosophy, John Duns Scotus*, eds. J. K. Ryan and B. Bonansea, Washington, DC:Catholic University of America Press, pp. 210—262.

Bataille, G. (1993) *The Accursed Share*, vols. II and III, trans. R. Hurley, New York:Zone Books.

Baudrillard, J. (1976)*L'Echange symbolique et la mort*, Paris:Gallimard.

Bauman, Z. (1989)*Modernity and the Holocaust*, Cambridge:Polity Press.

Beck, A. J. (1998) 'Divine Psychology and Modalities:Scotus's Theory of the Neutral Proposition', in*John Duns Scotus. 1265/6—1308. Renewal in Philosophy*, ed. E. P. Bos, Amsterdam:Rodopi, pp. 123—138.

Beck, L. W. (1960)*A Commentary on Kant's Critique of Practical Reason*, Chicago:Chicago University Press.

Beckett, S. (1955) *Three Novels: Molloy, Malone Dies, The Unnamable*, New York:Grove Press.

Behe, M. (1996)*Darwin's Black Box: The Biochemical Challenge to Evolution*, New York:Free Press.

Benjamin, W. (1970)*Illuminations*, trans. H. Zohn, London:Jonathan Cape.

——(1979)*One Way Street and Other Writings*, trans. E. Jephcott and K. Shorter, London:NLB and Verso.

——(1980)*Gesammelte Schriften*, vol. I:1, Frankfurt am Main:Suhrkamp.

Bennett, J. (1966)*Kant's Analytic*, Cambridge:Cambridge University Press.

——(1974)*Kant's Dialectic*, Cambridge:Cambridge University Press.

Bergson, H. (1983)*Creative Evolution*, trans. A. Mitchell, Lanham, MD:University Press of America.

Bernstein, J. (1992)*The Fate of Art*, Cambridge:Polity Press.

Bettoni, E. (1976)*Duns Scotus: The Basic Principles of His Philosophy*,

Westport, CT:Greenwood.

Blanchette, O. (1992) *The Perfection of the Universe According to Aquinas*, Philadelphia:Penn State University Press.

Blanchot, M. (1969) *L'Entretien infini*, Paris:Gallimard.

——(1981) 'La Littérature et le droit à la mort', in*De Kafka à Kafka*, Paris:Gallimard.

——(1982) *The Space of Literature*, trans. A. Smock, Lincoln:University of Nebraska Press.

——(1986) *Writing the Disaster*, trans. A. Smock, Lincoln: University of Nebraska Press.

——(1995) *The Work of Fire*, trans. C. Mandell, Stanford, CA:Stanford University Press.

Blondel, M. (1984) *Action*, trans. O. Blanchette, Notre Dame, IN:University of Notre Dame Press.

——(1995) *The Letter on Apologetics and the History and Dogma*, trans. A. Dru and I. Trethowan, Edinburgh:T. and T. Clark.

Blumenberg, H. (1983) *The Legitimacy of the Modern Age*, trans. R. W. Wallace, Cambridge, MA:MIT Press.

Boehner, E. (1943) 'The*Notitia Intuitiva* of non-existents according to William of Ockham', in *Traditio*, 1:pp. 223—275.

——(1945) '*In Propria Causa*:a Reply to Professor Pegis', in *Franciscan Studies*, 5:pp. 37—54.

——(1958) 'The Relative Date of Ockham's Commentary on the*Sentences*', in *Collected Articles*, ed. E. Buytaert, New York:Franciscan Institute, pp. 96—110.

Boland, V. (1996) *Ideas in God According to Thomas Aquinas*, Leiden:E. J. Brill.

Boler, J. (1973) 'Ockham on Intuition', in*Journal of the History of Philosophy*, 11:pp. 95—106.

——(1976) 'Ockham on Evident Cognition', in*Franciscan Studies*, 36:pp. 73—89.

——(1982)'Intuitive and Abstractive Cognition', in*Cambridge History of Later Medieval Philosophy*, eds N. Kretzmann, A. Kenny, and J. Pinborg, Cambridge:Cambridge University Press, pp. 460—478.

Bonansea, B. M. (1983)*Man and His Approach to God in John Duns Scotus*, Lanham, MD:University Press of America.

Bonaventure, St(1993)*The Journey of the Mind to God*, trans. P. Boehner, Indianapolis:Hackett Publishing Company.

Borella, J. (1979)*La Charité profanée*, Bouére:Éditions Dominique Morin.

——(1998)*The Sense of the Supernatural*, trans. G. Champoux, Edinburgh: T. and T. Clark.

——(2001)*The Secret of the Christian Way*, trans. G. Champoux, Albany: SUNY Press.

Bouillard, Henri(1967)*The Logic of Faith*, trans. M. Gill, New York:Sheed and Ward.

——(1968)*The Knowledge of God*, trans. S. Feminano, New York:Herder and Herder.

——(1969)*Blondel and Christianity*, trans. J. Somerville, Washington, DC: Corpus Books.

Bouyer, L. (1954)*Liturgical Piety*, Notre Dame, IN:University of Notre Dame Press.

——(1962)*The Seat of Wisdom*:*An Essay on the Place of the Virgin Mary in Christian Theology*, trans. Fr A. V. Littledale, New York:Pantheon Books.

——(1963)*Rite and Man*, trans. M. J. Costello, S. J., Notre Dame, IN:University of Notre Dame Press.

——(1968)*Eucharist*:*Theology and Spirituality of the Eucharitic Prayer*, trans. C. Underhill Quinn, Notre Dame, IN:University of Notre Dame Press.

——(1990)*The Christian Mystery*, trans. I. Trethowan, Edinburgh:T. and T. Clark.

——(1999)*The Invisible Father*, trans. H. Gilbert, Edinburgh:T. and T.

Clark.

Bowie, A. (1993) *Schelling and Modern European Philosophy*, London: Routledge. Bowie, M. (1991) *Lacan*, London: Fontana.

Brampton, C. K. (1965) 'Scotus, Ockham and the Theory of Intuitive Cognition', in*Antonianum*, 40: pp. 449—466.

Bréhier, E. (1953) *The Philosophy of Plotinus*, trans. J. Thomas, Chicago: University of Chicago Press.

Brink, G. van der (1993) *Almighty God: A Study of the Doctrine of Divine Omnipotence*, Utrecht: Kok Pharos Publishing House.

Brown, F. (1989) *Religious Aesthetics*, Princeton: Princeton University Press.

Brown, S. (1965) 'Avicenna and the Unity of the Concept of Being', in*Franciscan Studies*, 25: pp. 117—150.

——(1968) 'Scotus's Univocity in the Early Fourteenth Century', in*De Doctrina Ioannis Duns Scoti: Acta Congressus Scotistici Internationalis*, vol. IV (Studia Scholastico-Scotistica 4), Roma, pp. 35—41.

de Bruyne, E. (1969) *The Aesthetics of the Middle Ages*, trans. E. B. Hennesey. New York: Frederick Ungar Publishing Company.

Büchner, G. (1979) *Danton's Death*, trans. J. Maxwell, London: Eyre Methuen.

——(1986) *The Complete Works and Letters*, trans. H. Schmidt, New York: Continuum.

Buck-Morss, S. (1978) *The Origin of Negative Dialectics: Theodor W. Adorno, Walter Benjamin, and the Frankfurt Institute*, Hassocks, Sussex: Harvester Press.

Bugliani, A. (1999) *The Introduction of Philosophy and Psychoanalysis by Tragedy: Jacques Lacan and Gabriel Marcel read Paul Claudel*, London: International Scholars' Publications.

Burbidge, J. (1992) *Hegel on Logic and Religion: The Reasonableness of Christianity*, Albany: SUNY Press.

Burrell, D. (1973) *Analogy and Philosophical Language*, New Haven and London: Yale University Press.

——(1979) *God and Action*, Notre Dame, IN: University of Notre Dame Press.

——(1985) 'Creation, Will and Knowledge in Aquinas and Scotus', in*Pragmatik*, I, ed. H. Stachowiak, Hamburg: Felix Meiner.

——(1986) *Knowing the Unknowable God*, Notre Dame, IN: University of Notre Dame Press.

——(1990) 'Aquinas and Scotus: Contrary Patterns for Philosophical Theology', in*Theology and Dialogue*, Notre Dame, IN: University of Notre Dame Press.

Butler, C. (1992) 'Hegelian Panentheism as Joachimite Christianity', in*New Perspectives on Hegel's Philosophy of Religion*, ed. D. Kolb, Albany: SUNY Press.

Caffarena, J. G. (1958) *Ser participado y ser subsistente en la metafisica de Enrique de Gante*, Rome.

Caillois, R. (1964) *The Mask of Medusa*, trans. G. Ordish, New York: Clarkson N. Potter.

——(1985) *The Writing of Stones*, trans. B. Bray, Charlottesville: University Press of Virginia.

Cajetan (1953) *Analogy of Names and the Concept of Being*, trans. E. R. Bushinski and H. Koren, Pittsburgh: Duquesne University Press.

Calahan, J. C. (1970) 'Analogy and the Disrepute of Metaphysics', in*Thomist*, 23, no. 3: pp. 387—442.

Callahan, L. A. (1947) *Theory of Aesthetics According to the Principles of St Thomas Aquinas*, Washington, DC: Catholic University of America Press.

Cantor, G. (1952) *Contributions to the Founding of the Theory of Transfinite Numbers*, trans. P. Jourdain, Illinois: Open Court.

——(1966) *Gesammelte Abhandlungen mathematischen und philosophischen Inhalts*, ed. E. Zermelo, Berlin: Springer; reprinted Hildesheim: Olms.

Caputo, J. D. (1997) *The Prayers and Tears of Jacques Derrida*: *Religion without Religion*, Bloomington: Indiana University Press.

Caranfa, A. (1989) *Claudel*, London and Toronto: Associated University Press.

Catania, F. (1993) 'John Duns Scotus on Ens Infinitum', in*American Catholic Philosophical Quarterly*, 63:pp. 37—51.

Celan, P. (1978) 'The Meridian', trans. J. Glenn, in*Chicago Review*, 29: pp. 29—40.

——(1986)*Collected Prose*, trans. Rosmarie Waldrop, Manchester: Carcanet.

——(1995)*Selected Poems*, trans. M. Hamburger, London: Penguin.

de Certeau, M. (1992)*The Mystic Fable*, vol. 1, trans. M. B. Smith, Chicago: University of Chicago Press.

——(2000)*The Certeau Reader*, ed. G. Ward, Oxford: Blackwell.

Cessario, R. (1992) 'Virtue Theory and Thomism', in*The Future of Thomism*, eds. D. W. Hudson and D. W. Moran, Notre Dame, IN: Notre Dame University Press.

Chapman, E. (1942) 'The Perennial Theme of Beauty and Art', in*Essays in Thomism*, ed. R. E. Brennan, New York: Sheed and Ward, pp. 333—346.

Chapman, T. (1975) 'Analogy', in*Thomist*, 34:pp. 127—141.

Chavannes, H. (1992)*The Analogy Between God and the World in St Thomas Aquinas and Karl Barth*, trans. W. Lumley, New York: Vantage Press.

Chiari, J. (1960)*Realism and Imagination*, London: Barrie and Rockliff.

——(1970)*Aesthetics of Modernism*, London: Vision Press.

——(1973)*The Necessity of Being*, New York: Gordian Press.

——(1977)*Art and Knowledge*, New York: Gordian Press.

Clarke, W. N. (1952) 'The Meaning of Participation in St Thomas', in*Proceedings of the American Catholic Philosophical Association*, 26: pp. 147—157.

——(1976) 'Analogy and the Meaningfulness of Language about God: A Reply to Kai Nielson', in*Thomist*, 40:pp. 61—95.

——(1982) 'The Problem of the Reality and Multiplicity of Divine Ideas in Christian Neoplatonism', in*Neoplatonism and Christian Thought*, ed. D. J. O'Meara, Albany:SUNY Press.

Claudel, P. (1942)*Présence et Prophétie*, Fribourg:Librairie de l'Université.

——(1950)*The Eye Listens*, trans. E. Pell, New York:Philosophical Library.

——(1956)*The Sword and the Mirror*, trans. E. Pell, New York:Philosophical Library.

——(1960)*Break of Noon*, trans. W. Fowlie, Chicago:Henry Regnery Company.

——(1968)*Five Great Odes*, trans. E. Lucie-Smith, London:Rapp and Whiting.

——(1969)*Poetic Art*, trans. E. Pell, New York:Philosophical Library.

Cohen, T. and Guyer, P., eds. (1982)*Essays in Kant's Aesthetics*, Chicago: University of Chicago Press.

Coleman, F. (1974)*The Harmony of Reason:A Study in Kant's Aesthetics*, Pittsburgh:University of Pittsburgh Press.

Colie, R. (1966) *Paradoxia Epidemica*, Princeton: Princeton University Press.

Colletti, L. (1973)*Marxism and Hegel*, trans. L. Garner, London:NLB.

Collins, J. (1967)*The Emergence of Philosophy of Religion*, New Haven: Yale University Press.

Coomaraswamy, A. K. (1938) 'St Thomas on Dionysius and a Note on the Relation of Beauty to Truth', in*Art Bulletin*, 20:pp. 66—77.

Courtenay, W. J. (1984a) *Covenant and Causality in Medieval Thought: Studies in Philosophy, Theology, and Economic Practice*, London:Variorum.

——(1984b) 'The Dialectic of Omnipotence in the High and Late Middle Ages', in*Divine Omniscience and Omnipotence in Medieval Philosophy*, Dordrecht:Reidel, pp. 243—269.

——(1990)*Capacity and Volition:A History of the Distinction of Absolute and Ordained Power*, Bergamo: Pierluigi Lubrina Editore.

Crawford, D. (1974) *Kant's Aesthetic Theory*, Madison: University of Wisconsin Press.

Cronin, T. J. (1966)*Objective Being in Descartes and Suarez*, Rome: Gregorian University Press.

Cross, F. and Livingstone, E. A. (1974) *The Oxford Dictionary of the Christian Church*, 2nd edn, London: Oxford University Press.

Cross, R. (1999)*Duns Scotus*, Oxford: Oxford University Press.

Crowther, P. (1989)*The Kantian Sublime*, Oxford: Oxford University Press.

Cunningham, C. (1999) 'Wittgenstein after Theology', in*Radical Orthodoxy: A New Theology*, eds. J. Milbank, C. Pickstock and G. Ward, London: Routledge, pp. 64—90.

——(2001a) 'The Difference of Theology and Some Philosophies of Nothing', in*Modern Theology*, 17:3, pp. 289—312.

Cunningham, D. (1998) *These Three are One: The Practice of Trinitarian Theology*, Oxford: Blackwell.

Cunningham, F. A. (1974) 'Averrroes vs. Avicenna on Being', in*New Scholasticism*, 48: pp. 185—218.

Cunningham, F. L. B. (1955)*The Indwelling of the Trinity*, Dubuque, IA: Priory Press.

Daniélou, J. (1956)*The Bible and the Liturgy*, Notre Dame, IN: University of Notre Dame Press.

——(1962)*The Scandal of Truth*, trans. W. J. Kerrigan, Dublin: Helicon Press.

——(1970)*The Faith Eternal and the Man of Today*, trans. J. Oligny, Chicago: Franciscan Herald Press.

Dauben, J. (1990)*Georg Cantor: His Mathematics and Philosophy of the Infinite*, Princeton: Princeton University Press.

Davenport, A. (1999)*Measure of a Different Greatness: The Intensive Infinite*, Leiden: E. J. Brill.

Davies, B. (1992) *The Thought of Thomas Aquinas*, Oxford: Clarendon

Press.

Davis, L. (1974) 'The Intuitive Knowledge of Non-existents and the Problem of Late Medieval Scepticism', in *New Scholasticism*, 49：pp. 410—430.

Day, S. (1947) *Intuitive Cognition：A Key to the Significance of the Later Scholastics*, New York：Franciscan Institute.

Dejond, T. (1989) *Charles Péguy. L'Espérance d'un salut éternel*, Namur.

Deleuze, G. (1988) *Spinoza：Practical Philosophy*, trans. R. Hurley, San Francisco：City Lights Books.

——(1990) *The Logic of Sense*, trans. M. Lester and C. Stivale, London：Athlone Press.

——(1992) *Expressionism in Philosophy：Spinoza*, trans. M. Joughin, London：Zone Books.

——(1997) *Difference and Repetition*, trans. P. Patton, London：Athlone Press.

Deleuze, G. and Guattari, F. (1987) *A Thousand Plateaus*, trans. B. Massumi, Minneapolis：University of Minnesota Press.

——(1994) *What is Philosophy*, trans. G. Burchell and H. Tomlinson, London：Verso.

Deleuze, G. and Parnet, C. (1987) *Dialogues*, London：Athlone Press.

Derrida, J. (1962) *Introduction à 'L'Origine de la géométrie' de Husserl*, Paris：Presses Universitaires de France.

——(1973) *Speech and Phenomenon*, trans. D. B. Allison, Evanston, IL：Northwestern University Press.

——(1974) *Grammatology*, trans. G. Spivak, Baltimore：Johns Hopkins University Press.

——(1978) *Writing and Difference*, trans. A. Bass, London：Routledge.

——(1982) *Margins of Philosophy*, trans. A. Bass, Chicago：University of Chicago Press.

——(1987a) *Truth in Painting*, trans. G. Bennington and I. McLeod, Chicago：University of Chicago Press.

——(1987b) *Positions*, trans. A. Bass, London：Athlone Press.

——(1988)'Letter to a Japanese Friend,'in*Derrida and Différance*,eds. D. Wood and R. Bernasconi, Evanston, IL: Northwestern University Press.

——(1989)*Edmund Husserl's Origin of Geometry:An Introduction*, trans. J. P. Leavey, Lincoln: University of Nebraska Press.

——(1991)*A Derrida Reader*, trans. P. Kamuf, Hemel Hempstead: Harvester- Wheatsheaf.

——(1992)*Acts of Literature*, ed. D. Attridge, London: Routledge.

Dews, P. *Logics of Disintegration: Post-Structuralist Thought and the Claims of Critical Theory*, London: Verso.

Diamond, E. (2000) 'Hegel on Being and Nothing: Some Contemporary Neoplatonic and Sceptical Responses', in*Dionysius*, 18: pp. 183—216.

Dickson, G. (1995)*Johann Georg Hamann's Relational Metacriticism*, Berlin: De Gruyter.

Dillon, M. (1995)*Semiological Reductionism*, Albany: SUNY Press.

——(1997)*Merleau-Ponty's Ontology*, 2nd edn, Evanston, IL: Northwestern University Press.

Dionysius [Pseudo](1980)*The Divine Names*, trans. Editors of the Shrine of Wisdom, Garden City, NJ: Garden City Press.

——(1987)*The Complete Works*, trans. C. Luibheid, London: SPCK.

Doyle, R. (1997) *On Beyond Living*, Stanford, CA: Stanford University Press.

Dubay, T. (1999)*The Evidential Power of Beauty*, San Francisco: Ignatius.

Duhem, P. (1985)*Medieval Cosmology*, ed. and trans. R. Ariew, Chicago: University of Chicago Press.

Dumont, S. (1995) 'The Origin of Scotus's Theory of Synchronic Contingency', in*Modern Schoolman*, 72: pp. 149—167.

——(1998) 'Henry of Ghent and Duns Scotus', in*Medieval Philosophy*, ed. J. Marrenbon, London: Routledge.

Dupré, L. (1984) 'Hegel's Absolute Spirit: A Religious Justification of Secular Culture', in*Hegel: The Absolute Spirit*, Ottawa: University of Ottawa Press.

——(1993) *Passage to Modernity : An Essay in the Hermenutics of Nature and Grace*, New Haven and London: Yale University Press.

Dusing, K. (1990) 'Beauty as the Transition from Nature to Freedom in Kant's Critique of Judgement', in*Noüs*, 24: pp. 79—92.

Düttmann, A. (2000) *The Gift of Language*, trans. A. Lyons, London: Athlone.

Eckhart, M. (1941) *Meister Eckhart : A Modern Translation*, trans. R. Blakney, New York: Harper and Row.

——(1981) *The Essential Sermons, Commentaries, Treatises and Defence*, trans. E. Colledge and B. McGinn, London: SPCK.

Eco, U. (1986)*Art and the Beauty of the Middle Ages*, trans. H. Bredin, New Haven and London: Yale University Press.

——(1988) *The Aesthetics of Thomas Aquinas*, trans. H. Bredin, Cambridge, MA: Harvard University Press.

——(1989)*The Aesthetics of Chaosmos : The Middle Ages of Joyce*, trans. E. Esrock, Cambridge, MA: Harvard University Press.

Edwards, P. (1967) *The Encyclopedia of Philosophy*, New York: Macmillan.

Eliott, R. K. (1968) 'The Unity of Kant's Critique of Aesthetic Judgement', in*British Journal of Aesthetics*, 8, no. 3, pp. 244—259.

Emminghaus, J. H. (1988) *The Eucharist : Essence, Form, and Celebration*, trans. M. O'Connell, Minnesota: Liturgical Press.

Evdokimov, P. (1959)*L'Orthodoxie*, Paris: Delachaux et Niestlé.

——(1990)*The Art of the Icon : A Theology of Beauty*, trans. Fr S. Bigham, Oakwood, CA: Oakwood Publications.

Fabro, C. (1961)*Participation et Causalité selon S. Thomas d'Aquin*, Louvain: Publications Universitaires.

——(1968)*God in Exile : Modern Atheism*, trans. A. Gibson, New York: Newman Press.

——(1970) 'Platonism, Neoplatonism and Thomism, Convergence and Divergence', in *New Scholasticism*, 44:pp. 69—100.

——(1974) 'The Intensive Hermeneutics of Thomistic Philosophy: The Notion of Participation', in *Review of Metaphysics*, 27:pp. 449—491.

——(1982) 'The Overcoming of the Neoplatonic Triad of Being, Life, and Intellect by Saint Thomas Aquinas', in *Neoplatonism and Christian Thought*, ed. D. J. O'Meara, Albany: SUNY Press, pp. 97—108 and 250—255.

Fackenheim, E. (1967) *The Religious Dimension of Hegel's Thought*, Bloomington and London: Indiana University Press.

Fang, J. (1976) *The Illusory Infinite: A Theology of Mathematics*, Memphis, TN: Paideia.

Fay, T. (1973) 'Participation: The Transformation of Platonic and Neoplatonic Thought in the Metaphysics of Thomas Aquinas', in *Divus Thomas*, 76:pp. 50—64.

Felstiner, J. (1995) *Paul Celan, Poet, Survivor, Jew*, New Haven and London: Yale University Press.

Findlay, J. N. (1958) *Hegel: A Re-examination*, London: Allen and Unwin.

——(1975) 'Introduction to Hegel's Logic', in G. W. F. Hegel, *The Logic*, trans. W. Wallace, Oxford: Oxford University Press.

Finney, P. C. (1994) *The Invisible God: The Earliest Christians on Art*, Oxford: Oxford University Press.

Fioretos, A., ed. (1994) *Word Traces: Readings of Paul Celan*, Baltimore and London: Johns Hopkins University Press.

Foucault, M. (1971) *The Order of Things: An Archaeology of the Human Sciences*, New York: Pantheon.

——(1973) *Birth of the Clinic: An Archaeology of Medical Perception*, trans. A. M. Sheridan Smith, New York: Pantheon.

Frank, R. M. (1956) 'Origin of the Arabic Philosophical Term *manniyya*', in Musée Lavigerie: Cahiers de Byrsa, VI: pp. 181—201.

Frankland, W. B. (1902) *The Early Eucharist*, London: C. J. Clay and Sons.

Fuchs, O. (1952) *The Psychology of Habit According to William of Ockham*,

参考文献 349

New York and Louvain:St Bonaventure.
Funkenstein, A. (1975a) 'Descartes, Eternal Truths, and the Divine Omnipotence', in*Studies in History and Philosophy of Science*, 6.3:pp. 185—199.
——(1975b) 'The Dialectical Preparation for Scientific Revolutions', in*The Copernican Achievement*, ed. R. Westman, Berkeley, CA:University of California Press, pp. 163—203.
——(1986) *Theology and the Scientific Imagination*, Princeton:Princeton University Press.
——(1994) 'A Comment on R. Popkin's Paper', in*The Books of Nature and Scripture*, eds. J. E. Force and R. H. Popkin, Dordrecht:Kluwer.
Gadamer, H. -G. (1975)*Truth and Method*, trans. W. Glen-Dopel, London: Sheed and Ward.
——(1986a) *The Relevance of the Beautiful and Other Essays*, trans. N. Walker, Cambridge:Cambridge University Press.
——(1986b) *The Idea of the Good in Platonic-Aristotelian Philosophy*, trans. P. Christopher Smith, New Haven:Yale University Press.
——(1997)*Who Am I*, *Who Are You*, *and Other Essays*, trans. and eds R. Heinemann and B. Knajewski, Albany:SUNY Press.
Garcia-Rivera, A. (1999)*The Community of the Beautiful*, Minnesota:Liturgical Press.
Gamow, G. (1954) 'Possible Relation between Deoxyribonucleic Acid and Protein Structures', in*Nature*, 173.
Gardet(1951)*La Pensée réligieuse d'Avicenne*, Paris:Vrin.
Garrigou-Lagrange, R. (1944) *Christian Contemplation and Perfection*, trans. M. Timothea Doyle, London:B. Herder Book Company.
——(1950)*Reality:A Synthesis of Thomistic Thought*, trans. P. Cummins, London:B. Herder Book Company.
Geiger, L. -B. (1953) *La Participation dans la philosophie de St Thomas d'Aquin*, Paris:Vrin.
Gelber, H. G. (1990) 'Review of M. M. Adams' book:*William of Ockham*', in

Faith and Philosophy, 7:pp. 246—252.
Gerson, L. P. (1994)*Plotinus*, London:Routledge.
Gill, E. (1933)*Beauty Looks after Herself*, New York:Sheed and Ward.
Gillespie, M. (1995)*Nihilism before Nietzsche*, Chicago:University of Chicago Press.
Gilson, É. (1927) 'Avic et le point de départ de Duns Scotus', in*Archives d'Histoire doctrinale et littéraire du moyen âge*, pp. 89—149.
——(1929—1930) 'Les sources grèco-arabes de l'Augustinianisme avicennisant', in*Archives d'Histoire doctrinale et littéraire du moyen âge*, pp. 1—107.
——(1937)*Unity of Philosophical Experience*, New York: C. Scribner's Sons.
——(1952a) *Being and Some Philosophers*, Toronto: Pontifical Institute of Mediaeval Studies.
——(1952b) *Jean Duns Scotus: Introduction à ses positions fondamentales*, Paris:Vrin.
——(1955a)*History of Christian Philosophy*, New York:Sheed and Ward.
——(1955b) 'Cajetan et l'humanisme théologique', in*Archives d'Histoire Doctrinale et Littéraire du Moyen Âge*, pp. 113—136.
——(1959)*Painting and Reality*, Cleveland and New York:The World Publishing Co.
——(1965)*The Arts of the Beautiful*, New York:C. Scribner's Sons.
——(1966)*Forms and Substances*, New York:C. Scribner's Sons.
——(1978) *Elements of Christian Philosophy*, Westport, CT: Greenwood Press.
——(1991) *Spirit of Mediaeval Philosophy*, trans. A. H. C. Downes, Notre Dame, IN:University of Notre Dame Press.
——(1994)*The Christian Philosophy of St Thomas Aquinas*, Notre Dame, IN:University of Notre Dame Press.
Giovanni, George di(1989) 'From Jacobi's Philosophical Novel to Fichte's Idealism, Some Comments on the 1798—1799 Atheism Dispute', in*Jour-

nal of the History of Philosophy, 27:pp. 75—100.

—— (1992) 'The First Twenty Years of the Critiques: The Spinoza Connection', in *The Cambridge Companion to Kant*, Cambridge: Cambridge University Press, pp. 417—448.

—— (1994) 'Introduction: The Unfinished Philosophy of Friedrich Heinrich Jacobi', in F. H. Jacobi, *The Main Philosophical Writings and the Novel 'Allwill'*, Montreal and Kingston: McGill—Queens University Press.

Goichon, A. M. (1948) 'La Logique d'Avicenne', in *Archives d'Histoire doctrinale et littéraire du moyen âge*, pp. 58—90.

—— (1956) 'The Philosopher of Being', in *Avicenna Commemorative Volume*, Calcutta: Iran Society.

—— (1969) *The Philosophy of Avicenna*, trans. M. S. Kahn, Delhi: Delhi Motil al Banarsidass.

Goodchild, P. (2001) 'Why is Philosophy so Compromised by God?', in *Deleuze and Religion*, London: Routledge, pp. 156—166.

Goris, Harm J. M. J. (1996) *Free Creatures of an Eternal God*, Utrecht: Thomas Instituut; Leuven: Peeters.

Grajewski, M. J. (1944) *The Formal Distinction of Duns Scotus: A Study in Metaphysics*, Washington, DC: Catholic University of America Press.

Grant, E. (1979) 'The Condemnation of 1277, God's Absolute Power, and Physical Thought in the Late Middle Ages', in *Viator*, 10:pp. 211—244.

—— (1982) 'The Condemnation of 1277', in *Cambridge History of Later Medieval Philosophy*, eds. N. Kretzmann, A. Kenny and J. Pinborg, Cambridge: Cambridge University Press, pp. 537—539.

—— (1985) 'Issues in Natural Philosophy at Paris in the Late Thirteenth Century', in *Medievalia et Humanistica*, 13:pp. 75—94.

Guénon, R. (1946) *Les Principes du calcul infinitésimal*, Paris: Gallimard.

—— (1953) '*The Reign of Quantity*' and '*The Signs of the Times*', trans. Lord North-bourne, London: Luzac and Company.

—— (1963) *The Crisis of the Modern World*, trans. M. Pallis and R. Nicholson, London:Luzac and Company.

——(2002) *The Metaphysical Principles of Infinitesimal Calculus*, Chicago:Kazi Publications.

Gutas, D. (1988)*Avicenna and the Aristotelian Tradition*, Leiden:E. J. Brill.

Guyer, P. (1979)*Kant and the Claims of Taste*, Cambridge, MA:Harvard University Press.

Hallett, M. (1984)*Cantorian Set Theory and Limitation of Size*, Oxford:Clarendon Press.

Hamacher, W. (1997)*Premises:Essays on Philosophy and Literature from Kant to Celan*, Cambridge, MA:Harvard University Press.

Harland, R. (1991)*Superstructuralism*, London:Routledge.

Harris, C. R. S. (1927)*Duns Scotus*, 2 vols, Oxford:Oxford University Press.

Harris, H. S. (1983) 'The Hegel Renaissance in the Anglo-Saxon World since Harries, R. (1993)*Art and the Beauty of God*, London:Mowbray.

Harrison, C. (1992)*Beauty and Revelation in the Thought of St Augustine*, Oxford:Clarendon Press.

Hart, C. (1952) 'Participation and the Thomistic Five Ways', in*New Scholasticism*, 26:pp. 267—282.

Harvey, A. (1964)*A Handbook of Theological Terms*, New York:Macmillan Company.

Hegel, G. W. F. (1942)*The Philosophy of Right*, trans. T. M. Knox, Oxford:Clarendon.

——(1955)*Lectures in the History of Philosophy*, trans. E. S. Haldane and F. H. Simson, London:Routledge &. Kegan Paul.

——(1959)*Geschichte der Philosophie*, ed. P. Marheineke, Berlin(1840), reprinted as vols 17—18 of the Jubilumsausgabe of Hegel's *Sämtliche Werke*, Stuttgart.

——(1962)*Lectures on the Philosophy of Religion*, trans. E. Speirs and J. Sanderson, 3 vols, New York; Routledge and Kegan Paul.

——(1967)*The Phenomenology of Spirit*, trans. J. B. Baillie, New York:

Harper Colophon Books.

―(1975) *The Logic : Part One of the Encyclopaedia of the Philosophical Sciences*, trans. W. Wallace, Oxford : Oxford University Press.

―(1977a) *The Phenomenology of Spirit*, trans. A. V. Miller, Oxford : Oxford University Press.

―(1977b) *Faith and Knowledge*, trans. W. Cerf, Albany : SUNY Press.

―(1988) *Lectures on the Philosophy of Religion*, 1-vol. edition, ed. P. Hodgson, Berkeley : University of California Press.

Heidegger, M. (1962) *Being and Time*, trans. J. Macquarrie and E. Robinson, Oxford : Blackwell.

―(1970) *Traité des catégories et de la signification chez Duns Scot*, Paris : Gallimard.

―(1972) *On Time and Being*, trans. J. Stambaugh, New York : Harper and Row.

―(1978) *Basic Writings*, ed. D. Krell, London : Routledge.

―(1984) *Nietzsche*, II : *The Eternal Recurrence of the Same*, ed. and trans. D. F. Krell, New York : Harper and Row.

―(1996) *Principle of Reason*, trans. R. Lilly, Bloomington and London : Indiana University Press.

―(1998) *Pathmarks*, ed. W. McNeill, Cambridge : Cambridge University Press.

Henle, R. J. (1956) *St Thomas and Platonism : A Study of the 'Plato' and the 'Platonici' Texts in the Writings of Saint Thomas*, The Hague : Martinus Nijhoff.

Henrich, D. (1982) 'The Proof Structure of Kant's Transcendental Deduction', in *Kant on Pure Reason*, ed. R. Walker, Oxford : Oxford University Press.

―(1989) 'The Identity of the Kantian Subject in the Transcendental Deduction', in *Reading Kant : New Perspectives on Transcendental Arguments and Critical Philosophy*, eds. E. Schaper and W. Vossenkuhl, Oxford : Blackwell.

——(1994)'Identity and Objectivity:an Inquiry into Kant's Transcendental Deduction', trans. J. Edwards, in *The Unity of Reason: Essays on Kant's Philosophy*, Cambridge, MA:Harvard University Press.

Henry, M. (1973) *The Essence of Manifestation*, trans. G. Etzkorn, The Hague:Martinus Nijhoff.

Hesiod(1993)*Theogony*, trans. S. Lombardo, Indianapolis:Hackett Publishing Company.

Hintikka, J. (1973)*Time and Necessity:Studies in Aristotle's Theory of Modality*, Oxford:Clarendon Press.

——(1981)'Gaps in the Great Chain of Being:An Exercise in the Methodology of the History of Ideas', in*Reforging the Great Chain of Being*, ed. S. Knuuttila, Dordrecht:Reidel.

Hissette, R. (1977)*Enquéte sur les 219 articles condamnés à Paris le 7 Mars 1277*, Louvain:Publications Universitaires de Louvain.

Hoeres, W. (1965) 'Francis Suarez and the Teaching of John Duns Scotus on*Univocatio Entis*', in *Studies in Philosophy and the History of Philosophy:John Duns Scotus*, eds. J. K. Ryan and B. Bonansea, Washington, DC:Catholic University of America Press, pp. 263—291.

Hogrebe, W. (1989)*Prädikation und Genesis:Metaphysik als Fundamentalheuristik im Ausgang von Schellings 'Die Weltalter'*, Frankfurt:Suhrkamp.

Hölderlin, F. (1998)*Selected Poems and Fragments*, trans. M. Hamburger, London:Penguin.

Hyman, A. and Walsh, J., eds. (1983)*Philosophy in the Middle Ages*, Indianapolis:Hackett.

Jacob, F. (1973)*The Logic of Life:A History of Heredity*, trans. B. Spillmann, New York:Pantheon.

Jacobi, F. H. (1988)*The Spinoza Conversations Between Lessing and Jacobi*, trans. G. Valle, J. B. Lawson and C. G. Chapple, Lanham, MD:University Press of America.

——(1994) *The Main Philosophical Writings and the Novel 'Allwill'*, trans. George Di Giovanni, Montreal and Kingston:McGill-Queens University Press.

Jacobi, K. (1983) 'Statements about Events Modal and Tense Analysis in Medieval Logic', in*Vivarium*, 21:pp. 85—107.

Jaeschke, W. (1990)*Reason in Religion:The Foundations of Hegel's Philosophy of Religion*, Berkeley:University of California Press.

——(1992) 'Philosophical Thinking and Philosophy of Religion', in*New Perspectives on Hegel's Philosophy of Religion*, ed. D. Kolb, Albany: SUNY Press.

Jastrow(1900),*Fact and Fable*, Boston:Houghton Mifflin Co.

Jordan, M. (1980) 'The Grammar of Esse:Re-Reading Thomas on the Transcendentals', in*Thomist*, 40:pp. 1—26.

——(1984) 'The Intelligibility of the World and the Divine Ideas in Aquinas', in*Review of Metaphysics*, 37:pp. 17—32.

——(1989) 'The Evidence of the Transcendentals and the Place of Beauty in Thomas Aquinas', in*International Philosophical Quarterly*, 29: pp. 393—407.

——(1993) 'Theology and Philosophy', in*Cambridge Companion to Aquinas*, eds N. Kretzman and E. Stumpe, Cambridge:Cambridge University Press.

Kafka, F. (1996)*Stories 1904—1924*, trans. J. Underwood, with a foreword by Jorge Luis Borges, London:Abacus Books.

Kant, I. (1952)*Critique of Judgement*, trans. J. Meredith, Oxford:Clarendon Press.

——(1964)*Critique of Pure Reason*, trans. N. Kemp Smith, London:Macmillan.

——(1981)*Grounding for the Metaphysics of Morals*, trans. J. Ellington, Indianapolis:Hackett.

——(1991)*The Metaphysics of Morals*, trans. M. Gregor, Cambridge:Cambridge University Press.

——(1993a)*The Critique of Practical Reason*, trans. L. W. Beck, The Library of Liberal Arts, NJ: Prentice Hall.

——(1993b)*Opus Postumum*, trans. E. Forster and M. Rosen, Cambridge:

——(1997) *Prolegomena to any Future Metaphysics*, trans. G. Hatfield, Cambridge: Cambridge University Press.

Kaplan, R. (1999) *The Nothing That Is*, London: Allen Lane, Penguin.

Karger, E. (1980) 'Would Ockham Have Shaved Wyman's Beard?', in*Franciscan Studies*, 40: pp. 244—264.

——(1999) 'Ockham's Misunderstood Theory of Intuitive and Abstractive Cognition', in*Cambridge Companion to Ockham*, ed. P. V. Spade, Cambridge: Cambridge University Press, pp. 204—226.

Kearney, R. (1984) *Dialogues with Contemporary Continental Thinkers: The Phenom- enological Heritage*, Manchester: Manchester University Press.

Keats, J. (1957) *Keats: Poetry and Prose*. With essays by Charles Lamb, Leigh Hunt, Robert Bridges and others, Oxford: Clarendon Press.

Kennedy, L. (1983) 'Philosophical Scepticism in England in the Mid-fourteenth Century', in*Vivarium*, 21: pp. 35—57.

——(1985) 'Late Fourteenth-century Philosophical Scepticism at Oxford', in*Vivarium*, 23: pp. 163—178;

——(1988) 'Two Augustinians and Nominalism', in*Augustiana*, 38: pp. 142—164.

——(1989) 'The Fifteenth Century and Divine Absolute Power', in*Vivarium*, 27: pp. 125—152.

Kierkegaard, S. (1980) *The Sickness unto Death*, trans. H. V. Hong and E. H. Hong, Princeton: Princeton University Press.

——(1983)*Repetition: An Essay in Experimenting Psychology by Constantin Constantius*, trans. H. V. Hong, and E. H. Hong, Princeton: Princeton University Press.

Klein, J. (1968) *Greek Mathematical Thought and the Origin of Algebra*, trans. E. Brann, Cambridge, MA: MIT Press.

Klocker, H. (1992) *William of Ockham and the Divine Freedom*, Milwaukee:Marquette University Press.

Klubertanz, G. (1957) 'The Problem of the Analogy of Being', in*Review of Metaphysics*, 10:pp. 553—579.

——(1960)*St Thomas Aquinas on Analogy*:*A Textual Analysis and Systematic Synthesis*, Chicago:Chicago University Press.

Knuuttilla, S. (1978) 'The Statistical Interpretation of Modality in Averroes and Thomas Aquinas', in*Ajatus*, 37:pp. 79—98.

——(1981a) 'Time and Modality in Scholasticism', in*Reforging the Great Chain of Being*:*Studies of the History of Modal Theories*, ed. S. Knuuttilla, Synthese Historical Library, vol. 20, Dordrecht, pp. 163—257.

——(1981b) 'Duns Scotus' Criticism of the Statistical Interpretation of Modality', in*Miscellanea Mediaevalia* 13/1, *Sprache und Erkenntnis im Mittelalter*, ed. J. Beckmann, pp. 441—450.

——(1982) 'Modal Logic', in*Cambridge History of Later Medieval Philosophy*, eds N. Kretzmann, A. Kenny and J. Pinborg, Cambridge:Cambridge University Press.

——(1986) 'Being qua Being in Thomas Aquinas and John Duns Scotus', in*The Logic of Being*, eds S. Knuuttilla and J. Hintikka, Dordrecht:Kluwer, pp. 201—222.

——(1993) *Modalities in Medieval Philosophy*, London and New York:Routledge.

——(1995) 'Interpreting Scotus' Theory of Modality', in*Antonianum*, pp. 295—303.

——(1996) 'Duns Scotus and the Foundations of Logical Modalities', in*John Duns Scotus*:*Metaphysics and Ethics*, eds L. Honnefelder, R. Wood and M. Dreyer, Leiden:E. J. Brill, pp. 127—145.

Knuuttilla, S. and Alanen, L. (1988) 'The Foundations of Modality and Conceivability in Descartes and His Predecessors', in*Modern Modalities*, Dordrecht:Kluwer.

Kojève, A. (1947)*Introduction à la lecture de Hegel*, Paris:Gallimard.

——(1969)*Introduction to the Reading of Hegel*, ed. A. Bloom, trans. J.

Nichols, New York: Basic Books.

Kolakowski, L. (1985)*Bergson*, Oxford: Oxford University Press.

Korner, S. (1955)*Kant*, London: Penguin.

Kovach, F. J. (1963) 'The Transcendentality of Beauty in Thomas Aquinas', in*Die Metaphysik im Mittelalter* (*Miscellanea Mediaevalia*, II), ed. P. Wilpert, Berlin: de Gruyter, pp. 386—392.

——(1967) 'Beauty as a Transcendental', in*New Catholic Encyclopedia*, II, New York: McGraw-Hill, pp. 205—207.

——(1968) 'Esthetic Disinterestedness in Thomas Aquinas', in*Actes du Cinquieme Congrès Internationale d'Esthétique*, Amsterdam 1964, ed. J. Aler, Paris: Mouton, pp. 768—773.

——(1971) 'The Empirical Foundations of Thomas Aquinas' Philosophy of Beauty', in*Southwestern Journal of Philosophy*, II, 3: pp. 93—102.

——(1972) 'Divine and Human Beauty in Duns Scotus' Philosophy and Theology', in*Deus et Homo ad mentem*, I, *Duns Scot*, Rome: Societas Internationalis Scotistica, pp. 445—459.

——(1974) *The Philosophy of Beauty*, Norman: University of Oklahoma Press.

——(1987)*Scholastic Challenges*, Stillwater, OK: Western Publications.

Koyré, A. (1949) 'Le Vide et l'espace infini au XIVe siècle', *Archives d'Histoire doctrinale et littéraire du moyen âge*, 24: pp. 45—91.

——(1956) 'Review of Duhem's*Le Système du Monde*', *Archives Internationales d'Histoire des Sciences*, 35.

——(1957)*From the Closed World to the Infinite Universe*, Baltimore: Johns Hopkins University Press.

Kristeller, P. (1990)*Renaissance Thought and the Arts*, Princeton: Princeton University Press.

Lacan, J. (1966)*Écrits*, Paris: Seuil.

——(1988)*The Seminar of Jacques Lacan: Bk. II. The Ego in Freud's Theory and in the Technique of Psychoanalysis*, 1954—1955, trans. S. Tomaselli, New York: Norton.

——(1989)*Écrits*, trans. A. Sheridan, London: Routledge.
——(1992)*The Ethics of Psychoanalysis*, Bk. VII, 1959—1960, trans. D. Porter, London: Routledge.
——(1993)*The Psychoses*, Bk. III, 1955—1956, trans. R. Grigg, London: Routledge.
——(1998)*The Four Fundamental Concepts of Psycho-analysis*, trans. A. Sheridan, London: Vintage.
Lacoue-Labarthe, P. (1993) 'Sublime Truth', in*Of the Sublime: Presence in Question*, trans. J. Librett, Albany: SUNY Press, pp. 71—108.
——(1999)*Poetry as Experience*, trans. A. Tarnowski, Stanford, CA: Stanford University Press.
Lacroix, J. (1968)*Maurice Blondel*, trans. J. Guinness, London: Sheed and Ward.
Lagerlund, H. (2000)*Modal Syllogistics in the Middle Ages*, Leiden: E. J. Brill.
Langston, D. C. (1986)*God's Willing Knowledge: The Influence of Scotus' Analysis of Omniscience*, Philadelphia and London: Penn State University Press.
Lauer, Q. (1979) 'Hegel's Pantheism', in*Thought: A Review of Culture and Idea*, 54, no. 212: pp. 5—23.
——(1982)*Hegel's Concept of God*, Albany: SUNY Press.
Lecercle, J.-J. (1999) 'Cantor, Lacan, Mao, Beckett, même combat: The Philosophy of Alain Badiou', in*Radical Philosophy*, 93: pp. 6—13.
van der Lecq, R. (1998) 'Duns Scotus on the Reality of Possible Worlds', in-*John Duns Scotus, 1265/6—1308. Renewal in Philosophy*, ed. E. P. Bos, Amsterdam: Rodopi, pp. 89—100.
van der Leeuw, G. (1963)*Sacred and Profane Beauty: The Holy in Art*, trans. D. Green, New York: Holt, Reinhart and Winston.
Leff, G. (1975)*William of Ockham: The Metamorphosis of Scholastic Discourse*, Manchester: Manchester University Press.
——(1976)*Dissolution of the Medieval Outlook*, New York: Harper

and Row.

Lermond, L. (1988) *The Form of Man: Human Essence in Spinoza's Ethics*, Leiden: E. J. Brill.

Levinas, E. (1991)*Otherwise than Being or Beyond Essence*, trans. A. Lingis, Dordrecht: Kluwer.

——(1996)*Emmanuel Levinas: Basic Philosophical Writings*, eds. S. Critchley and A. Peperzak, Bloomington and London: Indiana University Press.

Lloyd, G. (1994)*Part of Nature: Self-Knowledge in Spinoza's Ethics*, Ithaca: Cornell University Press.

Lossky, V. (1957) *The Mystical Theology of the Eastern Church*, Cambridge, MA and London: Harvard University Press.

Lovejoy, A. (1960)*The Great Chain of Being*, New York: Harper and Row.

Lubac, Henri de(1946)*Surnaturel*, Paris: Aubier.

——(1949)*Corpus Mysticum*, 2nd edn, Paris: Aubier.

——(1956)*The Splendour of the Church*, trans. Rosemary Sheed, London: Sheed and Ward.

——(1986) *The Christian Faith*, trans. Brother Richard Arnandez, San Francisco:
Ignatius.

——(1988)*Catholicism: Christ and the Common Destiny of Man*, trans. L. Shepherd, San Francisco: Ignatius.

——(1991)*Augustinianism and Modern Theology*, London: Chapman.

——(1996)*Discovery of God*, trans. Alexander Dru, Edinburgh: T. and T. Clark.

——(1999)*Medieval Exegesis: The Four Senses of Scripture*, vol. 1, trans. M. Sebanc, Edinburgh: T. and T. Clark.

——(2000a)*Medieval Exegesis: The Four Senses of Scripture*, vol. 2, trans. M. Macierowski, Edinburgh: T. and T. Clark.

——(2000b)*Scripture in Tradition*, trans. L. O'Neill, New York: Herder and Herder.

Ludlow, M. (2000)*Universal Salvation: Eschatology in the Thought of Greg-

ory of Nyssa and Karl Rahner, Oxford: Oxford University Press.

Lyttkens, H. (1952) *The Analogy between God and the World*, Uppsala: Almquist and Wiksells Boktwyckeri.

McColley, G. (1936) 'The Seventeenth Century Doctrine of a Plurality of Worlds', in*Annals of Science*, 1: pp. 390—412.

McGinn, C. (1999)*The Mysterious Flame*, New York: Basic Books.

McGrade, A. S. (1985) 'Plenty of Nothing: Ockham's Commitment to Real Possibles', in*Franciscan Studies*, 45: pp. 145—156.

McInerny, R. (1961)*Logic of Analogy*, The Hague: Martinus Nijhoff.

——(1968)*Studies in Analogy*, The Hague: Martinus Nijhoff.

——(1988)*Art and Prudence: Studies in the Thought of Jacques Maritain*, Notre Dame, IN: University of Notre Dame Press.

——(1996)*Aquinas and Analogy*, Washington, DC: Catholic University of America Press.

McPartlan, P. (1995)*Sacrament of Salvation*, Edinburgh: T. and T. Clark.

Macierowski, E. (1988) 'Does God Have Quiddity According to Avicenna?', in*Thomist*, 52: pp. 79—85.

Mallarmé, S. (1914)*Un coup de dés jamais n'abolira le hasard*, Paris: Librairie Gallimard.

Marion, J. -L. (1981)*Sur la théologie blanche de Descartes: analogie, création des vérités éternelles et fondement. Philosophie d'aujourd'hui*, Paris: Presses Universitaires de France.

——(1991)*God Without Being*, trans. T. A. Carlson, Chicago: University of Chicago Press.

——(1995) 'Saint Thomas d'Aquin et l'onto-théo-logico', in*Revue Thomiste*, TXCv, no. 1, pp. 31—66.

——(1998) 'Descartes and Ontotheology', in*Post-Secular Philosophy*, ed. P. Blond, London: Routledge, pp. 67—106.

——(1999)*Cartesian Questions*, ed. D. Garber, Chicago: University of Chicago Press.

——(2000) 'The Saturated Phenomenon', in*Phenomenology and the 'Theo-*

logical Turn', trans. Thomas A. Carlson, New York: Fordham University Press.

Maritain, J. (1930) *Art and Scholasticism*, trans. J. F. Scanlan, London: Sheed and Ward.

—— (1953) *Creative Intuition in Art and Poetry*, Princeton: Princeton University Press.

Marrone, S. (1983) 'The Nature of Univocity in Duns Scotus' Early Works', in*Franciscan Studies* 43, pp. 347—395.

—— (1985) *Truth and Scientific Knowledge in the Thought of Henry of Ghent*, Cambridge, MA: Harvard University Press.

—— (1988) 'Henry of Ghent and Duns Scotus on the Knowledge of Being', in*Speculum*, 63: pp. 22—57.

—— (1996) 'Revisiting Duns Scotus and Henry of Ghent on Modality', in-*Metaphysik und Ethik bei Johannes Duns Scotus: Neue Forschungsperspektiven*, eds. M. Deyer and R. Wood, Leiden: E. J. Brill.

—— (2001) *The Light of Thy Countenance: Science and Knowledge of God in the Thirteenth Century*, 2 vols. Leiden: E. J. Brill.

Martin, J. A. (1990) *Beauty and Holiness: The Dialogue betweeen Aesthetics and Religion*, Princeton: Princeton University Press.

Mascall, E. L. (1949) *Existence and Analogy*, New York: Longmans Green and Company.

Mason, R. (1997) *The God of Spinoza*, Cambridge: Cambridge University Press.

Mauralt, A. (1975) 'Kant le dernier occamien. Une nouvelle définiton de la philosophie moderne', in*Revue de Metaphysique et de Morale*, 1: pp. 230—251.

Maurer, A. (1962) *Medieval Philosophy*, New York: Random House.

—— (1970) 'St Thomas and the Eternal Truths', in*Mediaeval Studies*, 32: pp. 91—107.

—— (1983) *About Beauty, A Thomistic Interpretation*, Houston: University of St Thomas.

——(1990) *Being and Knowing*, Toronto: Pontifical Institute of Mediaeval Studies.

——(1999) *The Philosophy of William of Ockham*, Toronto: Pontifical Institute of Mediaeval Studies.

Meagher, R. E. (1970) 'Thomas Aquinas—Analogy: A Textual Analysis', in*Thomist*, 34: pp. 230—253.

Melnick, A. (1973) *Kant's Analogies of Experience*, Chicago: University of Chicago Press.

Merklinger, P. (1993) *Philosophy, Theology and Hegel's Berlin Philosophy of Religion*, Albany: SUNY Press.

Merleau-Ponty, M. (1963) *The Structure of Behavior*, trans. A. L. Fisher, Boston: Beacon.

Mersch, E. (1938) *The Whole Christ: The Historical Development of the Doctrine of the Mystical Body in Scripture and Tradition*, trans. John R. Kelly, Milwaukee: Bruce Publishing Company.

——(1939) *Morality and the Mystical Body*, New York: D. F. Ryan, P. J. Kennedy and Sons.

——(1951) *The Theology of the Mystical Body*, trans. C. Vollert, London: B. Herder Book Company.

Milbank, J. (1986) 'The Second Difference: For a Trinitarianism without Reserve', in*Modern Theology*, 2, no. 3: pp. 213—234.

——(1990) *Theology and Social Theory: Beyond Secular Reason*, Oxford: Blackwell.

——(1991) 'Postmodern Critical Augustinianism: A Short Summa in Forty-Two Responses to Unasked Questions', in*Modern Theology*, 7, no. 3: pp. 225—237.

——(1995) 'Can a Gift be Given?: Prolegomenon to a Future Trinitarian Metaphysics', in*Modern Theology*, 2, no. 1, pp. 119—161.

——(1997) *The Word Made Strange*, Oxford: Blackwell.

——and Pickstock, C. (2001) *Truth in Aquinas*, London: Routledge.

Monahan, M. (1959) *St Thomas on the Sacraments*, 2 vols, London: Ebenezer

Baylis and Son Limited, Trinity Press.

Mondin, B. (1963) *The Principle of Analogy in Protestant and Catholic Theology*, The Hague: Nijhoff.

Moody, E. (1935) *Logic of William of Ockham*, New York: Sheed and Ward.

——(1975) 'The Medieval contribution to Logic', in*Studies in Medieval Philosophy, Science and Politics*, Berkeley, CA: University of California Press, pp. 371—392.

Moonan, L. (1994)*Divine Power: The Medieval Power Distinction and its Adoption by Albert, Bonaventure, and Aquinas*, Oxford: Clarendon Press.

Morrell, J. (1978)*Analogy and Talking about God: A Critique of the Thomist Approach*, Washington, DC: University Press of America.

Murdoch, J. E. (1974) 'Philosophy and the Enterprise of Science in the Later Middle Ages', in*The Interaction between Science and Philosophy*, ed. Y. Elkana, Atlantic Highlands, NJ: Humanities Press.

Mulhall, S. (1990)*On Being in the World: Wittgenstein and Heidegger on Seeing Aspects*, London: Routledge.

Murphy, F. A. (1995)*Christ the Form of Beauty*, Edinburgh: T. and T. Clark.

Mullarkey, J. (1999)*Bergson and Philosophy*, Edinburgh: University of Edinburgh Press.

Navone, J. (1989)*Self-Giving and Sharing: The Trinity and Human Fulfillment*, Minnesota: Liturgical Press.

——(1996)*Toward a Theology of Beauty*, Minnesota: Liturgical Press.

——(1999)*Enjoying God's Beauty*, Minnesota: Liturgical Press.

Nichols, A. (1980)*Art of the God Incarnate*, New York: Paulist Press.

——(1988)*The Word Has Been Abroad*, Edinburgh: T. and T. Clark.

Nielsen, K. (1976) 'Talk of God and the Doctrine of Analogy', in*Thomist*, 40: pp. 32—60.

Nietzsche, F. (1969) *Thus Spake Zarathustra*, trans. R. J. Hollingdale, London: Penguin.

——(1974) *Gay Science*, Preface to the second edition, 1887, New York: Vintage.

——(1995) *On the Genealogy of Morality*, trans. C. Deithe, Cambridge: Cambridge University Press.

Nishitani, J. (1982) *Religion and Nothingness*, trans. J. Van Bragt, Berkeley: University of California Press.

Normore, C. (1996) 'Scotus, Modality, Instants of Nature and the Contingency of the Present', in *John Duns Scotus: Metaphysics and Ethics*, eds L. Honnefelder, R. Wood and M. Dreyer, Leiden: E. J. Brill, pp. 161—174.

Nyssa, Gregory of (1978) *The Life of Moses*, trans. A. J. Malherbe and E. Ferguson, New York: Paulist Press.

——(1979) *Selected Works*, vol. V, Grand Rapids, MI: Erdmanns.

Oakley, F. (1961) 'Medieval Theories of Natural Law. Ockham and the Significance of the Voluntarist Tradition', in *Natural Law Forum*, VI: pp. 65—83.

——(1963) 'Pierre d'Aily and the Absolute Power of God: Another Note on the Theology of Nominalism', in *Harvard Theological Review*, 56: pp. 59—73.

——(1968) 'Jacobean Political Theology. The Absolute and Ordinary Powers of the King', in *Journal of the History of Ideas*, 29: pp. 323—346.

——(1979) *The Western Church in the Later Middle Ages*, Ithaca: Cornell University Press.

——(1984) *Omnipotence, Covenant and Order: An Excursion in the History of Ideas from Abelard to Leibniz*, Ithaca: Cornell University Press.

Ockham, W. (1967—) *Opera philosophica et theologica*, eds. J. L. Alor, S. Brown, G. Gal, A. Gambatese and M. Meilach, New York: Franciscan Institute.

——(1974) *Summa Logicae*, pt. 1. *Ockham's Theory of Terms*, trans. J. Loux, Notre Dame, IN: University of Notre Dame Press.

——(1980) *Summa Logicae*, pt. 2. *Ockham's Theory of Propositions*, trans. A. Freddoso and H. Schuurman, Notre Dame, IN: University of Notre Dame Press.

—— (1990) *Philosophical Writings*, trans. P. Boehner, revised by S. F. Brown, Indianapolis: Hackett Publishing Company.

—— (1991) *Quodlibetal Questions*, trans. A. Freddoso and F. Kelley, New Haven and London: Yale University Press.

—— (1994) *Five Texts on the Mediaeval Problem of Universals: Porphry, Boethius, Abelard, Duns Scotus and William of Ockham*, trans. P. Spade, Indianapolis: Hackett Publishing Company.

O'Flaherty, J. C. (1979) *Johann Georg Hamann*, Boston: Twayne Publishers.

O'Neill, O. (1989) *Constructions of Reason*, Cambridge: Cambridge University Press.

O'Rourke, F. (1992) *Pseudo-Dionysius and the Metaphysics of Aquinas*, Leiden: E. J. Brill.

O'Shaughnessy, T. (1960) 'St Thomas and Avicenna on the Nature of the One', in *Gregorianum*, 41: pp. 665—679.

Otto, R. (1925) *The Idea of the Holy*, trans. J. Harvey, Oxford: Oxford University Press.

Owens, J. (1962) 'Analogy as a Thomistic Approach to Being', in *Mediaeval Studies*, 24: pp. 302—332.

—— (1970) 'Common Nature: a Point of Comparison between Thomistic and Scotistic Metaphysics', in *Mediaeval Studies*, 19: pp. 1—14.

—— (1992) 'The Relevance of Avicennian Neoplatonism', in P. Morewedge, ed., *Neoplatonism and Islamic Thought*, Albany: SUNY Press, pp. 41—50.

Ozment, S. (1980) *The Age of Reform 1250—1550 : An Intellectual and Religious History of Late Medieval and Reformation Europe*, New Haven: Yale University Press.

Paliyenko, A. (1997) *Mis-reading the Creative Impulse*, Evanston: Southern Illinois University Press.

Palmer, H. (1973) *Analogy: A Study of Qualification and Argument in Theology*, London: Macmillan.
Pasnau, R. (1997) *Theories of Cognition in the Later Middle Ages*, Cambridge: Cambridge University Press.
Paton, H. J. (1936) *Kant's Metaphysics of Experience: A Commentary on the First Half of the 'Kritik der reinen Vernunft'*, London: Allen & Unwin.
Paulus, J. (1938) *Henri de Gand. Essai sur les tendances de sa métaphysique*, Paris: Vrin.
Pegis, A. (1937) Review of E. Moody's *Logic of William of Ockham*, in *Speculum*, 12: pp. 274—277.
——(1942) 'Dilemma of Being and Unity', in *Essays in Thomism*, ed. R. Brennan, New York: Sheed and Ward, pp. 151—183.
——(1944) 'Concerning William of Ockham', in *Traditio*, 2: pp. 465—480.
——(1948) 'On some Recent Interpretations of William of Ockham', in *Speculum*, 23: pp. 458—463.
——(1968) 'Toward a New Way to God: Henry of Ghent (I)' in *Mediaeval Studies*, 30: pp. 226—247.
——(1969) 'A New Way to God: Henry of Ghent (II)', in *Mediaeval Studies*, 31: pp. 93—116.
——(1971) 'Henry of Ghent and the New Way to God (III)', in *Mediaeval Studies*, 33: pp. 158—179.
Péguy, C. (1956) *The Mystery of the Holy Innocents and Other Poems*, trans. P. Pakenham, London: Harvill Press.
——(1958) 'Notre Jeunesse' and 'Clio 1' in *Temporal and Eternal*, trans. Alexander Dru, London: Harvill Press.
——(1965) *Basic Verities*, trans. A. and J. Green, Chicago: Henry Regnery Company.
——(1992) 'Dialogue de l'histoire et de l'âme charnelle' (Clio 1) and 'Dialogue de l'histoire et de l'âme païenne' (Clio 2), in *Oeuvres en prose complètes*, ed. R. Buran, vol. 3, pp. 594—783; 997—1214, Paris: Galli-

mard.

——(1998) *Portal of the Mystery of Hope*, trans. D. L. Shindler, Edinburgh: T. and T. Clark.

Pelikan, J. (1962) *The Light of the World: A Basic Image in Early Christian Thought*, New York: Harper and Brothers.

——(1984) *The Vindication of Tradition*, New Haven and London: Yale University Press.

Penrose, R. (1989) *The Emperor's New Mind: Concerning Computers, Minds and the Laws of Physics*, Oxford: Oxford University Press.

Pernoud, M. (1970) 'Innovation in Ockham's references to the *Potentia Dei*', in *Antonianum*, 45: pp. 65—97.

——(1972) 'The Theory of the *Potentia Dei* according to Aquinas, Scotus and Ockham', in *Antonianum*, 47: pp. 69—95.

Peter, C. (1964) *Participated Eternity in the Vision of God*, Rome: Gregorian University Press.

Phelan, G. (1967) 'St Thomas on Analogy', in *Selected Papers*, Toronto: Pontifical Institute of Mediaeval Studies, pp. 95—122.

Pickstock, C. (1998) *After Writing: On the Liturgical Consummation of Philosophy*, Oxford: Blackwell.

——(1999) 'Soul, City and Cosmos after Augustine', in *Radical Orthodoxy: A New Theology*, eds J. Milbank, C. Pickstock and G. Ward, London: Routledge, pp. 243—277.

Pieper, J. (1957) *The Silence of St Thomas: Three Essays*, trans. J. Murray and D. O'Connor, New York: Pantheon.

——(1966) *The Four Cardinal Virtues*, Notre Dame, IN: University of Notre Dame Press.

——(1974) *About Love*, trans. R. and C. Winston, Chicago: Franciscan Herald Press.

——(1985) *Problems of Modern Faith*, trans. J. van Heurck, Chicago: Franciscan Herald Press.

——(1987) *What is a Feast?*, London, Ontario: North Waterloo Academic

Press.

——(1989)*Joseph Pieper : An Anthology*, San Francisco: Ignatius.

——(1989)*Living the Truth*, trans. L. Krauth, San Francisco: Ignatius.

——(1990)*Only the Lover Sings*, trans. L. Krauth, San Francisco: Ignatius.

——(1995)*Divine Madness : Plato's Case against Secular Humanism*, trans. L. Krauth, San Francisco: Ignatius.

Plato(1974)*The Republic*, trans. D. Lee, London: Penguin Books.

——(1993)*Sophist*, trans. N. P. White, Indianapolis and London: Hackett Publishing Company.

——(1995)*Phaedrus*, trans. A. Nehmas and P. Woodruff, Indianapolis and London: Hackett Publishing Company.

Plotinus(1991)*Enneads*, trans. S. Mackenna, London: Penguin Books.

Polanyi, M. (1967)*The Tacit Dimension*, London: Routledge & Kegan Paul.

Pomerleau, W. (1977) 'The Accession and Dismissal of an Upstart Handmaid', in*Monist*, 60, no. 2: pp. 213—227.

Portmann, A. (1967)*Animal Forms and Patterns : A Study of the Appearance of Animals*, trans. H. Czech, New York: Schocken.

——(1990)*Essays in Philosophical Zoology : The Living Form and the Seeing Eye*, trans. E. B. Carter, Lampeter: The Edwin Mellen Press.

Priest, G. (1995)*Beyond the Limits of Thought*, Cambridge: Cambridge University Press.

Randi, E. (1986) 'Ockham, John XXII and the Absolute Power of God', in*Franciscan Studies*, 46: pp. 205—216.

——(1987) 'A Scotist Way of Distinguishing between God's Absolute Power and Ordained Powers', in*From Ockham to Wycliff*, eds. A. Hudson and M. Wilks, Oxford: Oxford University Press, pp. 43—50.

Reardon, B. (1977)*Hegel's Philosophy of Religion*, London: Macmillan.

Richards, R. (1968) 'Ockham and Skepticism', in*New Scholasticism*, 42: pp. 345—363.

Ricœur, Paul(1977a)*Rule of Metaphor : Multi-disciplinary Studies of the Creation of Meaning in Language*, trans. R. Czerny, K. McLauglin and

S. J. Costello, Toronto: University of Toronto Press.

——(1977b) 'Préface à Raphael Célis: l'oeuvre et l'imaginaire. Les origines du pouvoir-être créateur', Brussels: Publications des facultés universitaires Saint Louis.

——(1982) 'The Status of Vorstellung in Hegel's Philosophy of Religion', in*Meaning, Truth and God*, Notre Dame, IN: University of Notre Dame Press.

Rocca, G. (1991) 'The Distinction between*Res Significata* and *Modus Significandi* in Aquinas's Theological Epistemology', in *Thomist*, 55: pp. 173—192.

Rocker, S. (1992) 'The Integral Relation of Religion and Philosophy', in*New Perspectives on Hegel's Philosophy of Religion*, ed. D. Kolb, Albany: SUNY Press.

Rose, G. (1981)*Hegel contra Sociology*, London: Athlone.

——(1984)*Dialectic of Nihilism*, Oxford: Blackwell.

——(1992)*The Broken Middle: Out of Our Ancient Society*, Oxford: Blackwell.

——(1993)*Judaism and Modernity*, Oxford: Blackwell.

——(1996) *Mourning Becomes the Law*, Cambridge: Cambridge University Press.

Rosemann, P. (1996)*Omne Agens Agit Sibi Simile: A Repetition of Scholastic Metaphysics*, Leuven: Leuven University Press.

——(1999)*Understanding Scholastic Thought with Foucault*, London: Macmillan. Ross, J. F. (1980) 'Creation', in *Journal of Philosophy*, 77: pp. 614—629.

——(1981)*Portraying Analogy*, Cambridge: Cambridge University Press.

——(1983) 'Creation II', in*The Existence and Nature of God*, ed. A. Freddoso, Notre Dame, IN: University of Notre Dame Press, pp. 115—141.

——(1986) 'God, Creator of Kinds and Possibilities', in*Rationality, Religious Belief and Moral Commitment: New Essays in the Philosophy of*

Religion, eds R. Audi and
W. J. Wainwright, Ithaca:Cornell University Press, pp. 315—334.

——(1988) 'Eschatological Pragmatism', in*Philosophy and the Christian Faith*, ed. T. Morris, Notre Dame, IN:University of Notre Dame Press, pp. 279—300.

——(1989) 'The Crash of Modal Metaphysics', in*Review of Metaphysics*, 43:pp. 251—277.

——(1990) 'Aquinas' Exemplarism; Aquinas' Voluntarism', in*American Catholic Philosophical Quarterly*, 64:pp. 171—198.

——(1991) 'On the Divine Ideas:A Reply', in*American Catholic Philosophical Quarterly*, 65:pp. 213—220.

Rotman, B. (1987) *Signifying Nothing: The Semiotics of Zero*, London: Macmillan.

Rousselot, P. (1935) *Intellectualism of St Thomas Aquinas*, London: Sheed and Ward.

——(1990) *Eyes of Faith*, trans. J. McDermott, New York:Fordham University Press.

——(1999) *Intelligence:Sense of Being, Faculty of God*, trans. A. Tallon, Milwaukee:Marquette University Press.

Rubin, M. (1991) *Corpus Christi: The Eucharist in Late Medieval Culture*, Cambridge:Cambridge University Press.

Ruskin, J. (1934) *True and Beautiful*, Chicago:Henneberry Company.

Russell, B. (1903) *The Principles of Mathematics*, Cambridge:Cambridge University Press.

Sartre, J.-P. (1962) *Nausea*, trans. L. Alexander, London: Hamish Hamilton.

——(2000) *Being and Nothingness*, trans. H. Barnes, London:Routledge.

de Saussure, F. (1960) *Course in General Linguistics*, trans. W. Baskin, London:Fontana.

Schelling, F. (1994) *On the History of Modern Philosophy*, trans. A. Bowie, Cambridge:Cambridge University Press.

——(1997) *The Abyss of Freedom and Ages of the World* (second draft, 1813), trans. J. Norman, with an essay by S. Žižek, Ann Arbor: University of Michigan Press.

Schlitt, D. (1984) *Hegel's Trinitarian Claim: A Critical Reflection*, Leiden: E. J. Brill.

——(1990) *Divine Subjectivity*, Scranton: University of Scranton Press.

Schmidt, R. (1966) *The Domain of Logic According to Saint Thomas Aquinas*, The Hague: Martinus Nijhoff.

Schmutz, J. (1999) 'Escaping the Aristotelian Bond: The Critique of Metaphysics in Twentieth-century French Philosophy', in *Dionysius*, 27: pp. 169—200.

Schoot, H. (1993) 'Aquinas and Supposition: The Possibilities and Limitations of Logic *in divinis*', in *Vivarium*, 30: pp. 193—225.

Schopenhauer, A. (1969) *The World as Will and Representation*, 2 vols, trans. E. F. J. Payne, New York: Dover Publications.

Schrödinger, E. (1967) *What is Life? The Physical Aspect of the Living Cell, Mind and Matter*, Cambridge: Cambridge University Press.

Scott, T. K. (1969) 'Ockham on Evidence, Necessity, and Intuition', in *Journal of the History of Philosophy*, 7: pp. 45—46.

Scotus, D. (1950—) *Opera omnia*, eds C. Balic *et al.*, Vatican City: Vatican Scotistic Commission, 25 vols.

——(1966) *A Treatise on God as First Principle*, trans. A. Wolter, Chicago: Franciscan Herald Press.

——(1975) *God and Creatures*, eds and trans. F. Allintis and A. B. Wolter, Princeton: Princeton University Press.

——(1987) *Philosophical Writings*, trans. A. Wolter, Indianapolis: Hackett Publishing Company.

——(1995) *Duns Scotus Metaphysician*, eds. and trans. W. A. Frank and A. B. Wolter, Indiana: Purdue University Press.

Scruton, R. (1986) *Spinoza*, Oxford: Oxford University Press.

Servais, Y. (1953) *Charles Péguy: The Pursuit of Salvation*, Cork: Cork University Press.

Shanks, A. (1991) *Hegel's Political Theology*, Cambridge: Cambridge University Press.

Sherry, P. (1992) *Spirit and Beauty: An Introduction to Theological Aesthetics*, Oxford: Clarendon Press.

Shircel, L. (1942) *The Univocity of the Concept of Being in the Philosophy of John Duns Scotus*, Washington, DC: Catholic University of America Press.

Silesius, A. (1986) *Cherubinic Wanderer*, trans. M. Shrady, New York: Paulist Press.

Silverman, K. (2000) *World Spectators*, Stanford, CA: Stanford University Press.

Small, R. (1992) 'Cantor and the Scholastics', in *American Catholic Philosophical Quarterly*, 66: pp. 407—428.

Smith, D. (2001) 'The Doctrine of Univocity: Deleuze's Ontology of Immanence', in *Deleuze and Religion*, London: Routledge, ch. 13.

Smith, G. (1943) 'Avicenna and the Possibles', in *New Scholasticism*, 17: pp. 340—357.

Smith, J. (1973) *The Analogy of Experience: An Approach to Understanding Religious Truth*, New York: Harper and Row.

Smith, J. W. (1985) *Reductionism and Cultural Being: A Philosophical Critique of Sociobiological Reductionism and Physicalist Scientific Unificationism*, The Hague: Martinus Nijhoff.

Smith, N. K. (1930) *A Commentary to Kant's 'Critique of Pure Reason'*, 2nd edn, London: Macmillan.

Sophocles (1947) *The Theban Plays*, trans. E. F. Watling, London: Penguin Books.

Spargo, E. J. (1953) *The Category of the Aesthetic in the Philosophy of Saint Bonaventure*, New York: Franciscan Institute.

Spinoza, B. (1993) *The Ethics*, trans. A. Boyle, Intro. and notes by G. Parkinson, London: Everyman.

Staten, H. (1985)*Wittgenstein and Derrida*, Lincoln:University of Nebraska Press.

Stiver, R. (1996)*Religious Language*, Oxford:Blackwell.

Stock, B. (1996)*Augustine:the Reader*, Cambridge, MA:Belknap Press of Harvard University Press.

Strawson, P. F. (1966)*Bounds of Sense:An Essay on Kant's 'Critique of Pure Reason'*, London:Methuen.

Streveler, P. (1975) 'Ockham and His Critics on Intuitive Cognition', in-*Franciscan Studies*, 35:pp. 223—236.

Suarez, F. (1983)*On the Essence of Finite Being as Such, On the Existence of That Essence and Their Distinction*, trans. N. J. Wells, Milwaukee: Marquette University Press.

Sullivan, R. (1989) *Immanuel Kant's Moral Theory*, Cambridge:Cambridge University Press.

Sweeney, L. (1992)*Divine Infinity in Greek and Medieval Thought*, New York:Peter Lang.

Sylwanowicz, M. (1996)*Contingent Causality and the Foundations of Duns Scotus*, Leiden:E. J. Brill.

Tachau, K. (1988)*Vision and Certitude in the Age of Ockham:Optics, Epistemology and the Foundations of Semantics, 1250—1345*. Leiden:E. J. Brill.

Taylor, C. (1975)*Hegel*, Cambridge:Cambridge University Press.

Taylor, M. C. (1984)*Erring:A Postmodern, A Theology*, Chicago:Chicago University Press.

——(1990)*Tears*, Albany:SUNY Press.

Tholuck, F. (1826)*Die speculative Trinitätslehre des späteren Orients:Eine religionsphilosophische Monographie aus handschriftlichen Quellen der Leydener, Oxforder und Berliner Bibliothek*, Berlin.

Torchia, N. (1993)*Plotinus, Tolma, and the Descent of Being*, New York: Peter Lang.

Torrell, J.-P. (1996)*Saint Thomas Aquinas:The Person and His Work*, trans. R. Royal, Washington, DC:Catholic University of America Press.

Turner, D. (1995) *The Darkness of God : Negativity in Christian Mysticism*, Cambridge:Cambridge University Press.

Uhlmann, A. (1999) *Beckett and Poststructuralism*, Cambridge: Cambridge University Press.

Vaughan, L. (1989) *Johann Georg Hamann : Metaphysics of Language and Vision of History*, New York:Peter Lang.

Te Velde, R. A. (1995) *Participation and Substantiality in Thomas Aquinas*, Leiden:E. J. Brill.

——(1998) 'Natura In Seipsa Recurva Est: Duns Scotus and Aquinas on the Relationship between Nature and Will', in*John Duns Scotus*, ed. E. P. Bos, Amsterdam:Rodopi, pp. 155—170.

Velkley, R. (1989)*Freedom and the Ends of Reason : On the Moral Foundation of Kant's Critical Philosophy*, Chicago: University of Chicago Press.

Vignaux, P. (1948) *Nominalisme au XIVe siècle*, Montréal: Institut d'études médiévales.

——(1976)*De Saint Anselme à Luther*, Paris:PUF.

Viladesau, R. (1999) *Theological Aesthetics*, Oxford: Oxford University Press.

Virilio, P. (1991) *The Aesthetics of Disappearance*, trans. P. Beitchman, New York:Semiotext(e).

Vos, A. (1985) 'On the Philosophy of the Young Duns Scotus:Some Semantical and Logical Aspects', in*Medieval Semantics and Metaphysics : Studies Dedicated to L. M. Rijk, on the Occasion of his 60th Birthday*, ed. E. P. Bos, Nijmegen:Ingenium Publishers, pp. 195—220.

——(1998a) 'Duns Scotus and Aristotle', in*John Duns Scotus, 1265/6—1308 : Renewal in Philosophy*, ed. E. P. Bos, Amsterdam:Rodopi, pp. 49—74.

——(1998b) 'Knowledge, Certainty and Contingency', in*John Duns Scotus, 1265/6—130 : Renewal in Philosophy*, ed. E. P. Bos, Amsterdam:Rodopi, pp. 75—88.

Vos, A. et al. (1994) *John Duns Scotus:Contingency and Freedom*, Lectura 1, 39, Dordrecht:Kluwer.

Vossenkuhl, W. (1985) 'Ockham on the Cognition of Non-existents', in*Franciscan Studies*, 45:pp. 33—46.

Walker, R. (1989)*The Real and the Ideal:Berkeley's Relation to Kant*, New York:Garland.

Wainwright, G. (1981)*Eucharist and Eschatology*, New York:Oxford University Press.

Ward, G., ed. (1997)*The Postmodern God*, Oxford:Blackwell.

——(1999) 'Bodies:The Displaced Body of Jesus Christ', in JMilbank, C. Pickstock and G. Ward, eds., *Radical Orthodoxy:A New Theology*, London:Routledge, pp. 163—181.

——(2000)*Cities of God*, London and New York:Routledge.

Webb, J. C. (1980)*Mechanism, Mentalism and Mathematics:An Essay on Finitism*, Dordrecht:D. Reidel.

Weinandy, T. (2000)*Does God Suffer?*, Edinburgh:T. and T. Clark.

Weiss, P. (1963)*Religion and Art*, Milwaukee:Marquette University Press.

Wengert, R. (1981) 'The Sources of Intuitive Cognition in William of Ockham', in*Franciscan Studies*, 27:pp. 415—447.

White, V. (1956) 'The Platonic Tradition in St Thomas', in*God the Unknown*, London:Harvill Press, pp. 62—71.

Whittemore, R. (1960)'Hegel as Panentheist', in*Tulane Studies in Philosophy*, 9:pp. 134—164.

Williams, R. (1992) 'Hegel and the Gods of Postmodernity', in*Shadow of Spirit:Postmodernism and Religion*, eds P. Berry and A. Wernick, London:Routledge, pp. 72—80.

——(1998) 'Logic and Spirit in Hegel', in*Post-secular Philosophy*, ed. P. Blond, London:Routledge, pp. 116—130.

Williamson, R. K. (1984)*Introduction to Hegel's Philosophy of Religion*, Albany:SUNY Press.

Willms, B. (1967) *Die totale Freiheit: Fichtes politische Philosophie*, Cologne: Westdeutscher.

Wilson, N. (1963)*Charles Péguy*, London: Bowes and Bowes.

Wippel, J. (1977) 'The Condemnations of 1270 and 1277 at Paris', in*Journal of Medieval and Renaissance Studies*, 7: pp. 169—201.

——(1981) 'The Reality of Nonexisting Possibles according to Thomas Aquinas, Henry of Ghent, and Godfrey of Fontaines', in*Review of Metaphysics*, 34: pp. 729—758.

——(1984) 'Thomas Aquinas and Participation', in*Studies in Medieval Philosophy*, ed. J. F. Wippel, Washington, DC: Catholic University of America Press, pp. 117—158.

Wolter, A. (1946)*The Transcendentals and their Function in the Metaphysics of John Duns Scotus*, New York: Franciscan Institute.

——(1965) 'The Formal Distinction', in J. K. Ryan and B. M. Bonansea, eds. *John Duns Scotus, 1265—1965*, Washington, DC, Studies in Philosophy and the History of Philosophy, 3: pp. 45—60.

——(1982) 'Duns Scotus on Intuition, Memory and Our Knowledge of Individuals', in*History of Philosophy in the Makin:. A Symposium of Essays to Honour Professor James D. Collins*, ed. L. Thro, Lanham, MD: University Press of America, pp. 81—104.

Wolterstorff, N. (1980)*Art in Action: Toward a Christian Aesthetic*, Grand Rapids, MI: W. B. Erdmanns Press.

Wood, D. (1988) 'Différance and the Problem of Strategy', in*Derrida and Différance*, Evanston, IL: Northwestern University Press, pp. 63—70.

Wood, R. (1987) 'Intuitive Cognition and Divine Omnipotence: Ockham in Fourteenth-century Perspective', in*From Ockham to Wyclif*, eds A. Hudson and M. Wilks, Oxford: Oxford University Press, pp. 51—61.

Wood, R. E. (1966) 'The Self and the Other: Toward a Re-interpretation of the Transcendentals', in*Philosophy Today*, 10: pp. 48—63.

Wood, S. (1998)*Spiritual Exegesis and the Church in the Theology of Henri de Lubac*, Edinburgh: T. and T. Clark.

Woznicki, A. N. (1990) *Being and Order*, New York: Peter Lang.
Yovel, Y. (1989) *Spinoza and Other Heretics*, vol. 1, Princeton: Princeton University Press.
Zedler, B. (1948) 'Saint Thomas and Avicenna in the *De Potentia Dei*', in *Traditio*, 6: pp. 105—160.
——(1976) 'Another Look at Avicenna', in *New Scholasticism*, 50: pp. 504—521.
——(1981) 'Why are the Possibles Possible?', in *New Scholasticism*, 55: pp. 113—131.
Žižek, S. (1996) *Indivisible Remainder: An Essay on Schelling and Related Matters*, London: Verso.
——(1997) 'The Abyss of Freedom', introductory essay to F. Schelling *The Abyss of Freedom and Ages of the World*, Ann Arbor: University of Michigan Press, pp. 3—104.
——(1999) *The Ticklish Subject*, London: Verso.
——(2001) *On Belief*, London and New York: Routledge.

图书在版编目(CIP)数据

虚无主义谱系/(英)康纳·坎宁安著;李昀译.
--上海:华东师范大学出版社,2022
ISBN 978-7-5760-2678-8

Ⅰ.①虚… Ⅱ.①康…②李… Ⅲ.①虚无主义—研究 Ⅳ.①B809

中国版本图书馆 CIP 数据核字(2022)第 039796 号

华东师范大学出版社六点分社
企划人 倪为国

虚无主义谱系

著　者　(英)康纳·坎宁安
译　者　李　昀
责任编辑　徐海晴
责任校对　王　旭
封面设计　夏艺堂
出版发行　华东师范大学出版社
社　　址　上海市中山北路 3663 号　邮编　200062
网　　址　www.ecnupress.com.cn
电　　话　021－60821666　行政传真　021－62572105
客服电话　021－62865537
门市(邮购)电话　021－62869887
地　　址　上海市中山北路 3663 号华东师范大学校内先锋路口
网　　店　http://hdsdcbs.tmall.com

印　刷　者　上海景条印刷有限公司
开　　本　890×1240　1/32
印　　张　12.75
字　　数　260 千字
版　　次　2022 年 9 月第 1 版
印　　次　2022 年 9 月第 1 次
书　　号　ISBN 978－7－5760－2678－8
定　　价　78.00 元

出版人　王　焰

(如发现本版图书有印订质量问题,请寄回本社客服中心调换或电话 021－62865537 联系)

Genealogy of Nihilism 1st Edition
Edited by Conor Cunningham
ISBN:9780415276948
Copyright © 2002 Conor Cunningham
Authorised translation from the English language edition published by Routledge, a member of the Taylor & Francis Group; All rights reserved.
Chinese translation copyright © 2022 by East China Normal University Press Ltd.
All rights reserved.
上海市版权局著作权合同登记 图字:09-2017-135

本书原版由 Taylor & Francis 出版集团旗下,Routledge 出版公司出版,并经其授权翻译出版。版权所有,侵权必究。

East China Normal University Press Ltd. is authorized to publish and distribute exclusively the Chinese (Simplified Characters) language edition. This edition is authorized for sale throughout Mainland of China. No part of the publication may be reproduced or distributed by any means, or stored in a database or retrieval system, without the prior written permission of the publisher.
本书中文简体翻译版授权由华东师范大学出版社独家出版并仅限在中国大陆地区销售,未经出版者书面许可,不得以任何方式复制或发行本书的任何部分。

Copies of this book sold without a Taylor & Francis sticker on the cover are unauthorized and illegal.
本书贴有 Taylor & Francis 公司防伪标签,无标签者不得销售。